U0151689

西北大学“双一流”建设项目资助
Sponsored by First-class Universities and Academic Programs of Northwest University

昆虫通识

KUNCHONG TONGSHI

谭江丽　著

西北大学出版社
·西安·

图书在版编目(CIP)数据

昆虫通识 / 谭江丽著. —西安：西北大学出版社，2023.7

ISBN 978-7-5604-5105-3

Ⅰ. ①昆… Ⅱ. ①谭… Ⅲ. ①昆虫学 Ⅳ. ①Q96

中国国家版本馆 CIP 数据核字（2023）第 037966 号

昆虫通识

KUNCHONG TONGSHI

谭江丽 著

出版发行 西北大学出版社

（西北大学校内 邮编：710069 电话：029-88303059）

http://nwupress.nwu.edu.cn E-mail: xdpress@nwu.edu.cn

经 销 全国新华书店

印 刷 西安博睿印刷有限公司

开 本 787 毫米×1092 毫米 1/16

印 张 18.25

版 次 2023 年 7 月第 1 版

印 次 2023 年 7 月第 1 次印刷

字 数 341 千字

书 号 ISBN 978-7-5604-5105-3

定 价 98.00 元

序　一

昆虫是自然界最大的动物家族，在人类赖以生存的生态系统中起着至关重要的作用。在我国，很多昆虫被用作中药材，人们还用黄猄蚁防治柑橘害虫，开创了生物防治的先河，紫胶虫分泌的紫胶更是作为一种重要资源被广泛应用。即便如此，昆虫因是小小的“虫豸”而一直不被人们重视，昆虫的研究甚至被称为“雕虫小技”。起初，我国对昆虫世界的探索、研究和了解还处于初始、表面和零碎的状态。新中国成立后，国家设立了专门的研究机构，组建了专业的研究队伍，建立了研究昆虫的专业学科，获得了一批耀眼的成果，有力地推动了我国昆虫学的发展。然而，与国际水平相比，我们还有差距。面对国家战略需求，我们仍需继续努力。提高全民对昆虫世界的认识，激励有志之士对昆虫学领域的向往，培养更多从事昆虫学研究的人才，是昆虫学工作者义不容辞的任务。

谭江丽教授以培养优秀的昆虫学人才为己任，在教学实践中不断探索、锐意创新。2019年，她以诗对画的形式创作了《诗图话昆虫》，并受到了广泛的欢迎！这一次的成功更加激发了她的创新热情和欲望。她结合自己在通识课上的教学实践经验，构思出了《昆虫通识》一书。

通识课不同于一般的专业课，它重在育而非教，超越功利性和实用性，其特点是知识体系完整、重点突出，旨在以轻松有趣、令人喜闻乐见的方式，使学生通过多样化的选择得到自由发展。因此，通识课的内容组织是一件难事。谭江丽教授知难而进，在知识要点的确立、结构的搭建、体系的完善方面做了大量的思考与探索，形成了由教学实习的辅导到专题讲座、再到“昆虫趣谈”教学实践及学生互动的教学模式。我相信，这样的创新实践一定会培养出优秀的人才。《昆虫通识》就是在此基础上创作完成的，这种创作过程和方法堪称教学创新的范式，它的出版也将是昆虫学界的一件幸事！

昆虫是地球上物种最为丰富多样的无脊椎动物，它在生态平衡、多样性稳定过程中扮演着重要角色。不少昆虫是大害虫，为人类造成的损失以千亿计，在中华民族历史上，千年所经历的蝗灾让人刻骨铭心，外来有害物种的肆虐让人触目惊心；很多昆虫也是大益虫，它们是生物制药、特殊的工业原料、生物材料及仿生、人类赖以生存的蛋白质的重要来源。更重要的是，昆虫特殊的演化历史、多样化的生存适应、复杂的食性分化、精巧的行为特征等是人类正确认识生命、揭开生命奥秘、保障生命健康研究的不二选择。这些特殊原因，使得昆虫通识课的知识结构的搭建和知识体系的完善成为教师的一种压力和挑战。

《昆虫通识》较好地应对了挑战，化解了压力。它以对大自然的认识为切入点，以讲故事的形式，把昆虫的起源、演化、形态识别、类群介绍、在自然界中的地位和作用、与人类的关系、开发利用的前景通过通俗、科普的语言娓娓道来，一气呵成，体现了作者深厚的功底、丰富的经验和良苦的用心。

我有幸先拜读这本大作，感慨良多！诚望谭江丽教授高度的社会责任感、教书育人的敬业精神和求索创新的范式成为一股清风，激励我们更多的教育工作者能为中华民族的伟大复兴不断创新教育模式，培养出更多的未来人才。

杨星科

广东省科学院动物研究所学术所长、西北大学特聘教授

2023年2月于广州

序　二

癸卯岁首，喜读谭江丽教授新近完成的《昆虫通识》教材手稿，不禁为书中独特的风格所打动。我在高校执教近 40 年，见过各种各样的大学教材，但我必须说，谭江丽教授的这本教材是打破常规传统教材模式的一次大胆尝试。

谭江丽教授从浙江大学博士后出站到西北大学工作的 10 余年以来，一直以饱满的热情从事昆虫学研究和教学工作，不断进取、不断创新，不断取得新的突破。作为她研究生阶段的导师，作为教授昆虫学课程近四十年的一名老教师，我为有这样一部新型教材的出版感到高兴和欣慰。

这部教材是谭江丽教授在科研实践基础上撰写的一部昆虫学教材。无论是内容还是插图，都来自她的科研和教学工作实践。她曾经骄傲地说，我上课用的图片和视频基本上都是我亲自拍摄的，每一只昆虫都有故事，所以讲起来学生们都爱听。她的教学创新在业内也是小有名气，她创设的“昆虫趣谈”微信公众号把课堂内容展示给公众，请全国的同行专家指导学生学习。为了弥补没有生物专业背景的学生缺乏野外实践经验的不足，她把课堂搬到校园、搬到大自然中，激发学生们的学习兴趣和热情，在全国起了示范引领作用。

昆虫是地球上最繁盛的生物类群，是人类赖以生存的生态系统中最重要的成因之一，关系着人类社会的方方面面，因而也是人类了解自然、探究自然的最佳窗口。这部教材切合了新时代青年学生热爱昆虫、走进自然的迫切需求。昆虫学的研究和发展已经渗透到多个学科，因而，学习昆虫也已成为大多数学生的需求和选择。如何让没有学过相关课程的学生更快地融入专业课程的学习中去，是谭江丽教授一直在全校通识课讲授中思考的问题。从一个专业爱好者的角度入手，向读者展示昆虫的魅力，引导学生们思考，激发学生们的探索欲望。昆虫小故事、简单美观的图片、朗朗上口的诗句，把专业内容科普化，是本书的一大特色。

科学性是《昆虫通识》教材成功的保证。该教材内容编排合理、图片清晰精美，从广度和深度上都符合大学昆虫通识课的要求，也是农林院校以及广大昆虫爱好者能够快速入门昆虫学研究的一本好书！

花保祯

西北农林科技大学教授

2023年2月于杨凌

前 言

大学本科通识课的教育，主要目的在于培养学生独立学习的能力和跨学科思考的技能。它强调整合不同领域的专业知识，着重培养学生的思维方法及敏锐的洞察力，重视了解不同文化以及培养学生的兴趣和志向，归根结底在于提升学生的综合素质，使学生在道德、情感、理智等方面全面发展，为未来人生做好准备。

无处不在的昆虫与人类以及环境的关系十分密切，昆虫生物多样性和环境保护的理念逐渐被大多数人认同。越来越多的人以亲近自然、探知昆虫世界的奥秘作为自己的爱好。昆虫学通识课在大学课堂上广受欢迎，该课程既能开阔学生视野，又能塑造学生热爱自然、保护生态的理念，是激发学生自觉探索自然奥秘的兴趣和热情的最佳手段之一。

昆虫学是研究昆虫生命活动基本规律的一门学科。近20年来，随着分子生物学、遗传学、行为学、仿生学、地质学、医学等多个学科在昆虫领域的交叉以及信息技术和生物技术在昆虫领域的广泛应用，昆虫学在基础研究和应用方面得到了迅猛且深入的发展。从群体到个体、从宏观到微观、从远古到当今，昆虫学的研究领域在不断扩展，研究技术手段日益先进。与此同时，昆虫的文化内涵也在不断丰富，表现在如食品、考古、绘画等方面，可谓是“小虫子，大智慧”。伴随着昆虫研究日新月异的发展，昆虫学已经成为多学科、多专业结合的最佳课程。

昆虫学通识课更多面向广大跨专业的学生，更注重科普性、趣味性，着重于启发式创新教育，其教学内容亟须重新整合和着重把握。然而，迄今为止，我国尚无针对昆虫学通识教育的相应教材，现有的昆虫学专业教材由于使用对象倾向于植物保护类、园林类、农学类的专业学生，在学缘交叉和思维开发创新上与非专业学生的需求存在矛盾。

编者在长期承担本科“昆虫趣谈”通识课的教学过程中不断探索，积累了大量的昆虫学相关素材，积极开展包括探索式教学模式、教学内容整合设计、教学手段改进等方面的尝试，紧密贴合实际，创造性地对专业知识进行了文学加工，创作相关昆虫的诗350余首，拍摄了大量的昆虫图片和视频，出版了科普专著《诗图话昆虫》（2019年度陕西省优秀科普著作）。本书在《诗图话昆虫》的基础上，进一步创作整理，一方面，结合讲座、故事和诗歌总结的形式，针对目前昆虫学研究的新进展，进行了提升和优化，制作的200余幅图版，包含了编者拍摄的近千张昆虫生态图，还插入了编者绘制的昆虫卡通图，以提高读者兴趣、加深印象；另一方面，本书的内容重点放在了认虫上，在分目上创新使用了图解式检索表，方便初学者入门，在昆虫科级识别上，实现了讲解和生态图相结合，直观性强，科普为主，兼顾专业知识，在课堂上把学生们带进大自然，弥补了上通识课的学生无野外昆虫学实践的缺陷。

2019年初，编者创设了全国首个由学生主撰的微信公众号“昆虫趣谈”（现更名为“生物趣谈”），把课堂推向公众，迄今已推送学生原创作品百余篇，部分稿件被《华商报》选用。“让学生们的学习影响公众，在公众号推送中促进我们的学习”，线上与线下结合，调动学生们自觉学习昆虫知识的热情。因此，这本书不过度强调专业概念的识记，也不拘泥于一般专业教科书的内容，而是强调知识的开放和拓展。毕竟刻板的教科书永远跟不上研究进展的步伐，真正的学习是入门后执着地钻研。本书将以开放的形式，鼓励读者在有限的阅读中发掘兴趣点，充分利用各种学习资源深入探讨。本书还用附文和部分插图的形式，录入了部分学生创作的优秀文章、图绘，以尊重学生们的贡献，鼓舞学生们学虫爱虫，也展现了教学相长的效果。知识无涯，学无止境，名为《昆虫通识》的书，拟作为我国第一部昆虫学通识教材，为广大读者服务，引领读者领略昆虫世界，畅享昆虫乐趣，启发创新思维。

在本书的撰写过程中，编者得到了西北农林科技大学花保祯教授，浙江大学陈学新教授，原中国科学院动物所杨星科教授、乔格侠研究员和朱朝东研究员，中国农业大学彩万志教授、杨定教授，国家林草局森林病虫害防治总站盛茂领教授，南开大学卜文俊教授，西北大学李保国教授的指导和帮助。

在生态图的鉴定中，编者得到了全国多家单位的昆虫专家教授和学者的帮助（按分类类群分列，排名不分先后）。衣鱼目：华南师范大学朱一博博士；蜉蝣目：南京师范大学周长发教授；蜻蜓目：中国科学院昆明动物研究所张浩淼博士；襀翅目：河南科技学院李卫海教授；直翅目：河南师范大学牛瑶教授（直翅）、陕西师范大学马丽滨副教授（蟋蟀）、华东师范大学何祝清教授 （螽斯）；蜚蠊目：西南大学车艳丽教授和王宗庆教授；䗛目：四川农业大学王海建副教授；螳螂目：商洛学院王洋副教授；啮虫目：

湖南科技大学梁飞扬博士、中国农业大学揭路兰博士；革翅目：河南科技学院叶潇涵先生；缨翅目：陕西理工大学党利红副教授；半翅目：西北农林科技大学魏琮教授（蝉）、秦道正教授（飞虱）、戴武教授（叶蝉）和吕林副研究员（叶蝉），安徽农业大学段亚妮教授（叶蝉），中国热带农业科学院环境与植物保护研究所王建赟博士（蝽类），南开大学叶瑱副研究员（蝽类），南京林业大学高翠青博士（蝽类），南开大学乔木博士和金泽中博士（蝽类）；膜翅目：中国科学院动物所袁峰先生（蜜蜂）、中国科学院华南植物园陈华燕副研究员和华南农业大学刘经贤副研究员（寄生蜂）、江西师范大学魏美才教授和华东药用植物园科研管理中心李泽建博士（叶蜂）、云南农业大学马丽教授（蛛蜂）、福建农林大学彭凌飞副教授（小蜂）、湖南文理学院刘珍博士（土蜂）、陕西师范大学马丽滨教授和西南林业大学张新民副教授（蚂蚁）；脉翅总目：中国农业大学刘星月教授（广翅、蛇蛉）、郑昱辰博士、李鸿宇博士和赖艳博士（脉翅）；鳞翅目：东北林业大学韩辉林教授、琼台师范学院王星教授（蚕蛾）、华南农业大学王厚帅副教授、广东林业科学研究院陈刘生副教授、北京林业大学葛思勋博士、西北大学段扬先生和于海丽副教授；鞘翅目：上海师范大学殷子为教授（蚁甲）、汤亮副教授和彭中副教授（隐翅甲），绵阳师范学院邱鹭博士（叩甲）和邱见玥副教授（花金龟），延安大学苑彩霞教授（拟步甲），中国科学院沈阳应用生态研究所边冬菊研究员（水生甲虫），河北大学杨玉霞教授（赤翅甲）和潘昭副教授（芫菁），中国科学院动物所黄正中博士（叶甲），长江大学谢广林副教授（天牛），西北大学刘扬副教授（花蚤），中科院西安分院动物研究所杨美霞副研究员（皮蠹）；毛翅目：南京农业大学戈昕宇博士；双翅目：沈阳师范大学张春田教授（双翅）和王明福教授（蝇类）、北京自然博物馆李竹研究员（毛蚊）、金华职业技术学院姚刚教授（蜂虻）、中国农业大学李轩昆副教授（鼓翅蝇）、天津师范大学刘文彬副教授（摇蚊）、沈阳农业大学田径博士（食蚜蝇）和李彦博士（大蚊）、华中农业大学杨琪珵博士（双翅）；长翅目：西北大学花远博士、河南大学高凯博士。

杨星科教授，北京农林科学院虞国跃教授和魏书军研究员，中国科学院动物所白明教授，东北林业大学韩辉林教授，沈阳师范大学张春田教授，湖南农业大学黄国华教授，成都白蚁研究所徐鹏正高级工程师、刘经贤副研究员、陈华燕副研究员、马丽滨教授，新疆大学钟问博士、葛思勋博士认真做了文字的审阅和校改。

虞国跃教授，徐鹏正高级工程师，陈华燕副研究员，中国科学院动物所葛斯琴研究员，国家林草局森林病虫害防治总站李涛研究员，中国科学院上海植生所黄骋望教授，西北大学李忠虎教授、邢连喜教授、赵晔教授、张亚妮教授、苏晓红教授、王丹阳教授、刘培亮副教授，陕西师范大学许生全教授和魏朝明副教授，福建农林大学蔡立君副教授，沈阳农业大学姜碌副教授，中国林业科学研究院曹亮明副教授、王吉申博士，虫友张巍巍先生、张鹏程先生，中国农业大学陈兆洋博士，陈卓先生、丁亮先生、倪浩亮先生、杨璐铭先生等多位专家朋友以及部分参与课程的学生在图片贡献和学术交流中给予了无私的支持。西北大学特聘教授 Kees van Achterberg 博士和 Derek Duun 博士长期友好地参与了课程的讲授过程，van Achterberg 教授还认真校改了书稿中昆虫的拉丁学名。

上述近百位专家严谨的学术支持和部分摄影师级别图片的赠予为本书加持和增色，保证了本书的科学性。作者幸甚，特此致谢！

本书的完成受到国家自然科学基金（31872263，31572300，31201732）、国家重点研发计划（2022YFC2601200）、子午岭昆虫多样性调查、广东省科学院建设国内一流研究机构行动专项资金项目（2020GDASYL-20200102021）、西安市科普图书创作项目、西北大学本科人才培养建设项目（高水平教材建设 XM05190582，创新创业线上课程 XM05290845）、西北大学教学研究与成果培育项目（JX17087）、西北大学高水平教材培育项目等项目的支持。

2023 年 3 月 10 日

目　录

第 1 章　走进大自然

1.1　相依相存的世界

昆虫是地球上最繁盛的动物类群，与植物、微生物一起成为庞大生态系统的重要支撑。有研究者认为，植物和昆虫是地球的两大主宰。然而，体型微小的昆虫对人类的贡献最大，却总被人们忽视！人类对少数害虫的破坏无计可施，进而对所有昆虫心生恐惧或厌恶。无论爱憎，这都是一个昆虫和人类相依相存的世界。以下两个真实的故事会让人们深思该如何看待昆虫。

巴西栗的故事

引子：刺豚鼠咬开坚硬的果壳，取食巴西栗种子，吃剩的种子被埋藏起来。1532 年，欧洲人在雨林里砍倒大树，巴西栗幼树得以长大成林……

美洲有巨树，十岁方结果。种形如鲍鱼，油高蛋白多。
壳硬鸟不食，豚鼠独能嗑。埋种阴凉下，萌苗需光灼。
偶得拓荒客，百年成依托。生态原始林，规模难增扩。
授粉小雌蜂，力掀盖蜜钵。择偶寻奇香，雄性爱涂抹。
失足吊桶兰，花粉送包裹。根多蚁做窝，盘曲又错落。
营巢好框架，蜜腺奉糖果。驱赶植食者，施肥园丁乐。
咬断绞杀藤，高居庇护所。花为虫而开，树纳蚁得活。
雨林育万物，复杂大网络。自然相依存，叵耐人斟酌。

在南美洲的亚马孙雨林里，零星分布着一种“霸王树”，高度可达 40～50 m，堪称雨林里最高大的树种，它叫巴西栗 *Bertholletia excelsa*，是杜鹃花目 Ericales 玉蕊科 Lecythidaceae 巴西

栗属 *Bertholletia* 的唯一种。巴西栗的树龄可长达 500～1 000 年，果实为棒球大小，重达 2.3 kg，外被 0.8～1.2 cm 厚的木质外壳，十分坚硬，被称为巴西坚果（图 1-1A）。果内有 8～24 枚种子（图 1-1B），类似于柑橘瓣的方式排列，种仁为白色，形如鲍鱼，又名鲍鱼果，吃起来香浓美味。因其富含脂肪（65%～70%）、蛋白质（13%～17%）、碳水化合物（15%）和多种维生素，以及人体必需的微量元素（如硒、镁等），且其脂肪中 41% 为不饱和脂肪酸，营养比核桃还高，故被誉为“坚果之王”而行销全球。巴西坚果是亚马孙地区最有价值的林业产品之一，通常从野外收集，被当作食物来源，人们从中提取的油脂是许多天然美容产品中的流行成分。巴西坚果是许多森林社区的重要收入来源，是玻利维亚和秘鲁的主要出口产品。据报道，巴西坚果是玻利维亚最主要的森林产品，仅在 2005 年就创收 7 400 万美元，占所有森林相关出口产品的 45%！为民众提供了大量的就业机会，仅玻利维亚北部就有 8 000 个相关的工作岗位。巴西坚果既然能带来如此丰厚的经济利润，人们何不大量种植呢？研究者发现，这与巴西坚果所处的神奇且脆弱的生态网络有关。

巴西栗的果实外壳坚硬如铁，鸟类等绝大部分动物均无法取食。果实一端有一个小孔，只有当地的长尾刺豚鼠 *Myoprocta* sp. 有坚硬如凿的牙齿，能利用这个小孔咬开果实（图 1-1C）取食里面的种子，吃剩下的种子被刺豚鼠埋藏起来，以备后用。被埋藏起来的种子可能萌芽长出新的树苗，这是巴西栗种子自然扩散的唯一途径。种子萌发和树苗的成长，不仅需要一定的湿度，还需要足够的阳光照射。然而，刺豚鼠埋藏种子的地方多数阴暗，大树遮住了阳光，种子很难发芽，即使偶然能够萌芽，生长至幼树阶段后，也会因为林下太过郁闭而被迫休眠。只有当附近的树木倒下，阳光照射到幼树生长的地方时才会恢复生长。1532 年，一群到巴西热带雨林里拓荒的西班牙人用斧头砍倒大树，阳光射到了地面，沉睡的巴西栗才得以迅速生长，成为现在的亚马孙森林“巨无霸”。

巴西栗生长 10 年后才开始结果。花开时香气四溢，会吸引很多昆虫，巴西栗花的授粉依赖于蜜蜂科的一种兰花蜂 *Eulaema nigrita* Lepeletier，1841，因为只有这种体型较大的蜂才能有足够的力气推开巴西栗花中央那个特殊的半球形花粉盖（图 1-1D），享用隐藏在花粉盖下面的花蜜和花粉，并完成授粉。

阴阳和合万物生，雌蜂所在之处，必然有雄蜂共舞。雌性长舌蜂精心选择自己的“新郎”，雄性长舌蜂也因此精心地打扮自己，它们离不开一种寄生的兰花——吊桶兰 *Coryanthes* sp.。兰花吊桶状的唇瓣是一个美丽的陷阱，唇瓣基部有两个蜜腺，分泌一种含有特殊香气的糖浆吸引雄性长舌蜂前来授粉。雄蜂热衷于收集这种香水，将它放在自己后足胫节所特化的“香水瓶”中（图 1-1E），用香气来赢得雌蜂的芳心。然而，吊桶兰的内壁十分光滑，长舌蜂很容易失足滑落，跌入吊桶内，桶内存贮着兰花蜜腺滴下的黏液，打湿了翅的兰花蜂要想从中逃脱，只能

从花的合蕊柱基部狭窄的通道中挣扎出来。在出口处，兰花把花粉打成一包裹，涂上黏胶类物质，在狼狈的兰花蜂爬出隧道口时，粘在它身体上，等下一次上当的兰花蜂携带着花粉包通过时，通道口的柱头会接受长舌蜂带来的礼物——花粉，从而完成授粉（图 1-1F）。

更有趣的是，这类吊桶兰只生长在有蚂蚁栖息的树上，阿兹特克蚁 *Azteca*、弓背蚁 *Camponotus* 和举腹蚁 *Crematogaster* 3 属蚂蚁会在其根系建巢，因此又被称为“蚂蚁的花园”（图 1-1G）。这几类蚂蚁用它们吃剩的小动物尸体为兰花的菌根施肥，提供营养，也为吊桶兰驱走可能取食兰花根系的植食性害虫，它们俨然是辛勤的园丁。吊桶兰庞大的菌根系盘曲错落，为蚂蚁搭建巢穴提供了理想的框架，吊桶兰的蜜腺分泌的液滴含糖，也是蚂蚁的营养来源。研究者观察发现，阿兹特克蚁的巢通常建在高处，对栖息的树种没有特殊要求，它们会把木头嚼碎，建起庞大的蚁巢。蚁巢分为主巢和副巢，占据树枝上的有利位置，不让其他蚂蚁接近，这也为树木挡

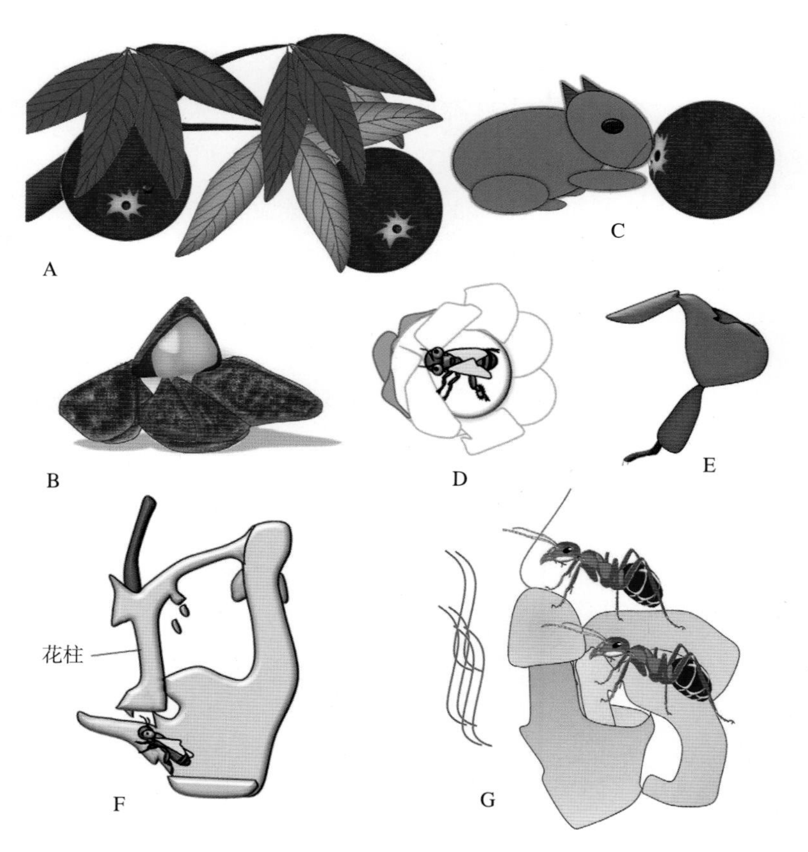

图 1-1　巴西栗、传粉兰花蜂与蚂蚁的相依相存

A. 巴西栗树挂的巴西坚果；B. 巴西栗树的种子；C. 刺豚鼠能咬开坚果，传播种子；D. 巴西栗树的花和能推开中间花粉盖的雌性兰花蜂； E. 雄蜂后足，膨大的胫节是其贮存香水的“瓶”； F. 吊桶兰美丽的陷阱（纵剖图）与传粉的雄性兰花蜂；G. 巴西栗树上蚂蚁用吊桶兰的根系做框架修建花园（蚂蚁，曲韵竹 画）

住了许多食叶动物。其中，阿尔法阿兹特克蚁 *Azteca alfari* Emery, 1893 常年在高大的巴西栗树上巡逻，为巴西栗树啃断入侵的攀缘植物——绞杀榕。绞杀榕的种子有黏性，一旦落在巴西坚果树粘有动物粪便的枝丫上就会发芽，长出气生根，一直向下扎根泥土，而后逐日猛长，榕藤缠绕着坚果树吸收养分，直至若干年后，坚果树会只剩下一个空壳。正是有了绞杀榕的克星——阿尔法阿兹特克蚁，巴西栗树才得以平安生长。

在恪守黑暗森林法则的热带雨林中，这些蚂蚁的存在与否关乎着很多大树的生死存亡！雨林里有一种高大的桑科植物叫蚁栖树 *Cecropia peltala*，它的叶片掌状深裂，中空有节，茎干上密布着无数小孔，是阿兹特克蚁理想的住宅。蚁栖树的每个叶柄基部都长着一丛细毛，其上有一个小球叫"穆勒尔小体"，是由蛋白质和脂肪构成的，为"益蚁"提供了富有营养的食物。作为回报，"益蚁"也会帮蚁栖树驱走其他食叶害虫，咬断绞杀藤。这些看似不起眼的小小蚂蚁，竟是雨林里参天大树赖以生存的必要条件!

自然界数百年造化神工，才编织出如此脆弱而又奇妙的生态网络。嗑开坚果的刺豚鼠，在取食种子的同时，也替巴西栗树播下了生命的种子；欧洲人偶然的乱砍滥伐，却成就了巴西栗树在森林里的统治地位；巴西栗树的花儿精心挑选了兰花蜂的雌蜂做花媒，又为雄性兰花蜂的香水基地——吊桶兰提供了家园；吊桶兰的繁殖依赖着雄性兰花蜂，兰花的根系则为蚂蚁提供了建巢的框架、蜜腺为蚂蚁分泌营养物，同时也受到蚂蚁的保护和滋养；高大的巴西栗树为蚂蚁提供了庇护所，蚂蚁则替它解除了绞杀藤的威胁。坚果、刺豚鼠、吊桶兰、兰花蜂和阿兹特克蚁营造了一个相依相存的世界。

降雨频繁的气候塑造了独特的雨林生态系统。巴西坚果在亚马孙的丛林深处繁衍生息，其周围有数十亿棵其他树木，这里几乎每天都有倾盆大雨，这种长期协同进化形成的原始生态林，岂是人工造林能短时间实现的？人类迄今仍在学习如何在种植园中种植巴西坚果，世界上几乎所有的巴西坚果作物都来自野生树木，至今仍不能被人工大规模培育。这只是一个很小的例子，说明自然界广阔的、连锁的生态系统几乎不可能复制。

大蓝灰蝶之殇

人类常常呼吁保护生态环境，那么，如何才能正确地保护环境？最重要的一条就是遵循自然规律，否则，人为的干涉反而会好心办坏事。英国大蓝灰蝶 *Maculinea arion*（Linnaeus, 1758）灭绝的故事就是一个很有说服力的例子。

花开枝头香百里，野兔剪修暖日晞。
沙地红蚁向阳驻，大蓝灰蝶款款飞。

三龄幼子花内栖，四龄八月佯落地。
蜜腺招徕小红蚁，引狼入室贪小利。
巢内荤开九月余，无蜜且用气味迷。
环环相扣生态链，竟因相爱灭踪迹。
垂拱已然天下治，何必堂皇执“正义”！

19 世纪后期，英国南部的大蓝灰蝶数量锐减，至 1979 年绝迹，人们后来将该物种的区域性灭绝归因于环境恶化。起初人们以为是过度采集导致了大蓝灰蝶数量的不断下降，于是设立了保护区，保护大蓝灰蝶的寄主野生早花百里香 *Thymus praecox*。在保护区内，工作人员使用病毒控制了野兔种群，也没有牛羊啃食，不久，开阔地带开始被茂密的百里香植被覆盖。然而，野生早花百里香仍在，但大蓝灰蝶数量依旧不断减少，直至灭绝。这到底是什么原因呢？研究者发现，这与一种蚂蚁有关！

由于人为干预，野兔的数量减少，野生早花百里香则繁盛起来。植物的茂盛生长使得保护区内缺少了裸露地面，没有足够光照的地温偏低，导致一种红蚁属的沙地红蚁 *Myrmica sabuleti* Meinert, 1861 幼虫无法完成发育。因此，沙地红蚁不会选择在这样的地块里建巢，百里香田野里的沙地红蚁数量锐减。而这种蚂蚁的巢穴却是灰蝶幼虫唯一理想的栖息地。大蓝灰蝶的 1～3 龄幼虫以早花百里香的花为食，8 月份长至 4 龄时，幼虫跌落地面，用蜜腺分泌的蜜露吸引红蚁，并通过膨胀来模拟幼蚁，诱骗红蚁将它运至蚁巢。灰蝶幼虫在蚁巢里取食红蚁长达 9 个月，初期还分泌蜜露，施给红蚁一些小恩惠，后期则直接取食幼蚁，不再排出蜜露，而是分泌类似红蚁的信息素，骗取红蚁的信任。潜入蚁穴的灰蝶幼虫取食约 230 只红蚁幼虫后才能化蛹，翌年夏季羽化成蝶（图 1-2）。红蚁、灰蝶、百里香、野兔形成了环环相扣的生物链，一处缺损，全线崩溃。

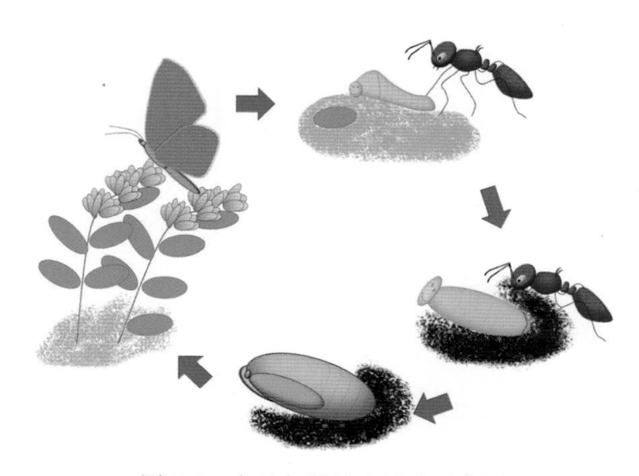

图 1-2　大蓝灰蝶的生活史示意图

注：大蓝灰蝶 *Maculinea arion*（Linnaeus, 1758）成虫将卵产在野生早花百里香 *Thymus praecox* 上，幼虫长到 4 龄佯装落地，沙地红蚁将落地的幼虫带回蚁巢，灰蝶幼虫在蚁巢内取食幼蚁直至化蛹。

显然，人类的无心之过能给昆虫带来灭顶之灾。自然万物有它自身的联系和规律，我们应该遵守它。

1.2 自然是创新思维的源泉

人们常苦恼于知识面太窄而难以激发创新的思维，其实，思维的源泉很多时候来自对大自然中这些不起眼的小动物的观察。

哺乳的蚁蛛

常谓高等方哺乳，冷血蚁蛛惊世俗。
慈母泌乳生殖沟，幼子嗷嗷腹下哺。
低脂低糖高蛋白，营养测定赛牛乳。
二十天内饮量足，再续二十为过渡。
雌性恋母仍共处，雄性成年遭放逐。
性比操控五点五，多女多孙传宗谱。

2018 年，中国科学院西双版纳热带植物园陈占起博士研究组在 *Science* 杂志发表了一篇题为《一种跳蛛（大蚁蛛 *Toxeus magnus*）的长期哺乳行为》的研究论文（Chen et al.，2018）。这是世界上第一次发现除哺乳动物以外的物种能通过哺乳行为养育后代的现象。哺乳行为一直被认为是哺乳动物独有的。尽管有一些其他类群的动物，如鸟类、蟑螂、胡蜂幼虫，有提供类似"乳汁"的分泌物的"交哺"行为，但是，无论是从行为模式、持续时间，还是从功能上来看，这些"交哺"的行为都与哺乳动物真正的哺乳行为相差甚远。而哺乳的大蚁蛛则又有不同，它是在无脊椎动物中发现的、迄今为止最全面的超长亲代抚育的证据。这个发现其实就来自陈博士的细致观察。

大蚁蛛不是昆虫，它隶属蛛形纲 Arachnida 蜘蛛目 Araneae 跳蛛科 Salticidae。蚁蛛因头胸部常有明显的颈沟，酷似分开的头部和胸部，故以拟态蚂蚁而得名（图 1-3）。陈博士在饲养大蚁蛛的过程中发现一个问题，孵化的小蚁蛛围在母蚁蛛周围，不取食，却能正常生长发育，它的营养来自哪里呢？陈博士坚持白天观察，并没有什么收获。然而在一天夜里，他偶然发现小蚁蛛钻在母蚁蛛的身下，有类似哺乳的动作。他因此豁然开朗，随即进行了一系列观察和实验，终于解开了谜团。原来，在母蚁蛛的腹部有一个泌乳的生殖沟。这种乳液的营养成分测定结果显示，糖类和脂类的含量低于牛奶，而蛋白质的相对含量却是牛奶的 4 倍。小蚁蛛在孵化 20

图 1-3　酷似蚂蚁的哺乳头蚁蛛 *Toxeus magnus*（陈华燕 摄）

天内，完全靠母乳为生，20 天后则进入过渡期，既吃母乳，也可出去觅食。过了这个过渡期，小蚁蛛就可以独立觅食了。有趣的是，陈博士通过观察还发现，雄性蚁蛛在过渡期后会被母蚁蛛赶走独立生活，而雌性蚁蛛却被爱“女儿”的“妈妈”允许赖在身边共处。实验发现，如果强行让雌蚁蛛离开母亲独自生存，成活的雌雄蚁蛛性比为 1∶1；如果雌蚁蛛继续“啃老”，其成活率就会提高，雌雄性比可达到 5∶1。雌性蚁蛛担负着繁殖的重任，更需要着重呵护。“蚁蛛妈妈”真是“重女轻儿”的典范！

无独有偶，2022 年，洛克菲勒大学的科学家在 *Nature* 杂志上报道了蚂蚁蛹期也会分泌乳汁一样的液滴，为成年蚂蚁和蚂蚁幼虫提供营养，工蚁甚至会将幼虫叼到蛹的旁边，像喂奶似的，让无足的幼虫直接喝到“乳汁”。研究者基于分子组成推断，蚂蚁蛹的分泌物产生于蚂蚁的蜕皮过程中，是一种特殊的蜕皮液。通常，昆虫在蜕皮过程中会将营养物质回收并用于自身新表皮的形成，而这种蚂蚁却将营养分给了同伴，这种行为可能在蚂蚁类群中普遍存在。科学家将蚁群社会称为“超个体”，每个蚂蚁个体相当于超个体的“细胞”，它们通过化学信息在“细胞”和“组织”间交流。

“勘察长志趣，爱好得自然。博学龙潜渊，思问跃九天。”善观察、勤思考，才能创新。受到惊扰，跳甲能够瞬时跳起逃离，它的腿部力量为何那么强？ 2020 年，中国科学院动物研究所杨星科、葛斯琴团队揭示了跳甲的弩式弹跳机制。他们运用了 MicroCT 3D 建模技术、暗场照相系统、高速摄像实验，解释了二连杆跳跃的力学原理并尝试了仿生机器人设计。原来，一般昆虫足的腿节内为一对拮抗肌，即展肌和缩肌，而跳甲则明显不同，它腿节内的两条肌肉均为缩肌，恰似弓弦，腿节端部的一个小三角形的骨片充当了弩机扳机的作用。这为仿生学增添了一个新样板。“显微扫描模型建，仿生学里添样板。跳甲腿胫二连杆，肌肉双缩藏机关。弹性板、三角片，扳扣一松箭离弦，瞬时加速赛子弹。”昆虫与物理知识结合，也能迸发出完美的创造力。

昆虫给人类的启示可以渗透到各个学科。昆虫的飞行给小型扑翼飞行器的研究带来质的飞跃；昆虫的神经网络是计算机深度学习和自动控制的活体样板；昆虫的复眼构造是相控阵雷达、防反射膜、地对空拦截系统以及偏振光导航的模板；昆虫体壁、翅的微结构兼具防水和防尘功能，足垫的吸附有微毛级干附（如苍蝇）和光滑型湿附（如螽斯）两种；蜜蜂嚼吸式口器中的唇舌上有环毛式抽提液体的结构等等，无不给科学家以灵感。统计数据显示，在 1902—2017 年间，与昆虫相关的诺贝尔奖就有 11 项，尤其是黑腹果蝇 *Drosophila melanogaster*（Meigen, 1830），已经成为遗传学、发育生物学和分子生物学最重要的模式生物。

“小昆虫，大视野”，小小昆虫正吸引着越来越多人的关注。

1.3 认识昆虫的研究创新也无限

随着认识的深入、多学科的交叉和现代生物科技的融入，单是“认虫虫”的昆虫分类学也得到了飞速发展，如古生物化石的发现不断为昆虫的演化提供直接证据。首都师范大学任东教授课题组发现了 2 枚保存在白垩纪中期（约 9 900 万年前）缅甸琥珀中的兼翅总目昆虫化石，分别归于毛翅目 Trichoptera 化蝶科 Lepidochlamidae（新建）和飘翅目 Tarachoptera 飘蛾科 Tarachocelidae。这 2 个化石新种的发现打破了人们在传统教科书上的认知，证实了具有鳞片不是鳞翅目 Lepidoptera 独有的特征，而是飘翅目（已灭绝）、毛翅目和鳞翅目共有的衍生特征，鳞片这个特征在毛翅目次生丢失，而在鳞翅目的进化过程中愈发绚丽多彩。

基因测序技术的发展，推动昆虫分类学研究进入基因大数据时代。分子证据的引入与传统的形态证据相互印证，令传统的昆虫分类系统得到了前所未有的更新。大到目的界定，小到种的形成和分化，都用到了分子序列分析。新的观点被不断提出，单从目的级别来看，呈现出了合并减少的趋势。原来的同翅目 Homoptera 被取消，并入半翅目 Hemiptera 的观点早已被人们普遍认可。近年来的研究又主张 2002 年新建的螳螩目 Mantophasmatodea 与蛩蠊目 Grylloblattodea 应合并为蛩蠊目 Notoptera（弃用后又重新提起的名称），蚤目 Siphonaptera 应降为次目并入长翅目 Mecoptera。等翅目 Isoptera 作为一个总科并入蜚蠊目 Blattodea 被人们逐渐接受。近期还有人主张将合并后的蜚蠊目与螳螂目 Mantodea 再次合并为网翅目 Dictyoptera，然而，这样的合并依旧存在问题，缺翅目 Zoraptera 仍夹在中间，无处安放；还有人提出虱目 Phthiraptera 应并入啮虫目 Psocoptera 等。而在各目内，随着分子证据的介入，新的系统发育关系也在不断建立，变化得有些让人眼花缭乱。有时，传统分类和分子系统发育分析的观点相互矛盾，暂时还无法调和，比如运用分子序列分析后从鳞翅目的夜蛾科又分出的科，连分类专家都无法清楚地界定它的科征。分子证据与形态证据相左的问题尚待后来研究者的进一步努力探索。

系统发育关系的建立，除了解决分类地位的问题外，在生物地理分布、古气候变迁以及特征演化上也是重要的证据。这样的例子有很多，例如 2019 年，*PNAS* 杂志报道了一篇揭示鳞翅目昆虫各类群的系统发育关系的文章，分类专家对 186 种蛾/蝶的 2 098 个同源蛋白编码基因进行分析，并将分子数据对比与化石年代分析相结合，建立了新的鳞翅目系统发育树。分析结果回答了一个长期困扰学界的问题，即鳞翅目的蝴蝶何时适应了昼出夜伏。结果显示，有听器的蛾子早在蝙蝠出现之前就已经存在。这反驳了过去蛾子听器的演化是为了探测蝙蝠超声波的错误观点。

信息技术的发展让昆虫学进入了生物大数据时代，基因组时代的昆虫多样性研究也已兴起。形态证据和分子证据的采集和标准化建库，正推动着昆虫学研究的大发展。诸如 Research Gate，NCBI，Antweb，figweb 等网站，为科研信息交流和成果共享以及物种鉴定提供了世界平台。2022 年，中国科学院动物研究所研究人员在 *NSR*（*National Science Review*）上提出了为未来分类工作建立知识库的六个步骤。在不久的将来，看似纷繁的昆虫世界将越来越容易被普通爱好者所认识。

1.4　与大自然亲密接触，“昆虫通识”是一门快乐的课程

诗人杜甫曾写道“蜜蜂蝴蝶生情性，偷眼蜻蜓避百劳”，“穿花蛱蝶深深见，点水蜻蜓款款飞”。融入大自然，人们能感到真正的轻松和愉悦。很多人对昆虫研究的兴趣，都是在野外采集观察中培养起来的。

昆虫学家周尧先生一生酷爱大自然。他在晚年的一次大病初愈后，写了《蝶之梦》一诗，他老人家到最后惦念的还是昆虫，还想像葛洪（东晋著名的炼丹师和医药学家）一样到山中考察采集。

我与蜂为花事忙，唤醒大地春光漾。
牡丹海棠巧梳理，莺歌燕舞也登场。
栩栩庄周梦中身，依稀葛洪五彩裳。
滕王宋院今何在，落霞孤鹜同飞扬。
踏青归骑马蹄香，钗头裙褶任飞翔。
不是金陵游冶儿，等闲飞过东邻墙。

遽然一觉若有悟，何醒何梦不徜徉。

愿吾同道齐努力，确保环球永芬芳。

很多昆虫学者对昆虫的热爱也都源于自然考察。“雨后云雾山中走，喜虫爱鸟乐悠悠。镜头栩栩随心动，虫网一挥解千愁”，“我到此中难自持，半由山色半由虫”。爱虫爱自然的人，一到山中就能找到快乐。希望通过学习，大家都能得到一块“海力布的神奇石头”，听懂虫音，穷究虫理。以虫为友，深谙大自然真正的快乐！拜虫为师，学得为祖国建设出力的本领。让我们用一颗爱心拥抱自然，开阔视野，用科学的思维思考和探索奥秘。

思考与回顾

1. 为什么说昆虫和植物是地球的主宰？
2. 如何培养野外观察的习惯？
3. 谈谈人类该如何保护昆虫的多样性？
4. 查阅资料，了解更多昆虫学家的故事。

附：

表 1-1　与昆虫有关的诺贝尔奖

时间	获奖人	获奖内容概括
1902	Ronald Ross	阐明了致疟生物进入机体的机制，只有雌性按蚊才会传播疟疾
1907	Charles Louis Alphonse Laveran	由于对血液病原虫的研究，尤其是疟原虫研究方面的成就而获奖
1928	Charles Jules Henri Nicolle	辨认出虱子为斑疹伤寒的传染者
1933	Thomas Hunt Morgan	使用果蝇为实验材料，最终发现基因在染色体中呈直线排列的特征
1946	Hermann Joseph Muller	使用果蝇为实验材料，发现随着 X 射线照射剂量的加大，果蝇基因突变的频率有了相应的提高
1948	Paul Hermann Müller	合成了有机杀虫剂 DDT
1973	Karl Ritter von Frisch	蜜蜂跳“8”字舞传递食物信息给同伴
1995	Edward Lewis, Eric Wieschaus, Christiane Nusslein-Volhard	使用果蝇为实验材料，发现极为重要的控制早期胚胎发育的遗传机制
2004	Richard Axel, Linda B. Buck	发现果蝇在嗅觉功能上有个特定的大脑区域，阐明了嗅觉系统的工作原理
2011	Jules A. Hoffmann, Bruce A. Beutler, Ralph A. Steinman	发现果蝇的免疫应答机制 *Toll* 基因
2017	Jeffrey C. Hall, Michael Rosbash, Michael W. Young	发现果蝇生物钟的分子机制

昆虫与微生物的学缘结合

微生物是昆虫营养代谢的参与者，帮助宿主直接分解植物纤维素、果胶等物质，或合成食物中缺失的氮素等特殊养分。很多木食性昆虫，如白蚁、蠹虫、树蜂等，没有共生物的帮助很难降解木质素。例如，白蚁肠道中的微生物，通常包括原生生物、细菌、古菌和真菌。生活在白蚁后肠的原生生物能吞噬小木屑，在无氧条件下将纤维素转化为乙酸、氢气、二氧化碳和乙酸，这些物质作为主要能源和碳源被宿主白蚁吸收。在食土性白蚁的后肠还含有许多耐碱性的梭状芽孢杆菌，其具有碱性蛋白水解酶基因和木聚糖基因，能分泌水解蛋白质和木质纤维素的酶，白蚁肠道微生物通过社会性行为（肛口交哺）传播。

昆虫与微生物的共生关系是自然界最典型的生物共生体系之一。例如，几乎所有蚜虫在一些特殊细胞中都含有微生物内共生体（endosymbionts），如菌细胞（bacteriocytes）或菌丝体（mycetocytes）。布氏菌 *Buchnera aphidicola* 就是蚜虫内共生体中最常见的一种微生物，布氏菌的主要功能是为昆虫提供必需氨基酸，补充昆虫吸食树汁不能得到的营养。研究者将黑豆蚜 *Aphis fabae* Scopoli, 1763 用 FITC（Fluorescein Isothiocyanate，异硫氰酸荧光素）标记了蚜虫体内的布氏菌，用 *16S rDNA* 探针（绿色）荧光探针染色，再用 DAPI（4', 6-diamidino-2-phenylindole，4', 6-二脒基-2-苯基吲哚，蓝色）复染，切片后在显微镜下就能清晰地看到内含布氏菌细胞的内共生体/菌丝体的细胞质呈绿色；菌丝体核和其他蚜虫细胞核用 DAPI 染色后呈蓝色。蚜虫内共生菌可以通过卵垂直传播。在象白蚁属 *Nasutitermes* 的白蚁肠道中发现有丰富的纤维素酶和半纤维素酶基因，通过生物系统进化分析发现这些基因来源于螺旋菌菌门和纤维杆菌菌门，这表明白蚁及其共生的肠道微生物在 2 亿多年的历史进程中协同进化，发生了基因水平转移。

共生微生物能够帮助宿主昆虫抵抗病原微生物的侵染。共生微生物通过调控和激活宿主先天免疫系统、竞争性消耗营养、以物理隔离或产生代谢产物等方式来抵御外来病原微生物的侵染。例如，被称为生物木马的沃尔巴克氏体（wolbachia）还能通过多种机制参与昆虫的生殖活动。沃尔巴克氏体是细胞内寄生的母系遗传细菌，据估计，65%的昆虫种类、28%的蚊虫天然携带沃尔巴克氏体，并被不同程度地生殖操纵 [如胞质不相容（cytoplasmic incompatibility）、孤雌生殖（parthenogenesis）和雌性化（feminazation）等]。黑腹果蝇体内的沃尔巴克氏体能激活 *Toll* 样受体和免疫缺陷 IMD 信号通路，分别识别革兰氏阳性细菌、革兰氏阴性细菌和真菌，并且产生相应的抗菌肽增强寄主对外来微生物的抵抗能力。沃尔巴克氏体还能通过抑制病毒所需要的营养物质，从而抑制病毒的复制和增殖。这就为预防和控制以昆虫作为传播媒介的植物病毒病和人类疾病提供了新的思路。

微生物也是昆虫杀手，许多病原微生物对昆虫宿主具有杀虫活性，因此可利用该特征来控制害虫种群数量。例如白僵菌，其分生孢子可以依附在寄主表皮、气孔或消化道上，遇适宜条件即开始萌发，生出芽管，并且产生脂肪酶、蛋白酶、几丁质酶溶解昆虫的表皮，芽管侵入虫体，在虫体内生长繁殖，消耗寄主的养分，形成大量菌丝和孢子，最终导致寄主僵死，僵死的寄主被称为白僵虫。白僵菌可防治鳞翅目、半翅目、鞘翅目、直翅目、膜翅目等200余种害虫的幼虫，在农业防治上发挥着巨大作用，而且白僵菌寄主专一性强，持效期长，可保护天敌，不会对环境造成污染。常见的生物防治微生物还有苏云金芽孢杆菌、核多角体病毒等。

近年来，随着高通量测序和生物信息学等技术的发展，人们对昆虫微生物的研究已发展到了基因组学水平。利用多种组学技术，结合微生物的分离培养和生物信息大数据的分析手段，探讨昆虫肠道微生物的多样性、功能及对宿主的影响，如20世纪80年代兴起的微控流技术能很好地克服传统培养方式的缺陷，为培养肠道微生物组中的稀有类群提供了机会。通过微控流对蜜蜂肠道微生物分离培养并确立其生长能力后，对样品进行宏基因组测序，发现比常规测序具有更高的菌株水平多样性，且进一步发现双歧杆菌属在跨膜运输、肌醇利用以及多糖利用方面存在丰富的多样性。研究者在利用宏基因及宏转录组测序技术对橘小实蝇 *Bactrocera dorsalis*（Hendel，1912）肠道共生菌的生物固氮与尿素水解通路中关键基因的表达情况进行分析发现：固氮酶编码基因（*nifH*、*nifK*）转录缺失会导致固氮酶受阻，阻断电子传递过程；另一方面，编码脲酶复合体的 *URE*、*ureA*、*ureB*、*ureC*、*ureAB* 基因被成功转录，能催化尿素水解产生氨。在共生菌介导的必需氨基酸合成通路中，涉及的115个基因仅有一个与精氨酸合成相关的基因未在宏基因组注释结果中找到，也就是说，橘小实蝇的成虫及幼虫具备合成除精氨酸以外其余必需氨基酸的能力。

（《昆虫与微生物的学缘结合》的文字搜集整理：唐艳）

第 2 章　什么是昆虫

2.1　昆虫——陆地上的“小龙虾”

1758 年，林奈（Carolus Linnaeus 或 Carl von Linné）的 *Systema Naturae*（《自然系统》第 10 版）一书的出版标志着昆虫科学分类的开始。两个多世纪过去了，研究者描述的昆虫种类大约有 100 万种，占所有动物种类的三分之二，而且还有大量的种类尚未被人类描述或发现。据相关研究估计，昆虫种类可达 3 000 万种，一个较大院落（如学校）的昆虫种类估计有上千种，4 000 余平方米的地块中的昆虫数量可达百万头之多！中国是世界上昆虫种类最多的国家之一，大约占全世界昆虫种类的十分之一。我国昆虫分类专家王敏教授在深圳梧桐山国家森林公园（42 km^2）做过调查，仅蛾子就有 500 余种。无处不在的昆虫是大自然的重要组成部分，人们对昆虫的科学认识从昆虫的界定开始。

昆虫的界定

节肢门里五金刚，三叶绝灭螯肢强。
甲壳多足争正朔，六足亚门霸一方。
广义昆虫由来久，弹原双尾目升纲。
原生无翅口外露，石蛃单髁衣鱼双。
触角一对翅两双，体节三分六足长。
骨骼包外多变态，遍布全球虫族旺。

Beukeboom 和 Perrin（2014）在 *The evolution of sex determination*（《性别决定的演化》）一书中提出了新的生命进化系统（图 2-1）。生命从单细胞生物进化到多细胞生物后，真后生动物包括辐射对称动物（包括刺胞动物门和栉水母动物门）和两侧对称动物。两侧对称动物又分为原口和后口 2 大分支。原口动物是指原肠胚的胚孔形成摄取食物的口的动物，包括了绝大多数的无脊椎动物，大致形成了 3 个主要分支：①冠轮动物总门 Lophotrochozoa（触手冠动物 Lophophorata 和担轮动物 Trochozoa 的合称），通常为蠕虫状，体柔软、两侧对称，以最常见的软体动物 Mollusca（如蜗牛、螺、贝类）、环节动物 Annelida（如蚯蚓、蚂蟥、水蛭）以及苔藓虫 Bryozoa、腕足动物 Brachiopoda 等为代表；②扁形动物总门 Platyzoa 俗称扁虫动物，包括扁形动物门 Platyhelminthes、轮虫动物门 Rotifera、腹毛动物门 Gastrotricha、棘头动物门 Acanthocephala 和颚口动物门 Gnathostomulida；③蜕皮动物总门 Ecdysozoa，生长发育过程中会产生蜕皮现象，主要包括动吻动物门 Kinorhyncha、节肢动物门 Arthropoda、铠甲动物门 Loricifera、有爪动物门 Onychophora、线形动物门 Nematomorpha、线虫动物门 Nematoda 以及缓步动物门 Tardigrada。其中，节肢动物门演化出了三叶形亚门 Trilobitomorpha（又名三叶虫亚门，已灭绝）、螯肢亚门 Chelicerata（如蜘蛛、蝎子、蜱、螨、海蜘蛛等）、甲壳亚门 Crustacea（如蟹、虾、水蚤、剑水蚤、丰年虫、藤壶、球潮虫、桨足虫等）、多足亚门 Myriapoda（如蜈蚣、马陆、蚰蜒等）和六足亚门 Hexapoda（广义的昆虫纲）等 5 个亚门。

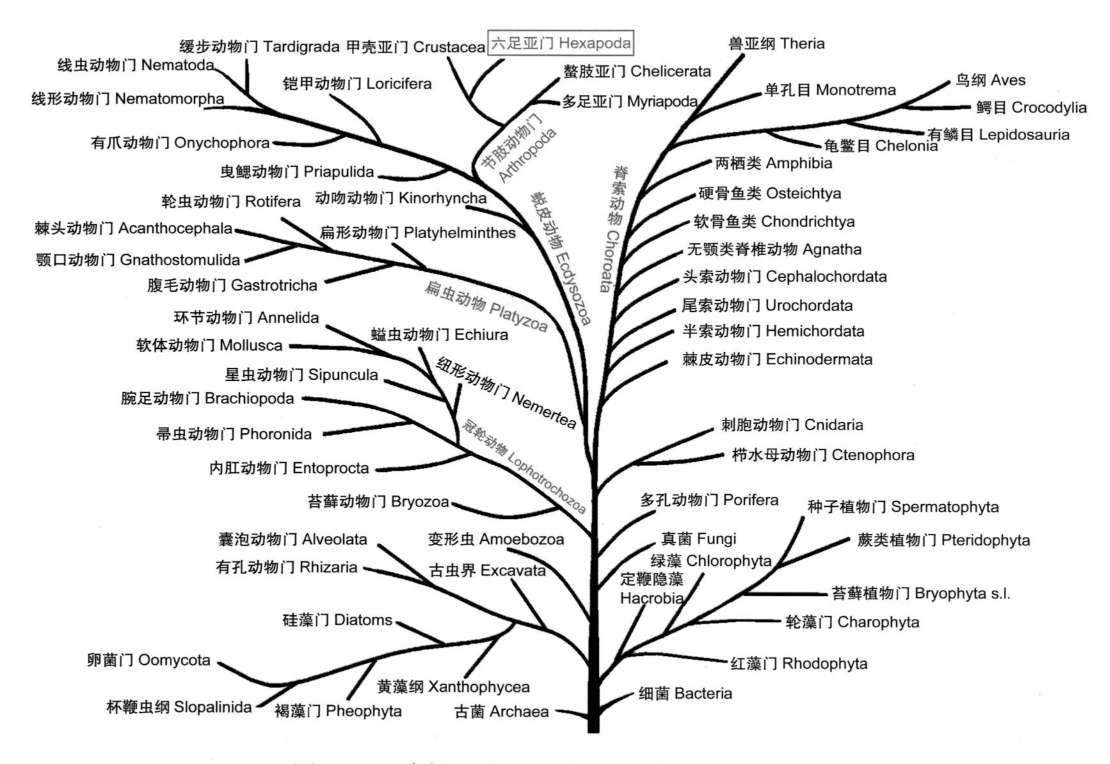

图 2-1　生命树（基于 Beukeboom & Perrin，2014）

六足亚门（广义的昆虫纲）是节肢动物门中种类最繁盛的类群，在演化进程中，它究竟是与多足亚门还是甲壳亚门的关系更近，迄今仍无定论。岩洞桨足虫的研究有力地支持了昆虫起源于这类近似蜈蚣或马陆的甲壳类水生节肢动物。桨足虫身体微小，无眼，体节和附肢很多，生活在深海、潮间带和水下洞穴中，其中至少一种桨足虫 *Godzilliognomus frondosus* 具有与真软甲纲最接近的高度组织和完善分隔的脑。Regier 等（2010）基于分子证据建立了节肢动物门系统发育树，昆虫是现甲壳亚门里的一个分支，与异虾大纲 Xenocarida（头足纲 Cephalopoda 和桨足纲 Remipedia）的亲缘关系最近，形象地说，昆虫是陆地上的“小龙虾”。

节肢动物门动物的共同特征：体躯异律分节并具有分节的附肢（触角、足等），外被几丁质外骨骼（即体壁），与扁形动物总门、线虫动物门和环节动物门动物的斜纹肌不同，节肢动物的肌肉为横纹肌，肌纤维集合成束，伸缩更迅速有力。让我们通过检索表来认识常见的节肢动物和昆虫的区别。

节肢动物门分亚门及六足亚门分纲检索表

1. 体分左中右纵分为三叶，已灭绝（1a，三叶虫化石）[体卵圆形，背腹扁平，分头、胸和尾节3部分]……………………………………三叶虫亚门 Trilobitomorpha
   体无纵沟将身体纵分（1aa，鞭蝎），现生…………………………………… 2

2. 有触角（原尾虫无触角，但体分头、胸、腹3段）；体分2部分［如头部和胴部（2a，马陆）或头胸部和腹部］或3部分（头、胸、腹）…………………………………… 3
   无触角；体分头胸部和腹部［蜘蛛（2aa，跳蛛）、蜱螨、海蜘蛛、鲎（2aa′）］………………………………………………………………螯肢亚门 Chelicerata

2a 2aa 2aa′

3\. 触角 1 对；气门呼吸；体分头部和胴部 2 部分（3a，蜈蚣）或者头、胸、腹 3 部分……… 4
触角 2 对；除等足目 Isopoda 的潮虫科动物（俗名西瓜虫、鼠妇等）为陆生外，绝大多数为水生，用鳃呼吸。体分头胸部和腹部 2 部分［足 5～8 对。如虾（3aa）、蟹、水蚤、丰年虫、藤壶、潮虫等］………………………………………………………………… 甲壳亚门 Crustacea

3a 3aa

4\. 体分头部和胴部；体躯足超过 3 对；无翅［每节有 1 对（蜈蚣、蚰蜒 4a、烛浅）或 2 对足（马陆 2a、山蛩）］…………………………………………………………… 多足亚门 Myriapoda
体分头部、胸部和腹部；胸足仅 3 对，腹部通常无足；有翅（4aa，瘦姬蜂 *Ophion* sp.）［六足亚门 Hexapoda 即广义的昆虫纲 Insecta *s. lat.*］…………………………………………………5

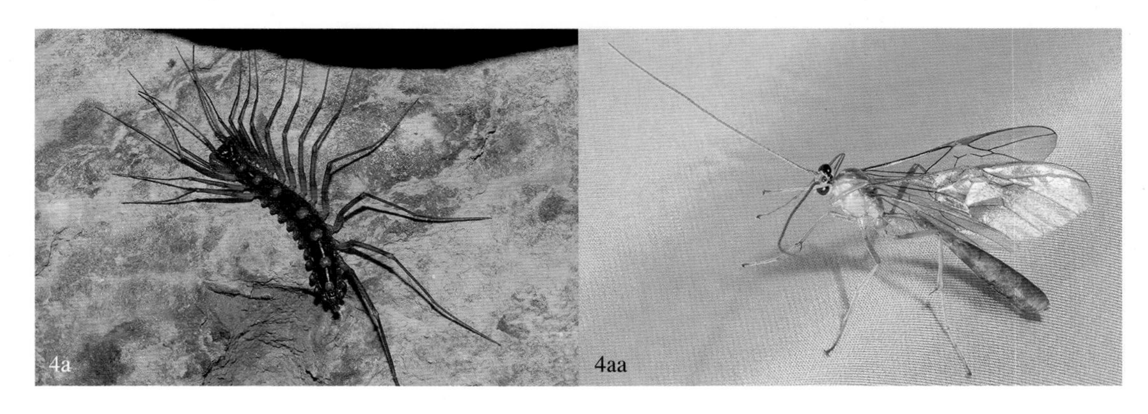
4a 4aa

5. 口器内藏式；无翅 （5a，原尾虫）[原生无翅，腹部有非生殖附肢]............................ 6
   口器外露式；有翅或无翅（5aa，虎甲）.................................. 狭义的昆虫纲 Insecta *s.str.*

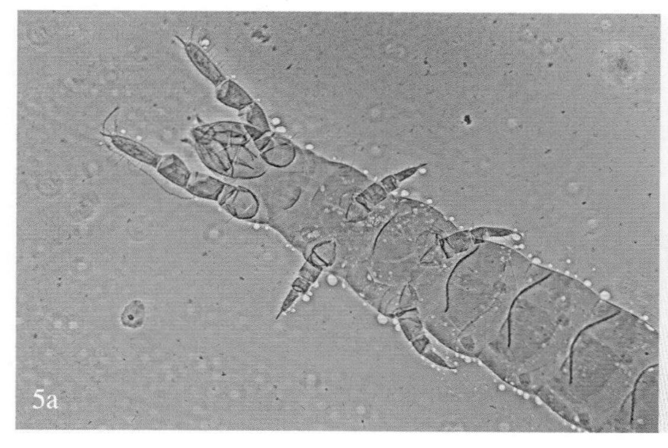
5a

5aa

6. 无触角；前足跗节密布感受器，前伸以代触角；腹部前 3 节残存腹足 [增节变态]（6a，原尾虫，黄骋望 摄）.. 原尾纲 Protura
   有触角。[非增节变态]（6aa，双尾虫，王吉申 摄）... 7

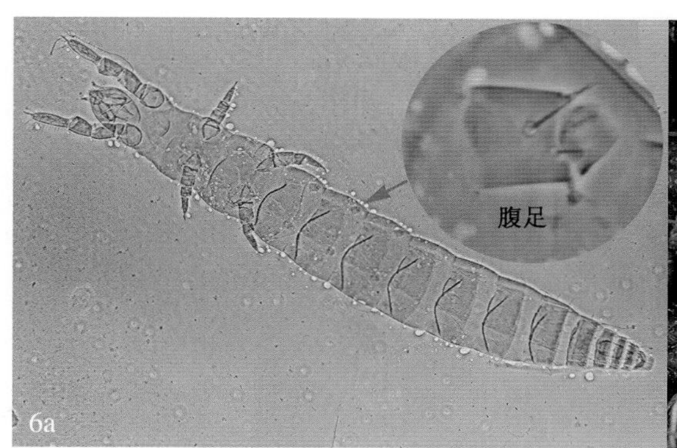

6a

6aa

7. 腹节不过 6 节，腹部第 1，3，4 分别有黏管、握弹器和弹器（7a，弹尾虫）.... 弹尾纲 Collembola
   腹节 11 节，腹面第 1～7 节有泡囊和刺突，腹部末端尾铗或尾丝（7aa，双尾虫，王吉申摄）.. 双尾纲 Diplura

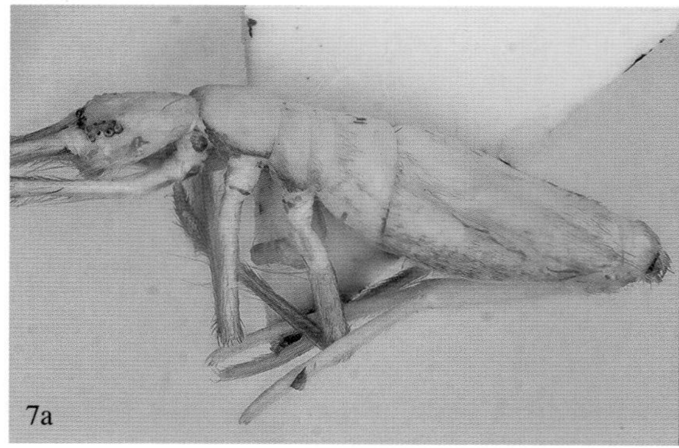
7a

7aa

六足亚门 Hexapoda 即广义的昆虫纲 Insecta *s.lat.*，其典型的特征是运动足为 3 对，其所在的 3 个体节愈合形成胸部，包括双尾纲 Diplura、弹尾纲 Collembola、原尾纲 Protura 和狭义的昆虫纲 Insecta *s.str.* 等 4 纲，其中前 3 纲习惯上合为内颚大纲 Entognatha，口器均为内藏式，而昆虫纲的种类口器外露。

现代科学意义上的昆虫是指动物界、无脊椎动物类、节肢动物门六足亚门内狭义的昆虫纲 Insecta *s.str.* 所有动物的总称。它具有以下特征：虫体分为头、胸、腹 3 部分，头部为感觉和取食中心、胸部为运动中心，腹部为生殖代谢中心，均包在几丁质的外骨骼内，通常有 2 对翅、3 对足，头顶着生 1 对触角，昆虫一生要经历卵、幼虫、蛹 / 幼虫、成虫等多次变态，是遍布全球的大家族。

2.2 昆虫起源和进化中的飞跃

昆虫的起源和进化问题一直是科学家探索的目标之一，然而，化石年代杳渺，证据缺乏，一些研究结论很大程度上属于理论推测。

大约 46 亿年前，地球开始形成，38 亿年前出现原始地壳。在澳大利亚西部瓦拉伍那（Warrawoona）化石群中，35 亿年前的蓝藻是目前地球上最早的生命证据。生命长期以藻类和菌类的简单形式存在于海洋。5.6 亿年前，地球上出现了许多无法和现生动物对比的后生动物，大量类似蕨类的无骨软体动物似乎是生命进化中失败的尝试 [澳大利亚的埃迪卡拉（Ediacara）动物群化石群]。距今 5.4 亿年前的寒武纪被称为生命大爆发时代，所有现生动物的祖先突然在海洋里出现。1909 年，研究者 Charles Walcott 偶然发现了位于加拿大落基山脉翡翠湖畔的布尔吉斯（Burgess）页岩化石群，打开了通往 5.05 亿年前的寒武纪生态系统的窗户。在我国云南澄江化石群（5.3 亿年前）中发现的抚仙湖虫 *Fuxianhuia* 是寒武纪早期海洋生物，也是真节肢动物中比较原始的类型。其成虫体长 10 cm，有触角，15～31 个体节，外骨骼，体分头、胸、腹，与加拿大 5 亿年的直虾（euthycarcinoids）化石类似，直虾是现代昆虫的祖先，由此推断，抚仙湖虫可能是昆虫的远祖。

除了海生的泥盆六足虫 *Devonohexapodus bocksbergensis* Haas et al.，2003 尚有争议外（Kühl & Rust，2009），其他所有六足类昆虫化石仅存在于淡水或陆地上，且不早于 4.1 亿年的泥盆纪，这些证据支持昆虫陆上起源的假说。地壳运动导致陆块形成，促使更多的生物不得不

从水生向陆生转化。大约在 4.75 亿年前的奥陶纪，陆生植物起源，几乎同时，动物也开始登陆。在 4.43—4.17 亿年前的志留纪，陆生植物——裸蕨进一步繁育，志留纪早期，最早的陆生节肢动物登陆。据分子遗传学分析显示，六足动物偏离其姐妹群——甲壳类无甲目 Anostraca 的时间是在志留纪开始时期的 4.4 亿年前，正好与维管植物登陆的时间一致。

昆虫进化出翅的具体时间段目前存有争议。研究者在石炭纪（距今 3.6—2.9 亿年前）发现了有翅昆虫化石，如巨脉蜻蜓 *Meganeura monyi* Brongniart, 1885，它们体型巨大，翅展达 70 cm。研究者推测，那时地面植物高达 40 m，昆虫为适应树上生活，并逃避蜘蛛、蝎子以及两栖类动物等天敌的捕食，逐渐演化出了翅。

距今约 4 亿年前的泥盆纪莱尼虫（或称草颚虫）*Rhyniognatha hirsti* Tillyard, 1928 化石被认为是陆地上最早的昆虫，其靠咀嚼蕨类植物为生（图 2-2）。2004 年，美国研究者发现该虫上颚具双关节，推断出草颚虫此时可能已经有了翅，若据此推算，昆虫在陆地上至少展翅飞舞了 4 亿年。然而，有研究者又认为，它在那时还只是多足类动物。翅的产生是昆虫进化史上最重要的事件，为昆虫的繁荣发展奠定了基础。

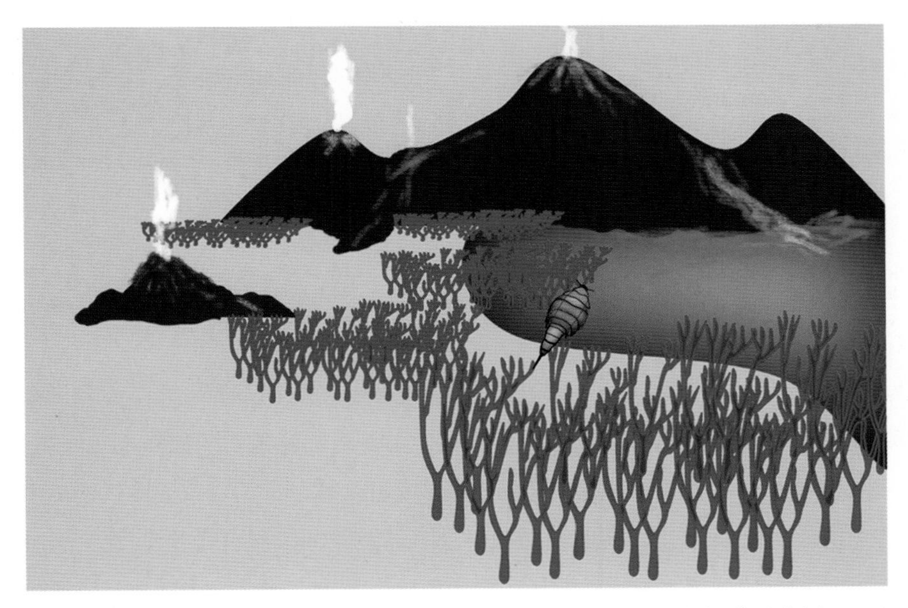

图 2-2　陆地上最早的昆虫——草颚虫和泥盆纪中期地层的裸蕨示意图

最初的具翅昆虫（如蜻蜓、蜉蝣）的翅不能折叠，被称为古翅类。石炭纪时陆生植物茂盛，巨大的古翅类因翅膀无法折叠，飞行受限因素多。化石的发现证明，到石炭纪中期，翅能折叠的新翅类昆虫即蜚蠊（蟑螂）开始出现，具有这样的翅的昆虫能够利用狭小的空间，更适应环境，觅食和躲避天敌的能力显著增强。

二叠纪时期，干旱导致了大片森林枯萎、大量生物灭绝，就连曾经兴盛的三叶虫都灭绝了。鸟类的祖先开始出现，在恶劣的环境胁迫和鸟类的捕食下，昆虫进化出了完全变态类群，有效地提高了生存能力。

综上所述，从无翅到有翅，再到新翅，最后到完全变态，昆虫进化经历了三次重要的历史性飞跃。白垩纪时出现了显花植物，花蜜和种子为昆虫提供了日益丰富的食物来源，二者相互依存、协同进化，昆虫的种类多样性逐渐丰富起来，最终成了动物界最繁盛的类群（图 2-3）。

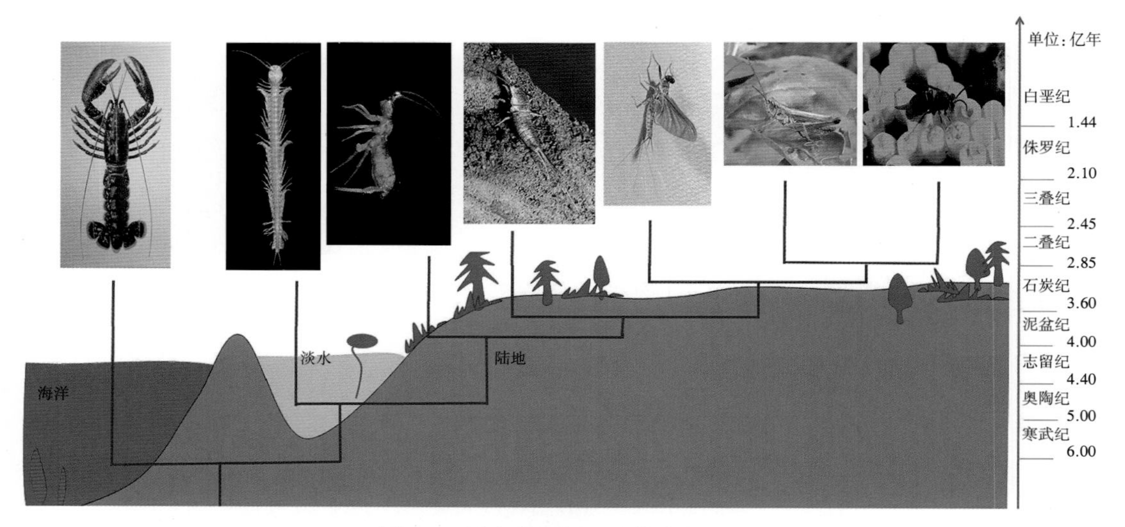

图 2-3　昆虫的起源和进化中的飞跃

注：从左到右，图中进化树上的代表动物依次为：虾、桨足虫、跳虫、石蛃、蜉蝣、蝗、胡蜂，代表着进化的方向，从海洋到陆地，从口器内藏到口器外露，从无翅到有翅、从不完全变态，到完全变态，海洋内的红色叶状图代表着埃迪卡拉动物群。

此外，社会昆虫学家认为，在白垩纪时期，即距今 1.4 亿至 6 500 万年前，昆虫的进化出现了第四次突破，即高级社会生活的起源，它代表了昆虫进化历史的顶峰。我们知道，白蚁、蚂蚁、一些蜜蜂和胡蜂都是群居性的，确切地说，是社会性的。两代或更多代的昆虫在社会中重叠，成虫照顾幼虫，而且成虫有明确的社会分工（繁殖者和非繁殖者）。社会昆虫是现代昆虫区系的主要物种。统计结果显示，亚马逊陆地雨林中大约三分之一的动物是由蚂蚁和白蚁组成的，每公顷土壤含有超过 800 万只蚂蚁和 100 万只白蚁。这两类昆虫，连同蜜蜂和胡蜂，约占昆虫总生物量的 75%以上。Dejean 等（1986）调查发现，蚂蚁和白蚁主宰着扎伊尔的森林和大草原。人们的普遍印象是，真社会性昆虫（eusocial insects，是指具有高度社会组织的昆虫如蜜蜂、白蚁、胡蜂、蚂蚁等，具备繁殖分工、世代重叠和合作照顾未成熟个体等 3 项特征）几乎无处不在，尤其是蚂蚁，其种类和数量都相当丰富。

化石与昆虫的起源及进化

混沌初开太古远，生命海洋寂漫漫。
埃迪卡拉多试验，现生寒武启开端。
四亿七五奥陶纪，陆生植物始起源。
泥盆直虾上了岸，倒推远祖到抚仙。
志留早晚有证据，无翅陆上启新篇。
莱尼虫儿咬蕨秆，有翅无翅确认难。
上颚双髁应会飞，也疑多足爬泥潭。
石炭古翅冲上天，展翅飞舞四亿年。
晚期新翅能折叠，躲避天敌更自然。
二叠遇灾变态全，不良环境能生还。
白垩显花生态好，蜂醉蝶狂舞翩跹。
父母子孙营巢居，分工协作瓜瓞绵。
恐龙称霸亿万年，环境变迁成遗憾。
二百万年屈指算，人类开辟新纪元。
谁是最终统治者，还需深虑思长远。

近年来，包括我国科学家在内的多个国家研究课题组联合开展了 1 000 种昆虫转录组基因的演化（1K Insect Transcriptome Evolution，1 KITE）研究计划，通过对比 144 种代表昆虫的 1 478 个蛋白质编码基因的分子系统发育研究，Misof 等（2014）将昆虫在地球上出现的时间向前追溯到了大约 4.79 亿年前的奥陶纪，即陆生植物起源的同时，昆虫也开始出现；之后，在大约 4.06 亿年前的志留纪晚期，也就是前泥盆纪，出现了有翅昆虫；在 3.54 亿年前的石炭纪，昆虫进化出了能折叠的新翅；很快，在 3.45 亿年前的石炭纪早期，出现了完全变态类昆虫；蟑螂则出现在 2.52 亿年前二叠纪大灭绝之后；直到 1.46 亿年前的侏罗纪晚期，完全变态昆虫大繁荣，这时期，跳蚤也出现了。这是目前研究者对昆虫起源和进化的最新表述。

转录演化昆虫史

化石稀有不足恃，转录基因新证凭。
历史前推近亿年，奥陶随蕨同起源。
跳虫石蛃衣鱼丰，志留无翅成一统。
前泥盆纪生双翼，石炭翅新虫体巨。

二叠灭绝出小强，三叠开花蜂蝶忙。

侏罗跳蚤吮血生，晚期千种大繁荣。

昆虫在地球上进化了4亿年以上，是动物界最繁盛的家族，是地球生态系统的重要基础。我们人类从直立人 *Homo erectus* 算起，距今仅有200多万年的历史。然而，人类对自然的掌控能力最强，破坏潜力也最大，恐龙曾经称霸地球，最终却因环境恶化而灭绝，生物多样性保护的重要性和迫切性需要人们去细细思量。

思考与回顾

1. 谈谈你对寒武大爆发昆虫远祖的理解。
2. 讨论昆虫对陆生生活的适应性进化，如缺水问题。
3. 为什么说昆虫是陆地上的小龙虾？试区分昆虫与其近缘纲。
4. 查阅资料，讨论洞穴生物的特征及其在系统发育中的作用。
5. 简述昆虫进化史上的四次飞跃。

附：课堂演讲《昆虫的演化》

昆虫的演化看似平平淡淡，实则危机四伏、跌宕起伏。

昆虫的故事大概要从4.4亿年前的志留纪说起，那个时候陆地生态系统刚刚成型，由此也开启了动物登陆的第一波浪潮。而在这些动物当中，自带防水外骨骼的节肢动物自然是占尽了先机，而昆虫的祖先也是这登陆大军的一员。与它同时期登陆的有螯肢动物亚门蛛形纲的祖先和多足亚门的祖先。它们在最初的陆地生态系统中一起吃土、一起成长。这些小动物在澳大利亚西部志留纪砂岩和世界其他地区留下了痕迹。根据分子学家的推断，昆虫的祖先最迟在志留纪中晚期就已经登陆。4 000万年后，螯肢动物演化出了古怖蛛、脚怖蛛等陆地顶级猎食者与叶螨、盲蛛等王道草食动物。而多足亚门也不甘示弱，早期的马陆和蜈蚣也可谓是一文一武，在相当长的时间里都是陆地上最大的动物。然而，当螯肢动物和多足动物成为绝代双骄时，昆虫的祖先却在“摆烂”，它们除了种类增加了一些、体型变大了一些外，没有任何实质性的、能称为进化的行为。一直到3.3亿年前的石炭纪早期，昆虫的祖先都没有任何要雄起的迹象，比如它们的身体变得瘦瘦长长，还退化掉了大部分的附肢，只留下3对步足，这有利于它们在枯枝败叶堆里面爬行。它们还将3对附肢特化成口器，这样有助于它们在成分复杂的土壤中挑拣出能吃的东西，属于是吃土也要吃得精致了。随后，它们中的一支背部长出了横向的背板，这个结构可能是为了防御，也可能是为了调节体温。之后，这些背板变得可以扇动，昆虫就起飞了，成了陆地上最成功的节肢动物。已知最早的可以飞行的昆虫是出现在 3.25 亿年前的德利奇虫，这与其不会飞的祖先中间整整隔了近 6 500 万年，这一时期的昆虫化石极为稀缺，因此被称为“六足空缺”。

在石炭纪，地球上基本上都是高大的雨林，这些树木顶端处处都是营养丰富的孢子与嫩芽，作为第一种能够一飞冲天的动物，这些昆虫简直就是掉入米缸的老鼠，加之当时含氧量的增加（约占空气的 35%），昆虫成了当时最繁盛的动物类群之一，其体型也随之突破限制，演化出了巨脉蜻蜓，翼展可达 60 cm，相当于一只鸽子，还有体长可达 3 m 的马陆。我们知道，后来脊椎动物为了飞行都要牺牲自己的一对附肢，但这些昆虫进化出飞行能力似乎完全是无中生有，翅的产生挖掘了昆虫的演化潜能！昆虫当中诞生了一支飞行能力更强，而且平时能够将翅膀折叠的类群——新翅类。由于新翅类昆虫的飞行能力足够强，一般一对翅膀也足以满足飞行需求，也就是说冗余的另一对翅膀就可以在演化上放飞自我了，这将在之后的 1 亿年中，让昆虫家族变得百花齐放，这点从昆虫各个种类的名称中就可以看得出来，比如直翅目、半翅目、鞘翅目、网翅目、鳞翅目、革翅目、双翅目、脉翅目、毛翅目、襀翅目、广翅目、长翅目、缺翅目，等等。

随后，昆虫又演化出了一个很“变态”的技能，那就是完全变态（图 2-4）。毛毛虫就好像一个能自己吃东西的胎盘，而真正的昆虫本体就暗藏在这条毛毛虫的身体内部，我们称之为成虫盘。不过不是你想象中的那种一整个完整的胚胎，而是一大堆零散得像片片一样的东西，等到化蛹的时候，整个幼虫就会融化成这些成虫盘的养分，成虫盘则会发育成不同的器官直接拼凑出一个整体。

这种变态发育的起源同样不可考，它大约是在 3 亿年前的石炭纪突然出现的，这样的生长发育模式极大地增加了昆虫的发育自由度，让昆虫一举成为“bug”。在今天的昆虫纲中，最强势的四大家族——鞘翅目、鳞翅目、双翅目、膜翅目，都属于完全变态的昆虫。

二叠纪末大灭绝横扫了 96% 的物种，随后是炎热干旱的三叠纪，这种环境并不适合昆虫生存，导致昆虫化石几乎从地层中消失了。然而在三叠纪的卡尼期，天空忽然下起了暴雨，这场暴雨持续了大概 200 万年，史称卡尼期洪积事件。这场暴雨将整个世界的沙漠都灌成了大沼泽、大雨林，顺手就把昆虫救活了，并且类似于今天的苍蝇、蚊子等双翅目昆虫便登上了历史舞台，所以，《侏罗纪世界》中说“蚊子吸了恐龙血”，至少这个可以有。蚊子与苍蝇类昆虫的幼虫至今还只能生活在水中也是这场暴雨造成的。

从二叠纪的侏罗纪开始，陆地再度变得富饶丰沛，昆虫家族再次迎来了繁荣盛世，这时候，膜翅目开始异军突起，并形成了真社会性。到了 1.4 亿年前的白垩纪，显花植物出现了。从此，为花朵授粉就成为了昆虫的常见设定，而在那百花丛中便缠缠绵绵、翩翩飞起来了一个似曾相识的身影——丽蛉，当然，这不是我们现在意义上的蝴蝶，而是一种脉翅目昆虫。现在的蝴蝶就是仿照了它艳丽张扬的翅与细长的虹吸式口器。但是蝴蝶也有自己的优势，那就是鳞翅，我们平时抓蝴蝶会抓得一手粉就是这个原因，这使得鳞翅在面对黏糊糊的蜘蛛网与动物舌头时有很大概率可以逃脱。

图 2-4　二尾蛱蝶 *Polyura narcaea* (Hewitson, 1854) 的化蛹过程

A. 老龄幼虫化蛹前虫体变短；B. 幼虫倒吊在树枝上，体回弯，直到头部与尾部紧靠；C. 幼虫奇特的姿势，进而化为摇篮形悬蛹。这样的化蛹过程，能加深理解“蛹是成虫汤”的比喻

人类总以居高临下的姿态将世间万物划为高等低等，而作为所谓低等的昆虫也是经过亿万年的演化锤炼才生存至今，所以大自然充满魅力，我们应该时刻保持谦逊。

（演讲稿的作者：宋成睿）

第 3 章　昆虫的识别

3.1　一棵总被修剪的生命树——六足亚门的系统发育

广义昆虫大家族

六足亚门分四纲，弹原双尾口内藏。
昆虫有翅口外露，石蛃衣鱼不飞翔。
单双髁分表变妆，刺突尾丝钻腐壤。
蜉蝣蜻蜓古翅张，半由水生半陆上。
直翅纺足竹节长，特化双足走四方。
螳蝓蛩蠊列两极，革翅䗛翅尾须扬。
螳螂蜚蠊网缺翅，缨半啮虱刺吸样。
不全变态十八强，膜翅全态初登场。
捻翅鞘翅蛇脉广，鳞翅毛翅访花忙。
双翅嗡嗡蚤目昌，长翅翩翩越高墙。

随着分子证据的引入和数据分析手段的发展，昆虫纲各阶元的系统发育研究也空前繁荣，不断出现了与传统分类相左的观点。目前呈现出来的昆虫纲生命树像被剪枝了一样，部分目呈现了合并趋势。本书基于 Beukeboom & Perrin（2014）的六足亚门 Hexapoda 系统发育树，将目前的新观点在图中进行了标记（图 3-1）。位于系统发育树基部的 3 个纲合称为内颚大纲 Entognatha，过去均为昆虫纲的成员。该大纲昆虫的识别特征为：口器内藏式，原生无翅，胸足 3 对。它们多生活在土壤腐殖质层、枯枝落叶下或苔藓中，个体通常微小而鲜为人知。其中，弹尾虫较常见，有时在树叶上就能采到。双尾虫和原尾虫是典型的土壤昆虫，分布数量相对较少，如果不是专业采集人员使用专用的采集筛、分离漏斗和体视式显微镜进行采集，仅凭肉眼观察，要找到这种土壤昆虫比较困难。

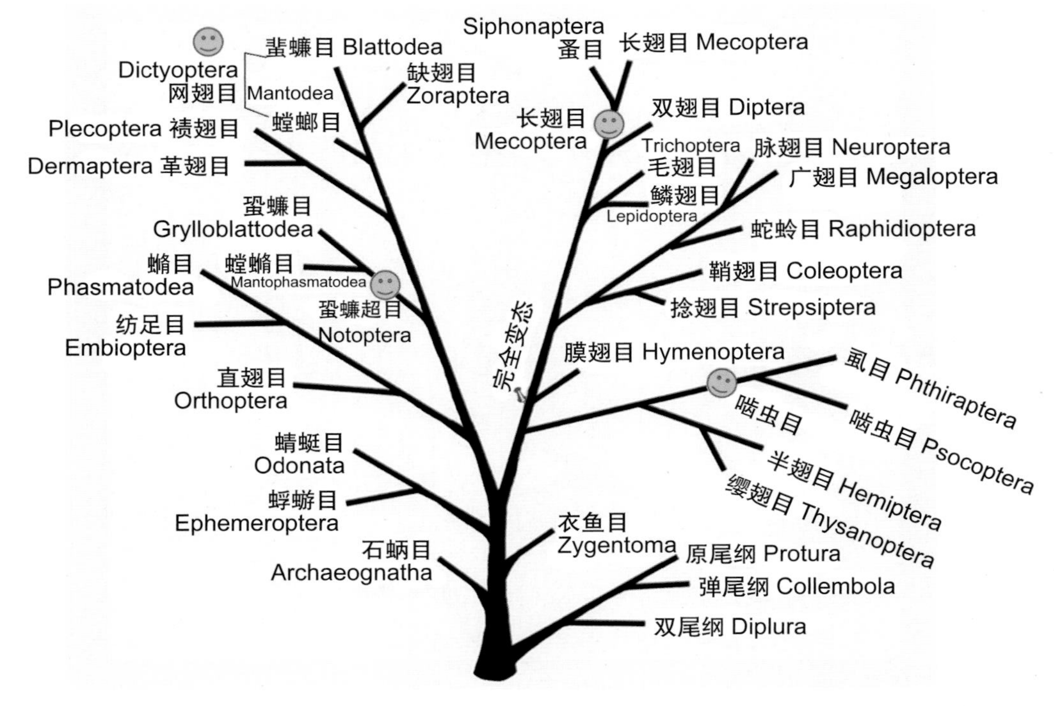

图 3-1　六足亚门的系统发育树

注：本系统主要基于 Beukeboom & perrin（2014），此外，还融入近年研究的部分新观点，用“☺”符号突出显示，“↘”表示完全变态类的起点。

狭义的昆虫纲 Insecta *s.str*. 的主要识别特征为口器外露，通常有 2 对翅、1 对触角，现分为 28 目，按亲缘关系远近排列。其中，过去的等翅目 Isoptera 并入蜚蠊目 Blattodea，虱目 Anoplura 和食毛目 Mallophaga 并为虱目 Phthiraptera。位于昆虫纲系统树基部的是 2 个无翅类群，包括石蛃目 Archaeognatha 和衣鱼目 Zygentoma，其变态类型为表变态，幼期和成虫除了个体大小和生殖器官成熟与否的差别外，几乎无其他差别，成虫期继续蜕皮。石蛃目和衣鱼目昆虫的口器与头部的连接从单关节（单髁）进化到双关节（双髁）。之后，昆虫进化出了不会向后折叠的古翅，即古翅类 Palaeoptera，包括蜉蝣目 Ephemeroptera 和蜻蜓目 Odonata，它们的幼期均为水生，而成虫则为陆生。蜉蝣的变态类型更古老一些，称为原变态，有亚成虫期，此时翅也完成伸展，性成熟尚不能交配，须再蜕一次皮才能交配和产卵，蜉蝣的径脉和径分脉是完全分开的。而蜻蜓目以及之后的所有的昆虫，成虫期都不再蜕皮，径脉和径分脉基部愈合。

昆虫翅的基部分出了 1～4 块可动的骨片，进化出了能够向后折叠于体背上的新翅，即新翅类 Neoptera。新翅类又大致分为 3 支，大致趋势从变态类型看，从不完全变态向完全变态进化，

在同一变态类型内，口器从咀嚼式向吸吻式转变。以足跗节有爪垫叶（tarsal plantulae）为特征（缺翅目 Zoraptera 除外）的 11 个目被称为低等新翅类的集合，统称多新翅部 Polyneoptera（Terry & Whiting，2005），是非全变态昆虫中最大和多样性最丰富的类群。由于形态学上的多样性，这些目之间的系统发育关系仍存在争论。其中，直翅目 Orthoptera、纺足目 Embioptera 和䗛目 Phasmatodea 合为一支，以其翅脉纵脉直而得名，它们的一个共同特征就是足的高度特化；再向后的一支为稀有类群，均后生无翅（指祖先有翅，现生种却无翅），温度适应上呈现了两个极端，螳䗛目 Mantophasmatodea 仅分布在非洲的热带地区，蛩蠊目 Grylloblattodea 则号称冰上行者，仅在高寒地区分布；2006 年，有研究显示，螳䗛的前胃形态与蛩蠊相近，而从核酸序列数据和神经肽分析，它们是姐妹群关系，因此主张将二者合并成为蛩蠊超目 Notoptera（或称背翅目），但我国学者仍将二者看作两目；腹部细长的革翅目和䙝翅目昆虫有发达的尾须或尾铗，它们的后翅都有宽大的臀区；曾经有人主张将螳螂目 Mantodea 和蜚蠊目 Blattodea 合二为一目，即网翅总目 Dictyoptera，但分子证据支持它们与缺翅目 Zoraptera 的亲缘关系最密切。近年来，多新翅部的系统发育又有变动，即（革翅目＋缺翅目）＋（䙝翅目＋（直翅目＋（（蜚蠊目＋螳螂目）＋（（䗛目＋纺足目）＋（蛩蠊目＋螳䗛目）））））。

缨翅目 Thysanoptera、半翅目 Hemiptera、啮虫目 Psocoptera 和虱目 Phthiraptera 组成的一支统称为副新翅部 Paraneoptera。该部昆虫口器向刺吸式特化，包含了几乎所有刺吸式口器的不完全变态昆虫，都具有细长的下颚内颚叶、膨大的唇基、跗节有 1～3 节，无尾须。从变态类型看，其中的部分类群如蓟马（缨翅目）、木虱（半翅目）、粉虱（半翅目）等，有一个不吃不动的类似蛹期，是比渐变态更进一步，但还没有到真正的完全变态的变态类型，称为过渐变态。啮虫目和虱目组成啮虫总目 Psocodea（最近的研究中有人主张将虱目并入啮虫目），缨翅目和半翅目组成髁颚总目 Condylognatha。

完全变态类昆虫包括 11 个目，组成内翅部 Endopterygota。翅在体内发育，有一个蛹期，在这一虫态，昆虫不吃不动，但体内却发生着变化，蛹成熟后羽化的成虫与幼虫在形态上没有任何相似之处，其生活方式和生活场所甚至也完全不同。完全变态类昆虫的适应力更强，在地球上种类繁多，分布广泛，已知 80 万种，占所有昆虫种类的五分之四。完全变态类昆虫的口器向吸吻化方向特化，其中，膜翅目 Hymenoptera 以前后翅翅钩连锁位于全变态类的基部；捻翅目 Strepsiptera 和鞘翅目 Coleoptera 前翅均高度特化；脉翅目 Neuroptera、广翅目 Megaloptera 和蛇蛉目 Raphidioptera 组成脉翅总目，多条前缘横脉是它们共有的特征；毛翅目 Trichoptera 和鳞翅目 Lepidoptera 组成被翅总目 Amphiesmenoptera；双翅目 Diptera（刺吸式、舐吸式、刺舐式口器）、蚤目 Siphonaptera（刺吸式口器）和长翅目 Mecoptera（头部或口器延长为喙状，咀嚼式口器）组成吸吻群 Antliphora。

3.2 原始的六足动物——内颚大纲

我们把内颚大纲的昆虫统称为原始的六足动物。据估计，美国每 4 000 m^2 的森林地表，每年可能覆盖大约 2 t 的枯枝落叶、野果以及动物尸体，这些都需要被尽快降解，否则会危及森林生态（美国国家自然历史博物馆，纽约）。森林土壤里除细菌、真菌以及藻类等常见生物外，土壤动物也是分解的主力，如蚯蚓、马陆、螨类、潮虫、盲蛛、隐翅甲、蚂蚁、白蚁，等等。多数原始的六足动物就生活在土壤腐殖质层。

3.2.1 “以手为目”的原尾虫——原尾纲 Protura

增节变态原尾纲，无眼无翅口内藏。
无角举足探路爪，腹部残存三对脚。

原尾虫（图 3-2）简称“蚖”，生活在潮湿森林里堆满枯枝落叶的腐殖质层的黑暗环境下。它不仅无眼，也无触角，靠前足跗节上的感觉毛感知外界信号的刺激，这也许就是“以手为目”吧。

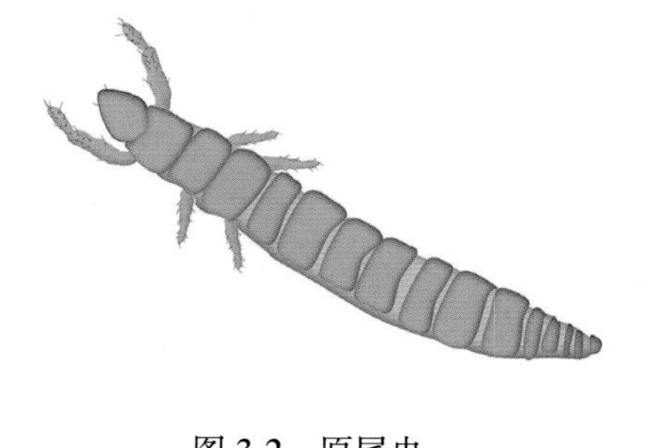

图 3-2 原尾虫

形态特征：体型微小，体长 0.6～2 mm；无翅；口器内藏式，无触角和眼；前足跗节较长，被感觉毛，前伸代替触角；腹部第 1～3 节腹面各具 1 对腹足，腹部末端无尾须（图 3-3）。

生物学：全世界记录 3 目 10 科 77 属 831 种，中国记录 3 目 9 科 43 属 217 种（卜云，2023）。增节变态（anamorphosis），是一种最原始的变态类型，节肢动物门中的三叶虫、甲壳纲、多足纲等动物的胚后发育均属此类型，六足亚门内只有原尾纲属于这一类。成虫和幼虫除大小外在外表上极为相似，体节数随蜕皮增多，最初有 6 节，最后有 12 节，胚后发育经历 5 个时期，前幼和第 1 幼虫均为 9 节、第 2 幼虫为 10 节，童虫和成虫腹部为 12 节；分布在林下潮湿的枯枝落叶或腐壤层，腐食或菌食。

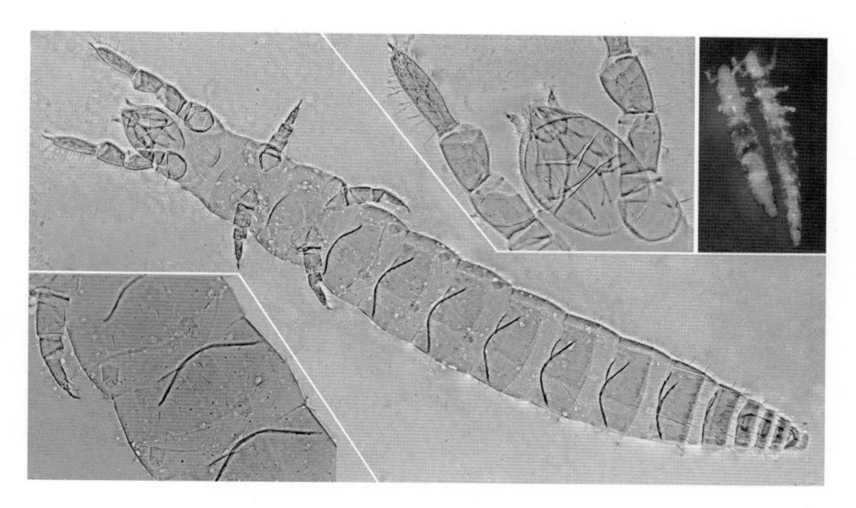

图 3-3　六足亚门内颚大纲原尾纲

注：显微镜下原尾虫整体腹面观（中，黄聘望 摄）、前足和头部放大示膨大的跗节上密布感觉毛以及内藏的口器和体视显微镜下观察的原尾虫（右上），以及腹部第 1，2 节放大，示残存的腹足（左下）。

3.2.2　跳跃不用足的弹尾虫——弹尾纲 Collembola

六节弹尾纲，无眼口内藏。
黏管前腹下，分泌保湿滑。
节三内撑钳，节四有弹叉。

跳虫或弹尾虫（springtails）靠跳跃来移动，它跳跃不是用足，而是靠腹末“安装”的弹射装置，握弹器内撑卡住弹叉基部，跳跃时内钳松开，弹器瞬间释放势能，将身体轻松弹起，这种装置也真够精巧的。

形态特征：成虫体长 0.5～8.0 mm；无翅；头部具分节的触角；口器内藏式，无复眼；腹节不超过 6 节，部分类群腹节有愈合现象；无尾须，外生殖器不明显。通常在腹部腹面第 1，3，4 节分别具有黏管、握弹器和弹器，黏管主要作用是分泌和保持水分平衡。握弹器和弹器形成弹跳结构，类似内撑钳作用的握弹器向两边撑开时顶紧弹器叉的基部，收缩时放开弹叉，从而将身体弹出（图 3-4）。

生物学：全世界记录 8 000 余种，中国记录近 500 种。林中常见，生活于枯枝落叶、苔藓以及叶片上；腐食或植食性；少数种为害作物、蔬菜或菌类；表变态（epimorphosis），成虫期继续蜕皮，最多可达 50 次。

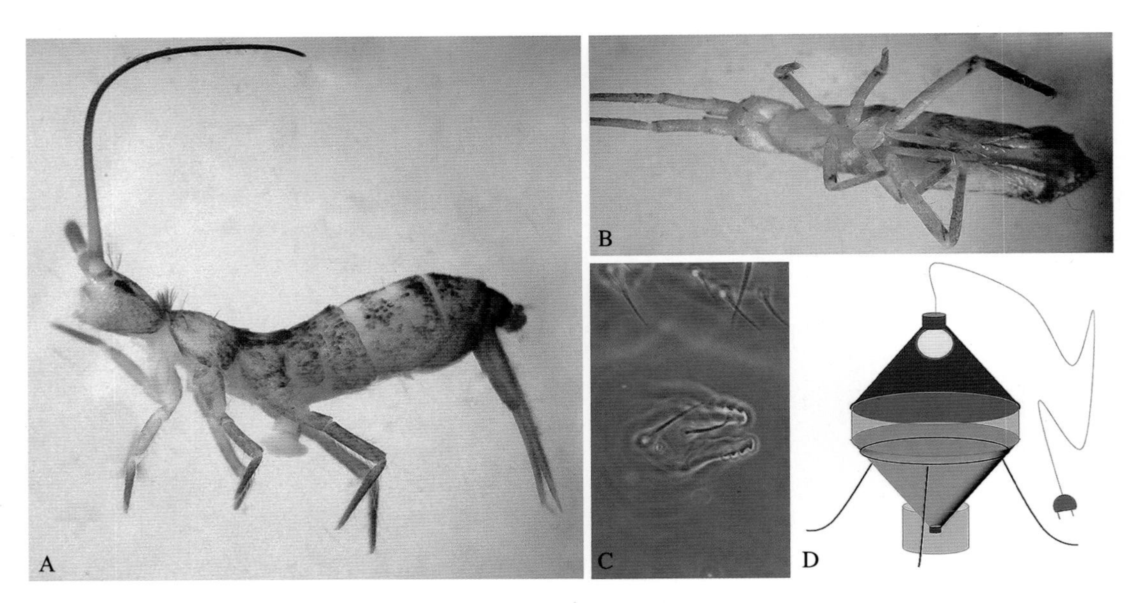

图 3-4　六足亚门内颚大纲弹尾纲

A. 弹尾虫侧面观；B. 腹面观，示弹叉收于腹面状；C. 内撑式握弹器；D. 分离土壤昆虫的漏斗示意图

3.2.3　尾部长铗的无翅虫——双尾纲 Diplura

无翅无眼双尾纲，触角多节体细长。
腹前七节泡刺突，末端须铗或一双。

双尾虫（图 3-5）或铗尾虫（diplurans）以其腹末 1 对发达的尾铗或尾丝而得名，类似“八”字，俗称“虮”。在潮湿森林的腐殖质土里，常能看到 1 对长尾丝的双尾虫和与它极其相似的蠼螋若虫，鉴别时口器不外露是双尾虫的一个重要特征。

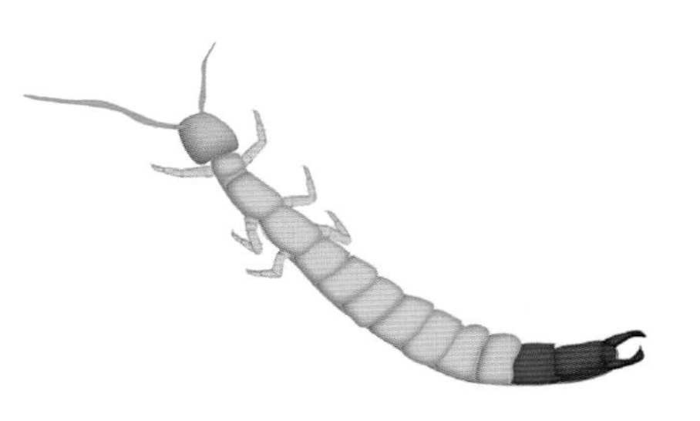

图 3-5　双尾虫

形态特征：体长 1.9～12.0 mm，肉食性体长可达 60.0 mm；无翅，虫体细长而扁平；头部具分节的触角；口器内颚式，无单眼和复眼；腹部 11 节，第 1～7 腹节腹面各有 1 对泡囊和刺突，腹末有 1 对分节的尾须或几丁化的单节尾铗（图 3-6）。

生物学：全世界已知 3 总科 10 科 141 属 1 008 余种，中国已记录 3 总科 6 科 53 种（卜云，2023）。表变态，可生存 2～3 年，每年蜕皮多达 20 次，一般第 8～11 次蜕皮后就性成熟，成虫期还继续蜕皮；杂食性。

图 3-6　六足亚门内颚大纲双尾纲
A. 腹末具尾铗的双尾虫（王吉申 摄）；B. 腐壤中刚采集的双尾虫，腹末具尾丝

思考与回顾

1. 名词解释：增节变态。
2. 查资料回答：为什么把内颚大纲从昆虫纲里划分出去？
3. 观看慕课录像，谈谈如何采集土壤昆虫。

3.3 昆虫纲目和科的识别

昆虫纲成虫分目检索表

1. 原生无翅且腹部第 6 节前常有附肢（1a）…………………………………………………… 2

   有翅或次生无翅；腹部第 6 节前无附肢（1aa）………………………………………………… 3

2. 复眼相接，位于头顶；体两侧扁，胸部侧观隆拱，中尾丝长于两侧尾须（2a）上颚单关节（2b）…………………………………………………………………… 石蛃目 Archaeognatha

   复眼远离，位于额的两侧；体背腹扁平，尾丝与尾须近乎等长，三叉式（2aa）；上颚双关节……………………………………………………………………………… 衣鱼目 Zygentoma

3. 翅竖立在背部或平展于体侧而不能折叠且触角刚毛状（3a，蜻）…………………………… 4
翅可以向后折叠，或无翅，触角多样（3aa，襀翅虫）………………………………………… 5

3a

3aa

4. 前翅大，后翅小，或只有 1 对翅，无翅痣；尾须细长多节，有时具中尾丝；口器退化；纤细的步行足（4a）………………………………………………… 蜉蝣目 Ephemeroptera
前后翅大小相似，或后翅略宽，具翅痣；尾须粗短不分节，无中尾丝；口器为发达的咀嚼式；多刺型捕捉足（4aa）……………………………………………… 蜻蜓目 Odonata

4a

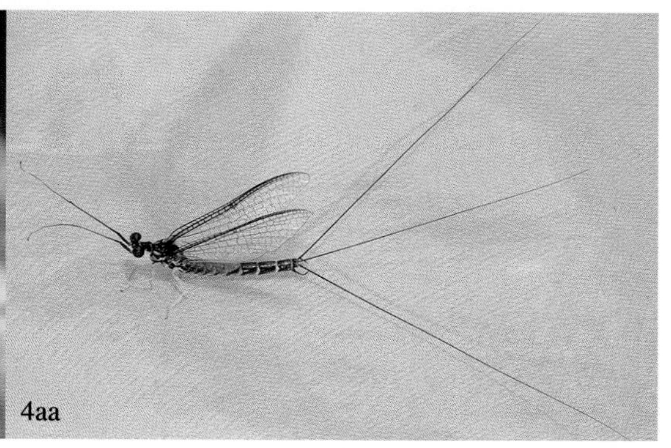
4aa

5. 无翅且足为攀握足 [体扁平；跗节 1～2 节，爪 1～2 个；无尾须]（6a，6aa）虱目 Phthiraptera……………………………………………………………………………… 6
有翅（8a，8aa），如果无翅，则足非攀悬足（13a，26aa）………………………………… 7
6. 头大而宽扁；口器咀嚼式；前胸分离，中、后胸愈合；俗称羽虱或鸟虱；取食鸟兽皮毛或分泌物（6a，文倩 画）…………………………… 食毛亚目 Mallophaga（曾为食毛目）
头小；口器刺吸式；前、中、后胸愈合；俗称或头虱；外寄生哺乳动物吸食血液（6aa）…………………………………………………………………… 虱亚目 Anoplura（曾为虱目）

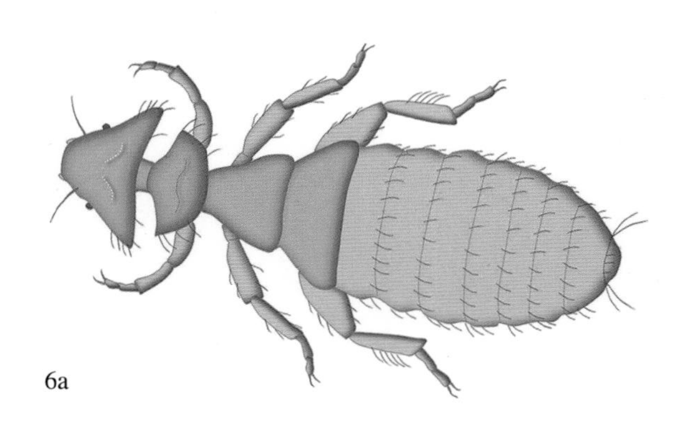

6a

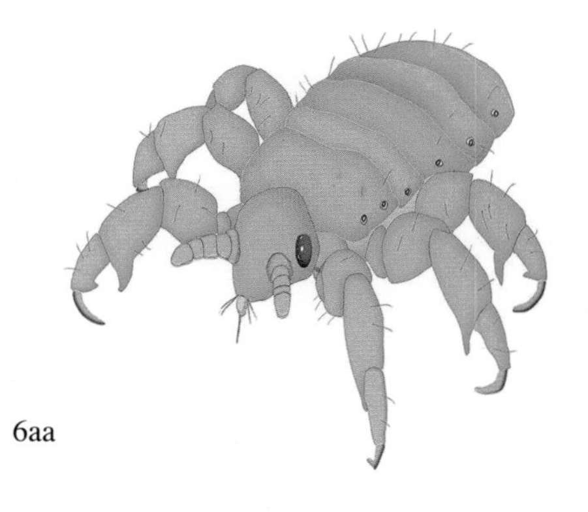

6aa

7. 口器吸吮式（刺吸式 7a、切舐式 7a′、虹吸式 7a″、锉吸式或舐吸式）............................ 8

   口器咀嚼式 7aa；若为嚼吸式，则前后翅翅钩连接.. 12

8. 口器虹吸式，体表及翅面常密被鳞片（8a，柑橘凤蝶）........................ 鳞翅目 Lepidoptera

   口器非虹吸式，体表或翅上常无鳞片（8aa，象蜡蝉）.. 9

9. 口器右上颚退化（锉吸式）；翅窄，翅脉非常少，仅 1～2 条纵脉，翅缘长缘毛，为缨翅（9a，蓟马）[体小型；触角短；聚眼；足中垫泡状]……………………………… 缨翅目 Thysanoptera
口器右上颚完整，非锉吸式；若有翅则翅阔，翅缘缨毛短（9aa，蟟蝉）……………………… 10

9a

9aa

10. 后生无翅且体侧扁，前胸背板有粗鬃。后足跳跃足，寄生动物体吸血（10a）……………………………………………………………………………………………… 蚤目 Siphonaptera
有翅；若无翅，则前胸背板无粗鬃，吸食血液，体上下扁平，后足步行足（10aa，臭虫，吴佳璇 画），或吸食树汁液，腹部有腹管（10aa′，蚜虫），或具蜡粉、蜡丝、介壳等分泌物……………………………………………………………………………………………… 11

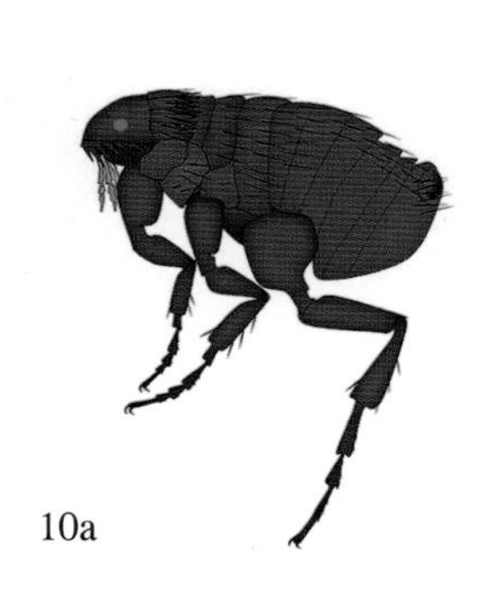
10a

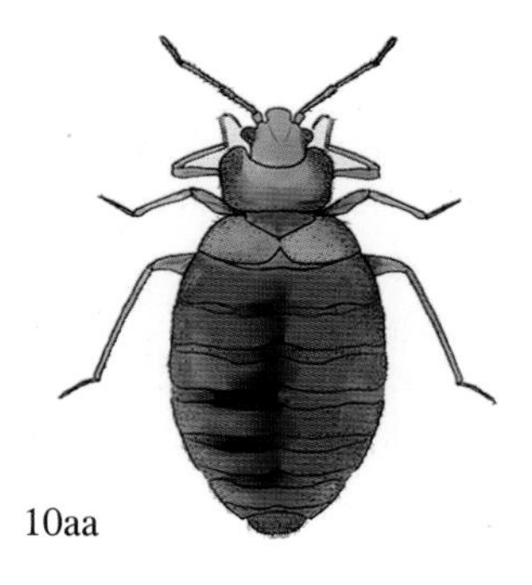
10aa

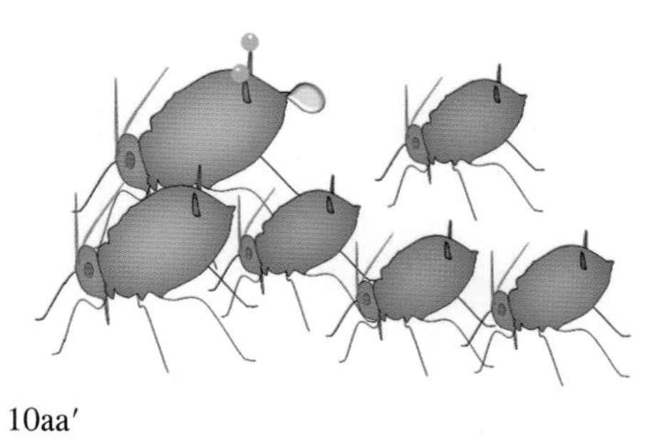
10aa′

11. 翅 1 对，后翅特化为平衡棒；跗节 5 节；口器有舐吸（触角具芒状，蝇类）、刺吸或退化（触角丝状或环毛状，大蚊 11a、蚊）、刺舐（触角牛角状，虻类）[虱蝇不常见，无翅，但触角很短]……………………………………………………………………… 双翅目 Diptera
翅 2 对或无翅（臭虫、蚜虫 11aa′、蚧壳虫等）；跗节 1～3 节；若 1 对翅，则跗节 1～2 节（11aa″，蚧壳虫雄性）[触角刚毛状或丝状；蝉、叶蝉、蜡蝉、沫蝉、飞虱、木虱、蚜虫、蝽（11aa，环斑猛猎蝽）、蚧壳虫等]……………………………………… 半翅目 Hemiptera

12. 前胸延长；前足基节延长、腿节和胫节特化为铡刀状捕捉足且前翅为覆翅，足末端具 2 爪（12a）……………………………………………………………………………… 螳螂目Mantodea
    未满足前项所有条件 [若前足特化为铡刀状捕捉足，但前翅为膜翅，足末端具 1 爪则为脉翅目的螳蛉（12aa）]……………………………………………………………………………… 13

13. 前足基跗节膨大，具丝腺，为纺丝足 [无单眼；前口式；跗节 3 节；尾须 2 节]（13a，纺足目，王吉申 摄）……………………………………………………………… 纺足目 Embioptera
    前足基跗节不膨大成纺丝足 [13aa（左后足缺失），螽斯]……………………………………… 14

14. 无翅且前胸背板发达，前中后胸覆瓦状排列；跗节 5 节；十分罕见，分布在热带或冰上（15a，15aa）（蛩蠊超目 Notoptera）………………………………………………………… 15

有翅；若无翅，拟态如枝似叶（竹节虫）；或无尾须，唇基半球形凸出如戴口罩（啮虫）或有尾须 1 对，很不明显，腹部不缢缩，社会性，触角念珠状，跗节 3～5 节（白蚁）或尾须不分节，明显，触角念珠状，跗节 2 节，后足腿节膨大，腹面有刺（缺翅虫）；或并胸腹节，腹部第 1 节缢缩，有结节，触角膝状（蚂蚁）………………………………………… 16

15. 头下口式；复眼大小不一；足基节发达，前、中足均有捕食功能；尾须短，不分节（热带，15a）………………………………………………………… 螳䗛目 Mantophasmatodea

头前口式；复眼有或无，有则大小相同；尾须长，8～10 节（高寒地带，冰上行走，15aa）………………………………………………………………… 蛩蠊目 Grylloblattodea

15a

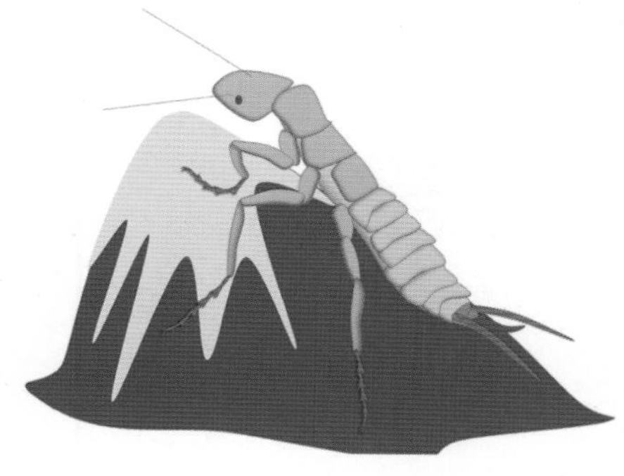
15aa

16. 翅 1 对，前翅特化为平衡棒，后翅扇状，翅脉简单（16a，捻翅虫雄性，张祺婧 画）[雌性寄生在叶蝉、胡蜂等昆虫体内，无翅无足无复眼，仅留头部在外（16a′，寄生在螺蠃腹部的雌捻翅虫）]…………………………………………………………… 捻翅目 Strepsiptera

翅两对，前翅不特化为平衡棒（16aa，鳃金龟）………………………………………… 17

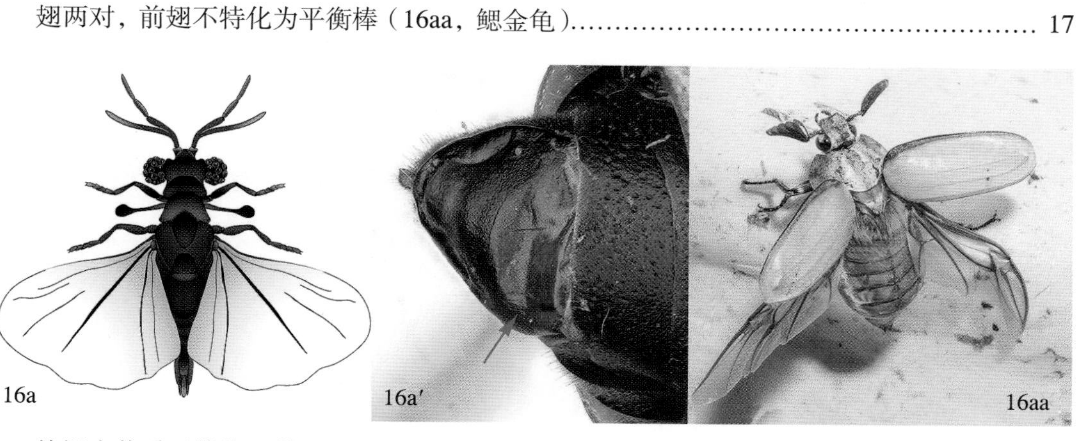
16a　16a′　16aa

17. 前翅皮革质无脉纹，鞘翅（17a，肩隐翅甲 *Ouedius* sp.）…………………………………… 18

前翅膜质或皮革质，若为皮革质，则有明显的脉纹，覆翅（17aa，螽斯）……………………… 19

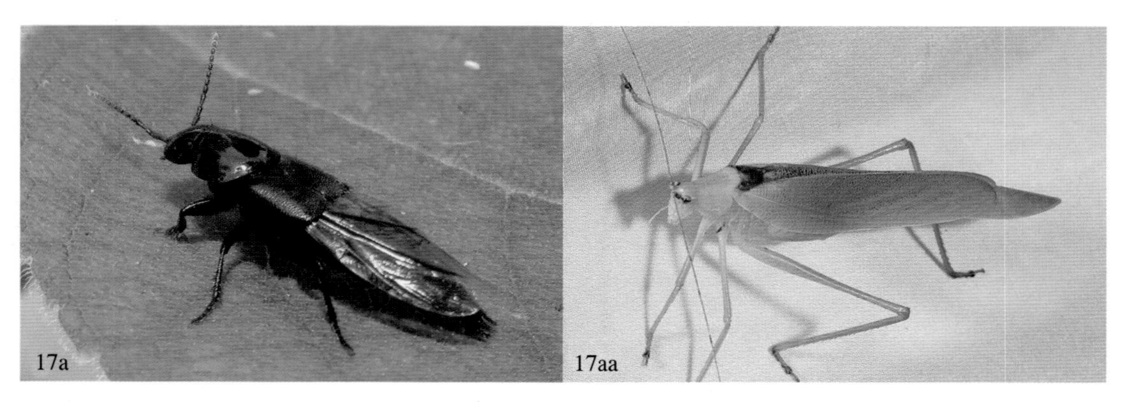
17a 17aa

18. 腹末通常 1 对尾铗；前翅盖住身体一半，后翅翅脉扇状，若为 1 对尾丝，则无翅且前口式（18a，球螋）……………………………………………………………… 革翅目 Dermaptera

腹末无尾铗（18aa，毒隐翅虫 *Peaderus* sp.）………………………………… 鞘翅目 Coleoptera

18a

18aa

19. 明显拟态，如枝似叶（19a，19a′）。前翅为覆翅，后翅膜质或半覆翅；足细长，易折断；前足腿节基部多弯曲，前伸保护头部……………………………………………… 䗛目 Phasmatodea

不如上所述……………………………………………………………………………………………20

19a 19a′

20. 前翅覆翅（20a），若无翅，则足多刺，体扁平或后足跳跃…………………………………… 21

前翅膜翅（20aa，斑鱼蛉）……………………………………………………………………… 22

20a　20aa

21. 前足开掘式或后足跳跃式；前胸背板马鞍形、菱形或长方形，体不为上下扁平状（21a，棉蝗）………………………………………………………………………… 直翅目 Orthoptera

多刺步行足；前胸背板半圆形，常盖住头部；体上下扁平 [21aa，中华真地鳖蠊 *Eupolyphaga sinensis*（Walker，1868）]…………………………………… 蟑螂（蜚蠊目 Blattodea）

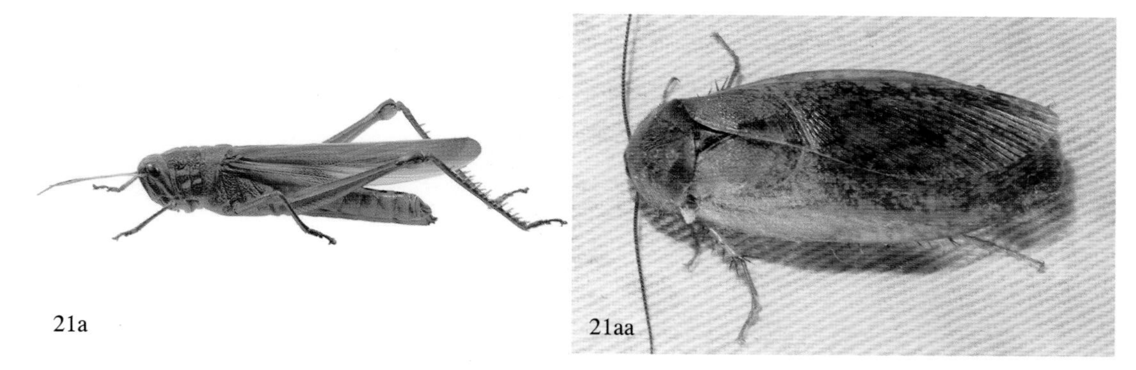
21a　21aa

22. 后唇基发达，呈半球形凸出；前胸小，细缩如颈（22a，触啮）[前翅半翅化，基部革质化，端部膜质，停息时翅如屋脊状叠放于背，长过腹末的后半部有相互贴合的趋势，脉纹如波，无尾须，跗节 2～3 节]………………………………………… 啮虫目 Psocoptera

后唇基区平坦；前胸通常发达（22aa，猛蚁）……………………………………… 23

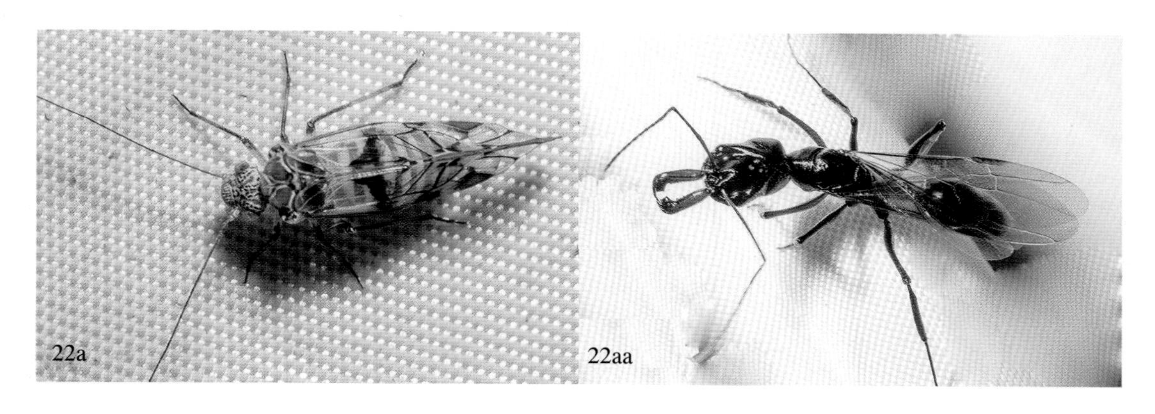
22a　22aa

23. 头部或口器延长成喙；前后翅相似，后翅臀区不发达（23a，六刺蝎蛉）[但雪蝎蛉翅退化，在高寒地区，我国尚未报道]…………………………………………………… 长翅目 Mecoptera

头部通常不延长成喙；部分膜翅目蜂类可能头部延长，但前翅大、后翅小，前后翅钩连锁，容易判别（23aa，中华蜜蜂）……………………………………………………………………… 24

23a

23aa

24. 翅狭长，形似蛾子，但翅面密被毛，足胫节和跗节多距 [翅脉接近模式脉序；触角丝状常前伸]（24a，褐纹石蛾；24a′，纹石蛾）…………………………………… 毛翅目 Trichoptera

翅面无密毛，通常不像蛾子，足胫节（除端部外）和跗节无距…………………………… 25

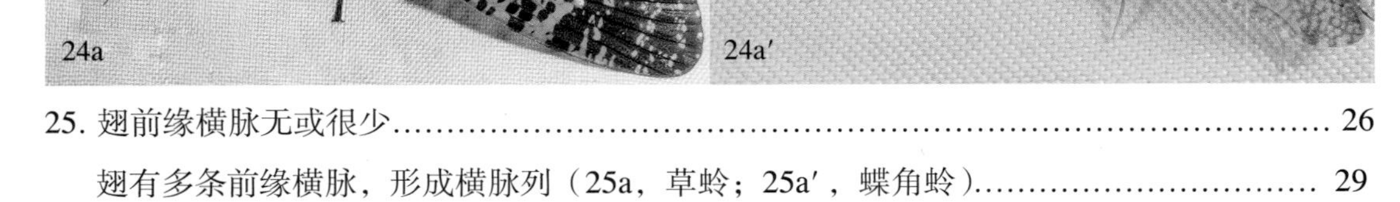

24a

24a′

25. 翅前缘横脉无或很少………………………………………………………………………… 26

翅有多条前缘横脉，形成横脉列（25a，草蛉；25a′，蝶角蛉）…………………………… 29

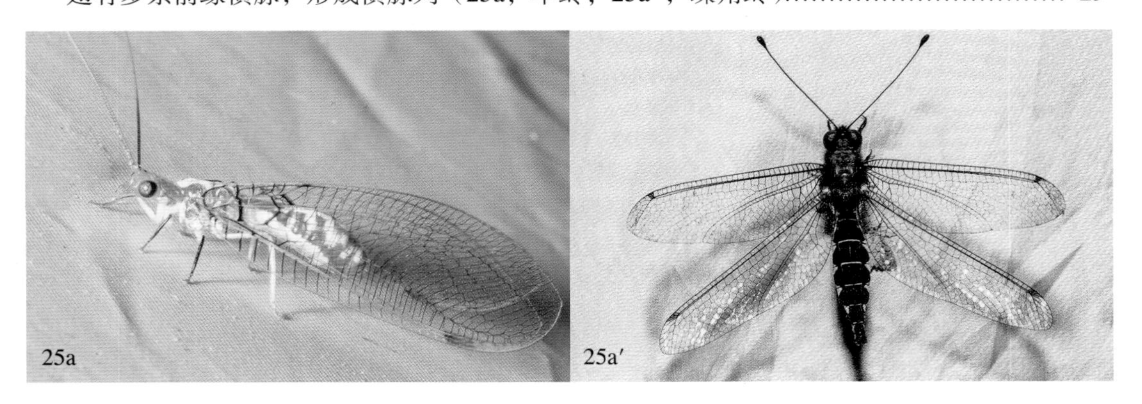

25a

25a′

26. 前翅大、后翅小，后翅前缘中央有一排翅钩，翅钩连锁［蚁常无翅，但腹部 1～2 节形成结节，触角膝状，很好辨认。蜂（26a）和蚁（26a′）］……………………… 膜翅目 Hymenoptera
后翅无翅钩连锁……………………………………………………………………………………27

26a　26a′

27. 触角丝状；头前口式；翅不易脱落，翅脉密网状，前翅比后翅小，中脉和肘间横脉多而成列；后翅有宽大的臀叶；通常尾须长而多节（27a）………………………… 襀翅目 Plecoptera
触角念珠状；头下口式，翅易脱落，前翅比后翅大或基本相等，翅脉相似，中脉和肘间横脉少且不呈列，尾须通常短小（27aa，28a）…………………………………………………… 28

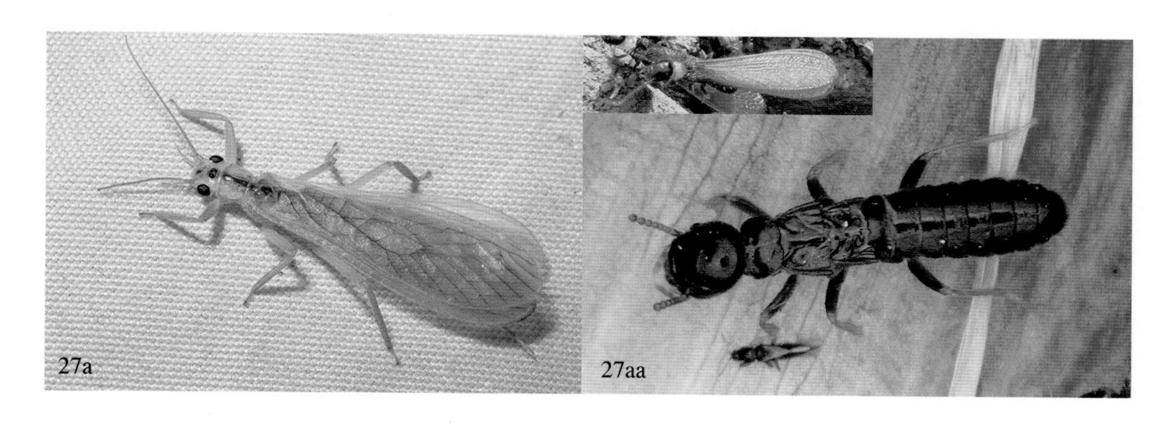
27a　27aa

28. 翅脉密网状，前后翅等大（有翅型 27aa）；后足腿节正常无刺，跗节通常 4 节，少数 3 节或 5 节；尾须 1 ～5 节；常见类群，白蚁（28a，白蚁的兵蚁）……………白蚁（蜚蠊目 Blattodea）
翅脉简单，前翅比后翅大；后足腿节膨大，腹面有刺，跗节 2 节，尾须 1 节；罕见类群（28aa，巍巍缺翅虫，陈兆洋 摄）……………………………………………… 缺翅目 Zoraptera

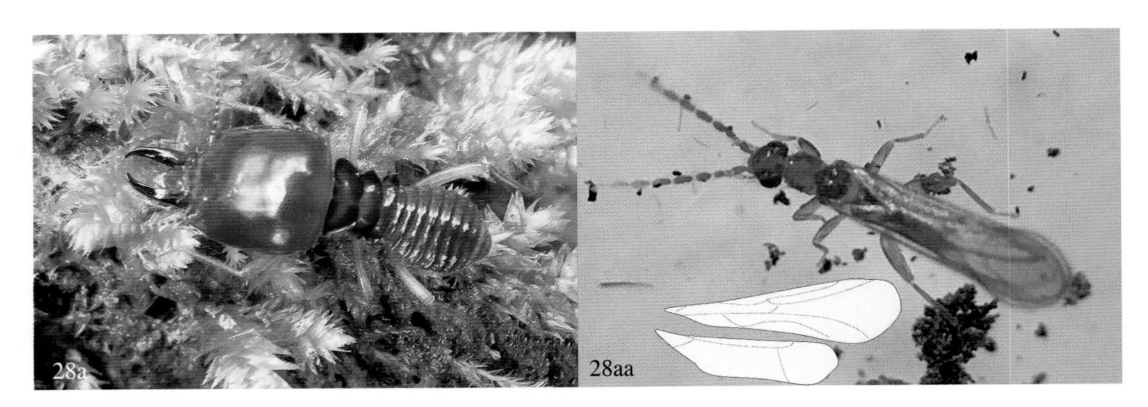
28a 28aa

29. 下口式（29a，褐蛉）；前胸若延长如上，则前足为捕捉足（12aa，螳蛉）。[雌虫无特化的产卵器]……………………………………………………………………………脉翅目 Neuroptera

前口式且前胸延长成颈状（29aa，齿蛉）……………………………………………………… 30

29a 29aa

30. 体小型；前后翅大小，形状相似，翅脉在翅缘多分叉；雌虫常具针状产卵器（30a，蛇蛉）…………………………………………………………………………… 蛇蛉目 Raphidioptera

体大型；翅脉边缘不分叉，后翅臀区扩大，休息时呈扇状折叠（30aa，齿蛉）…………………………………………………………………………………………… 广翅目 Megaloptera

30a

30aa

3.3.1　原生无翅的昆虫

1. 体型像虾的原始昆虫——石蛃目 Archaeognatha

单髁上颚复眼连，体被鳞片两侧扁。
腹有刺突中丝长，无翅跳跃林石间。

石蛃（bristletails，图 3-7）并不常见，但在岩石碎片夹杂的土缝或碎片堆积的石块中搜寻，可能会发现不止一头石蛃，体型侧扁且上拱，类似虾（另外，类似的环境同时也可能有衣鱼）。

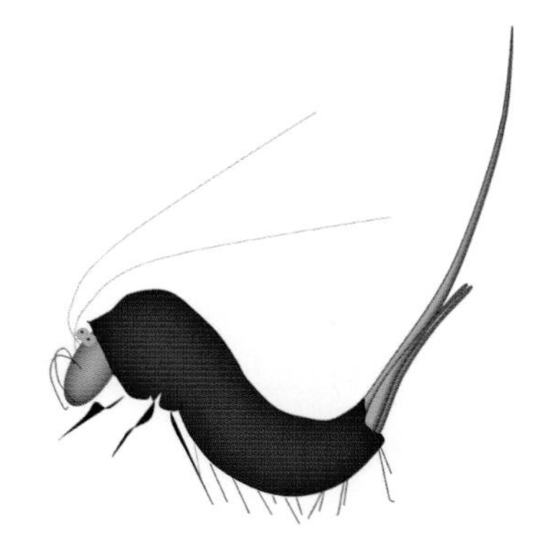

图 3-7　石蛃

形态特征：体表被鳞片，两侧扁平、上下拱形如虾，原生无翅；上颚单关节式，与头壳只有一个关节点，称为古髁或者单髁（monocondylic），石蛃目 Archaeognatha 是昆虫纲里唯一上颚具有单关节的目，除该目外的其他所有现生昆虫类群都是双髁；复眼大，在背部相接触；腹部第 2～9 节有成对的刺突（styles）；尾须 1 对和中尾丝 1 条，中尾丝明显长于尾须。

生物学：全世界已知 500 种，中国已知 18 种。表变态，一种原始的变态类型，幼虫与成虫除大小外，在形态上无显著差别，腹部体节数也相同，但成虫期还会继续蜕皮，双尾纲、弹尾纲、昆虫纲的石蛃目、衣鱼目都属于此类。栖息在山中碎石下，主要取食藻类、地衣、苔藓、真菌、腐败的植物（图 3-8）。

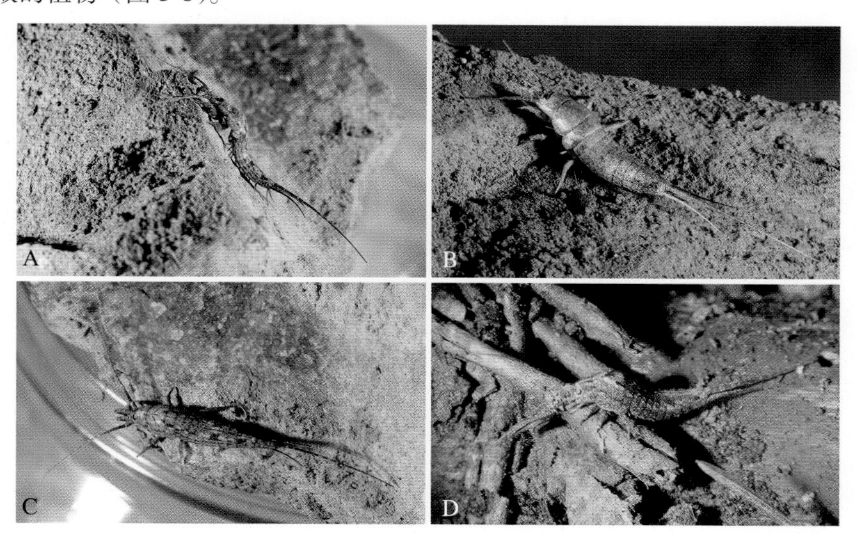

图 3-8　六足亚门昆虫纲石蛃目昆虫

A～C. 石块下的石蛃，摄于青海祁连山；D. 石蛃夜出，摄于陕西子午岭

2. “古书碎屑中的鱼”——衣鱼目 Zygentoma

上颚双髁离复眼，有鳞无翅背腹扁。
七九刺突尾三叉，古籍碎屑衣鱼见。

衣鱼（silverfish，图3-9）并不是罕见的昆虫，有时会出现在储藏间的地板上，有时出现在发黄的古书中，山间杂着干土的碎石片中也能翻到衣鱼。衣鱼以有机物碎屑为食，因其体型上下扁平，形似鱼而得名。是现生昆虫中唯一原生无翅的双髁类，上颚由前后两个关节连在头壳下。

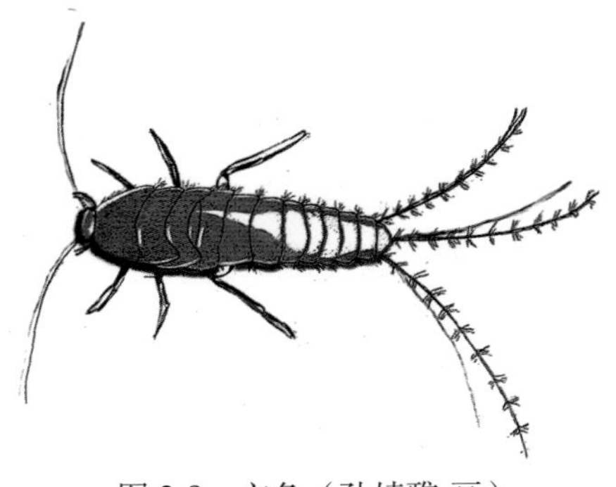

图 3-9　衣鱼（孙婧雅 画）

形态特征：体表被鳞片和毛，背腹扁平，原生无翅。触角长丝状；复眼分离，退化或消失，单眼有 1～3 个或缺如；口器咀嚼式，上颚有前、后 2 个关节与头部相连，双髁（dicondylic）；腹部第 7～9 节有成对刺突和泡囊，少数种类第 2～9 节均有成对的刺突和泡囊；第 11 节具 1 对尾须和 1 条中尾丝，长而多节，几乎等长，呈三叉式。

生物学：表变态，蜕皮次数多达 19～58 次；多夜出型，生活于土壤、朽木、落叶及室内古旧书籍、衣服等处或厨房附近，取食碎屑。全世界已知约 500 种，中国已知 20 余种，如衣鱼科 Lepismatidae 灰衣鱼 *Ctenolepisma longicaudata* （Escherich，1905）（图 3-10）。

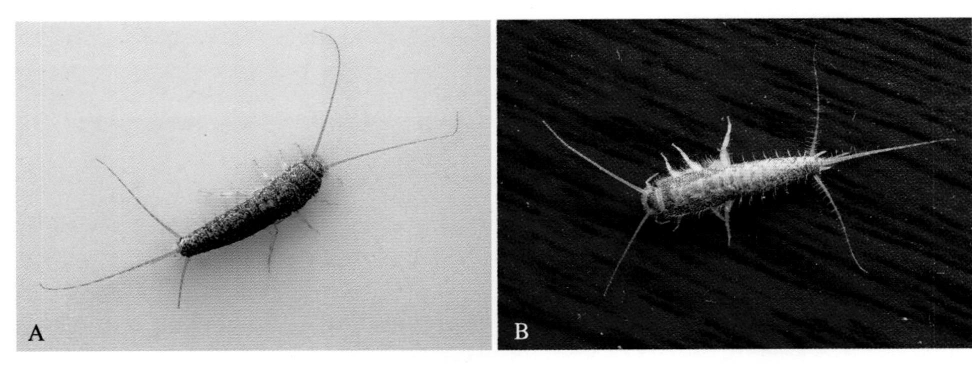

图 3-10　衣鱼目昆虫
A～B. 衣鱼科灰衣鱼 *Ctenolepisma longicaudata* （Escherich，1905）（徐鹏 摄）

思考与回顾

1. 名词解释：表变态、单髁。
2. 石蛃和衣鱼有什么区别？
3. 你还见过哪些昆虫无翅？如何判断昆虫是否是原生无翅？

3.3.2　翅不折叠的古翅类 Palaeoptera

3. “朝生暮死”的柔美昆虫——蜉蝣目 Ephemeroptera

朝生暮死蜉蝣目，触角如毛口若无。
多节尾须三两根，四或二翅背上竖。（YJK①）

形态特征：成虫或亚成虫：翅膜质，多 2 对但后翅有时缩小至无；脉纹网状，翅面凹凸不平，柔软纤细，休息时竖立于体背；蜉蝣成虫期和亚成虫期口器均退化，不具取食功能；触角刚毛状；腹末有 1 对长而分节的尾须，多数又具同等长度或略短的中尾丝（图 3-11）。

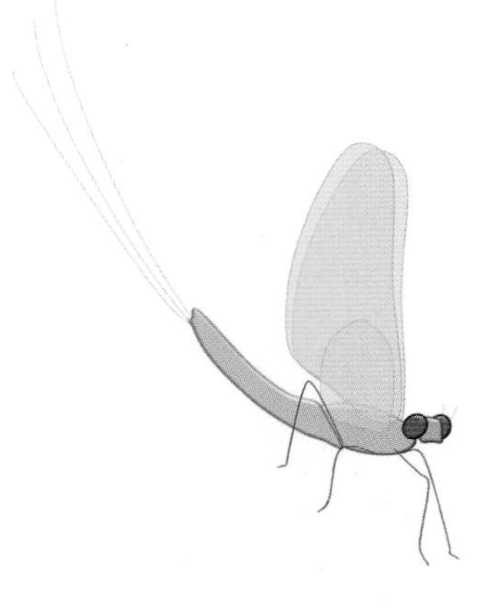
图 3-11　蜉蝣

稚虫：口器咀嚼式，复眼单眼均发达，触角丝状多节；后胸小，被中胸覆盖；腹部侧面 4～7 对气管鳃，长而分节的尾须和中尾丝（图 3-12）。

生物学：通称蜉蝣（mayflies）。原变态（prometamorphosis），为较原始的变态类型，仅见

图 3-12　古翅类蜉蝣目

A. 扁蜉科高翔蜉 *Epeorus* sp.，成虫；B. 同前，稚虫；C. 美丽高翔蜉 *Epeorus melli* (Ulmer，1925)，示腹部末端的球形卵块；D. 蜉蝣科徐氏蜉 *Ephemera hsui* Zhang et al.，1995，雌亚成虫

① 编者注：YJK 表示杨集昆，此诗由杨集昆先生创作。

于蜉蝣目的胚后发育类型。从幼虫到成虫要经过一个“亚成虫期（subimago）”，亚成虫与成虫形态几乎完全相同，仅体色较浅，足较短，呈静休状态，一般经几分钟到一天就蜕皮变为成虫。该时期精子、卵子已经成熟，但还要一次蜕皮才能成为成虫。少数种类的雌虫无成虫期。多数种类1年发生1～3代，少数种类可达4～6代。稚虫水中生活数月到三年，蜕皮数10次。取食水中藻类植物，也捕食微小动物。成虫不取食，趋光性强，寿命短，就是所谓的“朝生暮死”。灯诱时蜉蝣是最早上灯的类群，黄昏时，成群的蜉蝣在水面上飞行交配，即“婚飞”，之后产卵，在灯下常可观察到携带球形卵块的蜉蝣。蜉蝣可作为水生动物食物和水质检测的指示昆虫。目前全世界已知 3 050 种，中国已知 360 余种，如扁蜉科 Heptageniidae、蜉蝣科 Ephemeridae、小蜉科 Ephemerellidae、四节蜉科 Baetidae、新蜉科 Neoephemeridae 等（图 3-13）。

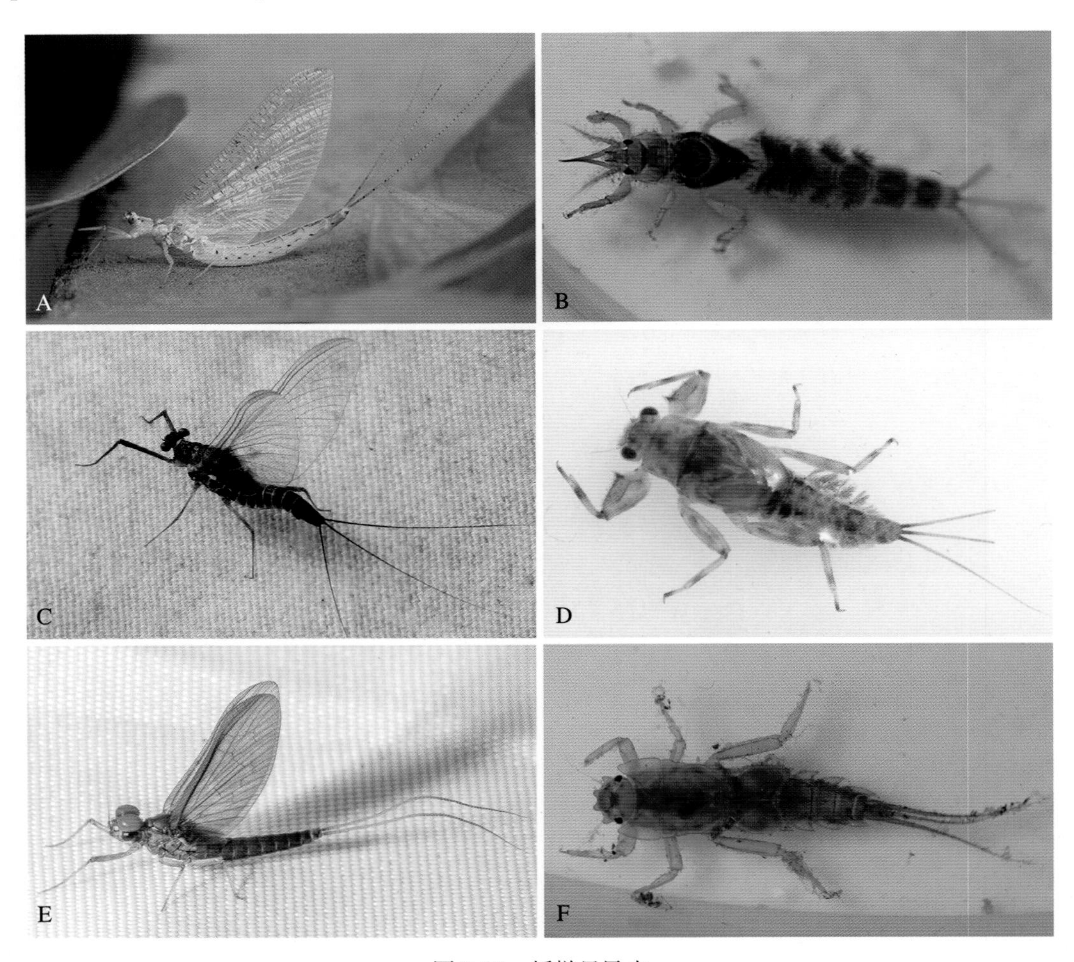

图 3-13　蜉蝣目昆虫

A. 蜉蝣科徐氏蜉的成虫；B. 同前，稚虫；C. 小蜉科石氏弯握蜉 *Drunella ishiyamana* Matsumura, 1931 的成虫；D. 同前，稚虫；E. 四节蜉科四节蜉 *Baetis* sp. 的雄性亚成虫；F. 新蜉科颊突新蜉 *Neoephemera projecta* Zhou *et* Zheng，2001 的稚虫

思考与回顾

1. 名词解释：原变态、婚飞。
2. 蜉蝣在自然界有什么生态意义？阅读蜉蝣相关的诗歌。
3. 到山间小溪观察蜉蝣的幼虫。
4. 查阅蜉蝣翅脉图，标出主要翅脉、翅室的名称。

附：课堂演讲《蜉蝣之羽，衣裳楚楚》

蜉蝣目昆虫通称蜉蝣。据《辞源》，中文名源自“浮游”，可能是描述其在水面羽化或成虫群飞时的体态而来，或因大量成虫交尾后跌落水面，“随水浮游而去”而得名。除南极洲、北极高纬度地区和部分海洋岛屿外，全世界均有分布。

蜉蝣起源于石炭纪，距今至少已有 3 亿年的历史。据化石表明，蜉蝣是现存最古老的有翅昆虫。蜉蝣的一生共经历 4 个阶段，即卵、稚虫、亚成虫和成虫。蜉蝣稚虫与亚成虫以及成虫的外形差别很大，生活环境不同，又有亚成虫期。这种变态类型专称为原变态。原变态是一种较原始的变态类型，也是蜉蝣目昆虫独有的变态类型。与其他有翅昆虫不同之处在于蜉蝣的亚成虫与成虫都具有翅和飞行能力。

蜉蝣的稚虫大致可归纳为两种类型：扁平型和流线型（鱼型）。生活在底泥或石块下的稚虫，一般身体扁平，足也较为宽扁，并且只能做前后运动而无法进行上下运动，体色与底泥或石块颜色接近，身体多毛，而且常附着泥沙或者绿色藻类，形成很好的伪装色。而生活在水草中的稚虫则身体光滑，虫体较厚实，呈流线型，尾丝上还有缘毛，具有螺旋桨的作用，足一般细长。

大部分蜉蝣稚虫的生活重心就是进食：一部分是滤食动物，用前腿和口器上的刚毛收集悬浮的生物；一部分则食植物或其他生物碎屑，即从岩石或其他物体表面上刮食藻类；有少数则专司捕食。稚虫可在静水中攀援、水底匍匐或潜掘，或在急流中自由游泳，附着在落叶、草根、苔藓中栖息。

蜉蝣羽化时间一般集中在春秋两季。羽化后的亚成虫活动比较迟缓，一般躲在暗处。经过几分钟或 1～2 天，亚成虫蜕皮成为成虫，旋即群飞，这种现象称为“婚飞”，雌雄成虫在空中或地面上完成交尾过程。蜉蝣成虫具有趋光性，由于婚飞交尾，常在春夏之交的黄昏时分聚集，路灯下经常可以见到成群的蜉蝣成虫。

近年来，蜉蝣稚虫的复眼表面结构在仿生学上得到了应用，已有人据此发明了一种亲水防雾表面阵列结构。

各种蜉蝣对生活环境有着相对严格的选择，活动区域范围狭窄，因而，蜉蝣稚虫对生境变化和水质污染很敏感，可作为检测生态环境质量的理想指示物种，也可用来监测环境变化及河流重金属污染。

早在先秦时期，我国诗歌作品《诗经·国风·蜉蝣》中便已经出现了蜉蝣：

蜉蝣之羽，衣裳楚楚。心之忧矣，于我归处？
蜉蝣之翼，采采衣服。心之忧矣，于我归息？
蜉蝣掘阅，麻衣如雪。心之忧矣，于我归说？

东汉许慎的《说文解字》中解释“蜉蝣，朝生暮死者”：蜉蝣多被称为朝生暮死之虫，这是因为其成虫存活时间不长，其最短几小时，最长也不过十天。《毛诗序》中认为此诗“刺奢也”，借用蜉蝣“朝生暮死”却还要用羽翼“自修饰”的特性，来讽曹昭公耽于享乐而不顾国事。后来的古人也多执着于蜉蝣这一特性，如晋朝傅咸的《蜉蝣赋》“育微微之陋质，羌采采而自修。不识晦朔，无意春秋。取足一日，尚又何求？戏渟淹而委余，何必江湖而是游”。

苏轼的《赤壁赋》中说，“寄蜉蝣于天地，渺沧海之一粟。哀吾生之须臾，羡长江之无穷。挟飞仙以遨游，抱明月而长终。知不可乎骤得，托遗响于悲风”，借蜉蝣感叹生命之短暂。

在这些文学作品之中，诗人们借蜉蝣抒发情志，使蜉蝣与人类产生精神的共振，汇成生命的交响，也使蜉蝣具有了更加丰富的文化内涵。

（演讲稿的文字搜集整理：田育弘 、马子淇、黄煜菲、马江浩）

4. 承载飞行梦想的蜻蜓——蜻蜓目 Odonata

飞行捕食蜻蜓目，刚毛触角多刺足。
四翅发达有结痣，粗短尾须细长腹。（YJK）

如果问你童年时玩过什么昆虫，可能很多人的回答是蜻蜓。蜻蜓承载着我们多少人飞行的梦想啊！ 2019 年 7 月，笔者在武当山考察时捉住一只豆娘（图 3-14），放在手心，豆娘像死亡了一样蜷腿侧躺，笔者打开相机正要拍照的一刹那，豆娘竟飞得无影无踪。原来，豆娘也会像甲虫一样假死。斜躺着时，它的翅是如何瞬时起飞的？这样瞬时获得足够升力的起飞，能否应用到仿生扑翼飞行器上？

图 3-14　闪蓝色蟌 *Calopteryx splendens*（Harris，1782）（姚懿芳 画）

蜻蜓（dragonflies）和豆娘（damselflies）一样，是前后翅没有连锁的昆虫，它的四个翅飞行时互不干扰，从而能够随意调整飞行方向，既可以悬停，也可以高速飞行和急转弯。蜻蜓是地球上资格最老的“飞行家”，人类发现最早的蜻蜓化石距今有 3.2 亿年左右。造物主精巧的设计为飞行仿生提供了最美的样板。蜻蜓的飞行是仿生学的最佳题材，蜻蜓的翅痣启迪了飞机平衡重锤的研发，2015 年，德国科学家借鉴蜻蜓的飞行特性研发出了一款特别的仿生飞行器。

蜻蜓翅表面的微小柱状结构具有防水、防尘效果，还能很大程度减轻蜻蜓的飞行阻力；蜻蜓的复眼很大，是昆虫复眼中小眼数目最多的类群，几乎拥有 360°视角，还可以测速。

成虫特征：头活动自如，复眼发达，占头顶大部分（图 3-15A）；触角短，刚毛状；口器咀嚼式；合胸（中后胸紧密结合，向前倾斜），翅膜质，翅脉网状，有结痣（翅痣和翅结）；足多刺；腹部细长；尾须短小，不分节。

图 3-15　蜻蜓目昆虫

A. 蜻蜓成虫头部正面观，示刚毛状的触角及发达的复眼等；B. 头蜓 *Cephalaeschna* sp. 稚虫爬在岩壁上；C. 水虿蜕，示延长折叠的下唇及其末端特化为一对钩耙状构造；D. 蜻蜓稚虫，示下唇延长盖在头部如“面罩”；E. 水中豆娘的稚虫，腹部末端 3 片叶状尾鳃

稚虫特征：又名水虿(chài，图 3-16)。口器咀嚼式；下唇很长，能伸缩捕食，且可折叠罩在头部腹面，称为“面罩”；以直肠鳃（蜻蜓）或尾鳃（豆娘）呼吸（图 3-15B～E）。

图 3-16　豆娘稚虫——水虿

水虿的口器

蜻蜓点水池中乐，鱼苗小虫叹且歌。
看似波平明如镜，水虿过处如修罗。
后颏前颏长相折，叠于头下罩面膜。
前端侧叶化双钩，飞叉水下夺魂魄。

生物学：全世界已知 6 000 余种，中

国已知 3 亚目 20 科 700 余种（图 3-17）。属不完全变态，因幼期和成虫期生态环境明显不同，幼期水生，成虫陆生，又称半变态（hemimetabolous）。成虫和稚虫均为捕食性，益大于害；雄性附生交配器在第 2，3 腹节的腹面，故而成虫多以串连方式交尾；雄性腹部末端肛附器夹持雌虫头颈部，雌性腹部末端伸至雄性腹部前端，生殖孔与伪阳茎嵌合交配（图 3-18）。多数种类无产卵器，产卵时多贴近水面飞行，以尾部点水方式产卵于水中。尾须短小，不分节。稚虫期长短因种而异，蜓类一般为 2 年，有的长达 3～5 年。

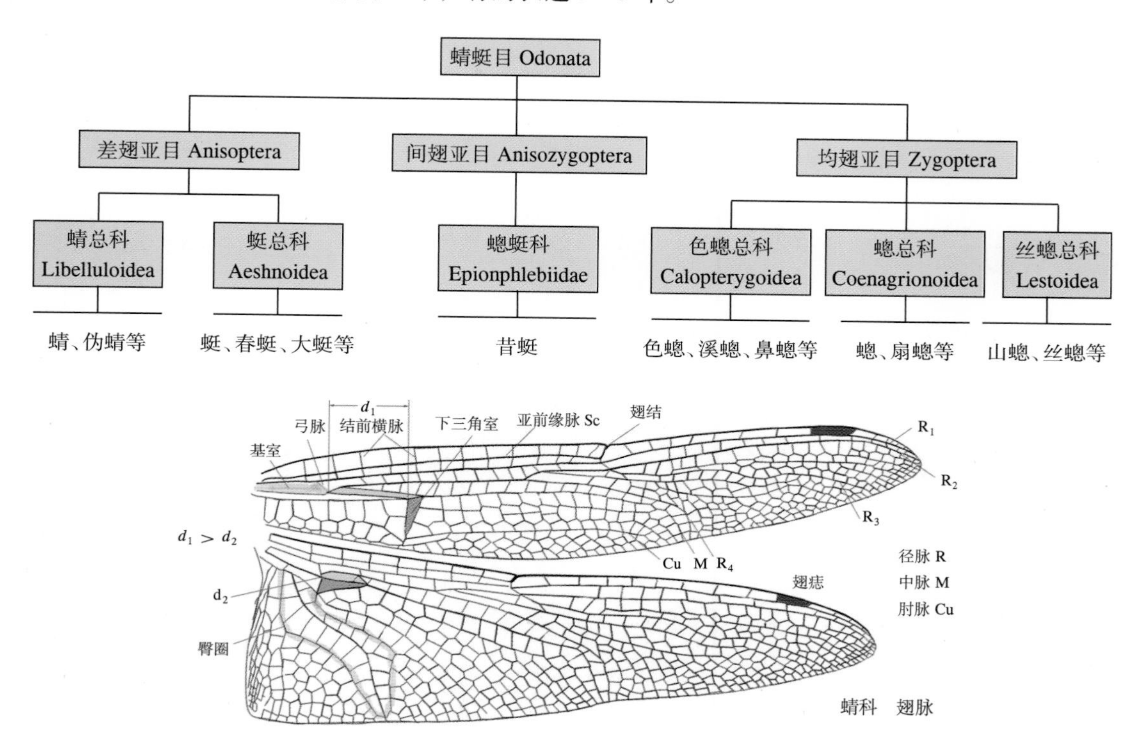

图 3-17　蜻蜓目主要类群及代表脉序

图 3-18　蜻蜓目昆虫的连锁交配

A. 赤褐灰蜻 *Orthetrum pruinosum* Burmeister，1839 的交尾，体姿呈“b”字形；B. 豆娘的交尾，体姿呈心形

差翅亚目 Anisoptera: 俗称蜻蜓。前后翅形状和脉序不同，后翅宽于前翅，静息时翅向两侧平展或下垂；复眼相接或间距明显小于复眼宽；稚虫体粗短，头宽窄于胸腹部，腹末 3 个短硬尖形构造，直肠气管鳃也称鳃篮（branchial basket）。该亚目包括蜓总科 Aeshnoidea 和蜻总科 Libelluloidea 等 11 科，其中，最常见的是蜻科 Libellulidae 和蜓科 Aeshnidae。“双翅平展脉不同，翅基宽阔不成柄。中室一脉分上下，结脉已过翅缘中。”

蜻总科 **Libelluloidea**：包括蜻科 Libellulidae、伪蜻科 Corduliidae 等，通称蜻（skimmers）。翅前缘室和亚前缘室横脉上下连成一线；前后翅三角室形状不相同（图 3-19）。“缘室横脉连成线，前后三角不同尖。平地山间寻常见，处处有蜻舞翩跹。”

图 3-19　蜻蜓目蜻总科昆虫

A. 蜻科红蜻 *Crocothemis servilia*（Drury, 1770）；B. 竖眉赤蜻 *Sympetrum eroticum ardens*（MacLachlan, 1894）；C. 黄赤蜻 *Sympetrum* sp.；D. 网赤蜻 *Neurothemis fulvia*（Drury，1773）；E. 赤褐灰蜻 *Orthetrum pruinosum* Burmeister，1839；F. 狭腹灰蜻 *Orthetrum sabina*（Drury，1770）

蜓总科 **Aeshnoidea**：包括蜓科 Aeshnidae、大蜓科 Cordulegasteridae、春蜓科 Gomphidae 等（图 3-20），俗称蜓（daners）、棍腹蜓（春蜓，clubtails）等。“亚前缘室前缘室，横脉前后错位置。前后三角同向指，弓脉距离也相似。”前缘室和亚前缘室横脉不成一直线；前后翅三角室形状相似。

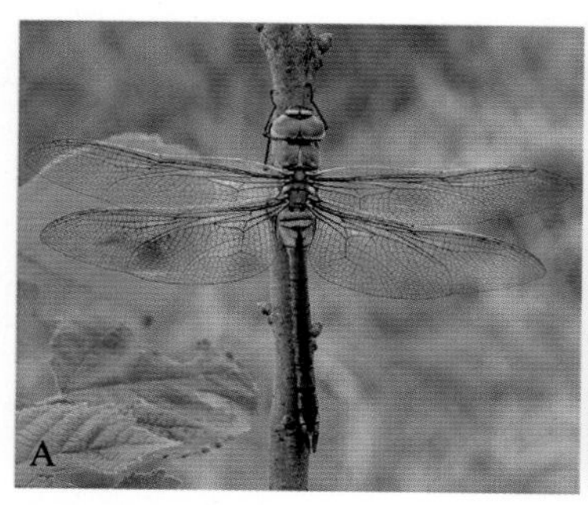

图 3-20　蜻蜓目昆虫蜓

A. 蜓总科蜓科碧伟蜓东亚亚种 *Anax parthenope julius* Brauer，1865（徐鹏 摄）；B. 春蜓科霸王叶春蜓 *Ictinogomphus pertinax*（Hagen，1854）；C. 春蜓 *Gomphus* sp.

均翅亚目 Zygoptera：也叫束翅亚目，俗称豆娘。体纤细，头哑铃状，复眼间距大于复眼宽；前后翅形状和脉序相似，翅结脉位于翅前缘中点之前；后翅比前翅窄，静息时翅向两侧背面竖起；稚虫体细长，头比胸腹宽，腹末 2～3 个长叶状尾鳃。该亚目分为蟌总科 Coenagrionoidea、色蟌总科 Calopterygoidea、歧蟌总科 Hemiphlebioidea、丝蟌总科 Lestoidea 等 4 总科，共 8～22 科。“双翅竖立脉形同，复眼侧突似哑铃。中室一统中胸长，结脉近于翅缘中。”

蟌总科 Coenagrionoidea：英文名 narrow-winged damselflies，包括扇蟌、蟌等（图 3-21A～B）。翅基部通常成柄状；结前横脉 2 条，偶有 3 条；翅脉纵脉间无额外的插入脉。“结前横脉俩，纵脉不加插。翅基束成柄，常见蟌扇蟌。”

色蟌总科 Calopterygoidea：英文名 broad-winged damselflies，包括色蟌 、溪蟌、鼻蟌等（图 3-21C～E）。翅基部通常不显著成柄状；结前横脉 5 条或 5 条以上。“翅基不成柄，中室脉横行。弓脉近翅基，结前多脉横。”

丝蟌总科 Lestoidea：英文名 spreadwinged damselflies，包括山蟌（图 3-21F）、丝蟌、综蟌等。翅基部通常成柄状；结前横脉 2 条，偶有 3 条；翅脉纵脉间多额外的插入脉。“结前横脉少，纵脉多加插。束翅似扇蟌，丝综山蟌查。”

间翅亚目 Anisozygoptera：俗称昔蜓。形态介于差翅亚目和均翅亚目之间。前胸较豆娘短，体粗壮，头半球形，复眼互相接近（雌性复眼间距小于眼的宽度，雄性复眼上方几乎接触）类似于蜓类；中室为简单的四边室，未分成三角室与上三角室；前后翅脉序相似，前缘近翅顶处常有翅痣，近似豆娘；翅基部不呈柄状，后翅大于前翅；腹部细长，末端膨大，雄性交合器生在腹部第 2，3 节腹面，是古老的孑遗物种。全世界已知 1 科 1 属 4 种，中国已知 2 种。“蜓身蟌翅两者间，复眼相近前胸短，翅脉相似后翅大，中室虚空围四边。”

图 3-21　蜻蜓目昆虫螅

A. 螅总科扇螅科 Platycnemididae 毛拟狭扇螅 *Copera ciliata*（Selys, 1863）；B. 白扇螅 *Platycnemis foliacea* Selys, 1886；C. 色螅总科色螅科 Calopterygidae 褐单脉色螅 *Matrona basilaris nigripectus* Selys, 1893；D. 溪螅科 Euphaeidae 巨齿尾溪螅 *Bayadera melanopteryx* Ris, 1912；E. 鼻螅科 Chlorocyphidae 黄脊高曲隼螅 *Aristocypha fenestrella*（Rambur, 1842）；F. 丝螅总科山螅科 Megapodagrionidae 雅洲凸尾山螅 *Mesopodagrion yachowensis* Chao, 1953

思考与回顾

1. 名词解释：半变态、臀圈。
2. 蜻蜓在自然界有什么生态意义？阅读与蜻蜓相关的诗歌。
3. 到山间小溪观察蜉蝣和蜻蜓稚虫的区别，说一说你常见的蜻蜓。
4. 查阅蜻蜓翅脉图，标出主要翅脉、翅室的名称。
5. 探讨蜻蜓的翅与飞行、水生昆虫复眼与偏振光的原理，学做一个竹蜻蜓。

3.3.3　新翅类 Neoptera 昆虫之不完全变态类

5. 让人“爱恨交织”的类群——直翅目 Orthoptera

后足善跳直翅目，前胸发达前翅覆。
雄鸣雌具产卵器，蝗虫螽斯蟋蟀谱。（YJK）

《诗经·豳风·七月》中写道，“五月斯螽动股，六月莎鸡振羽。七月在野，八月在宇，九月在户，十月蟋蟀入我床下”。善于蹦跳的有力后腿是多数直翅目昆虫（图 3-22）的特征，它典型的咀嚼式口器像收割机一样高效。蝗灾在历史上多次造成大饥荒，进而激起民变。2019 年，沙漠蝗灾起于非洲，经也门进入印度和巴基斯坦，遮天蔽日的蝗虫所到之处，禾草一空，引起了全世界的警惕。“蟋蟀皇帝”朱瞻基、“蟋蟀宰相”贾似道却是把“斗虫”玩到天花板级别的两位历史人物。至今还存在的玩虫一族，玩得最多的还是叫声清脆悦耳的鸣虫和斗蟋，如优雅蝈螽 *Gampsocleis gratiosa* Brunner von Wattenwyl, 1862、俗称金铃子的双带金蛉蟋 *Svistella bifasciata*（Shiraki, 1911）、中华斗蟋 *Velarifictorus micado*（de Saussure, 1877）等。研究者将鸣虫的音谱分析用于分类，和半翅目的鸣蝉一样，听声辨种。

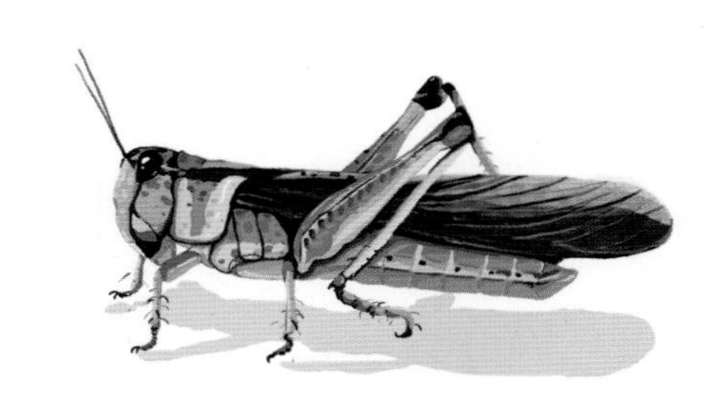
图 3-22　蝗虫（张鹏程 画）

形态特征：口器咀嚼式；前胸大而明显，前翅革质、覆翅，后翅膜质；后足跳跃足或前足开掘式；产卵器多发达；常有听器和发音器。

生物学：全世界已知 29 科约 2.4 万种，中国已知 3 000 余种。常见的有蝗虫、蝼蛄、螽蟖、蟋蟀等。渐变态 [是不完全变态的一种形式，特点是幼体与成虫在体形、习性及栖息环境等方面都很相似，但幼体的翅发育还不完全（称为翅芽，一般在第 2～3 龄期出现），生殖器官也未发育成熟，称为若虫（nymph），转变成成虫后，除了翅和性器官的完全成长外，在形态上与幼期没有其他重要差别]；多植食性。

常见科的识别

直翅目高级分类阶元意见迄今未统一，总科、科的级别也常有变化，根据 Handirsch（1930），直翅目分二亚目，近代学者也多采用此种分类法（图 3-23）。本书记载的不少科已升为总科，鉴于通识课要求掌握内容的程度，除蝗总科、蚱总科外，其余各科仍遵从《普通昆虫学》教材体系，进一步细分的内容仅作知识拓展部分。

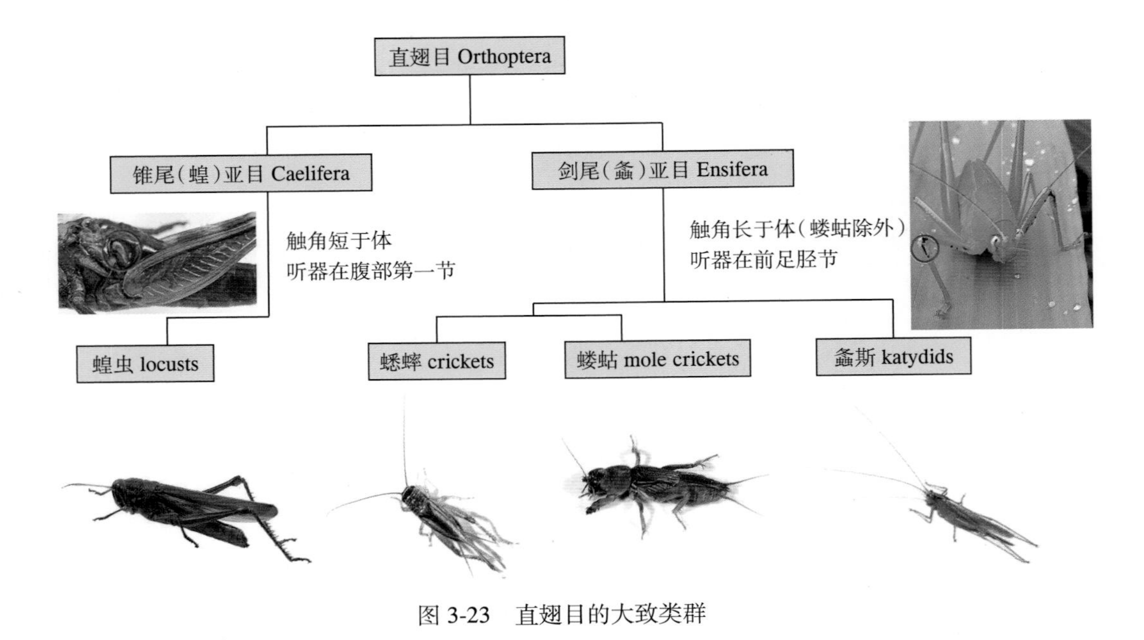

图 3-23　直翅目的大致类群

注：红圈所示为听器。

螽斯科 Tettigoniidae："尾须短，四节跗，螽斯产卵刀刻木。"触角丝状，长于体；听器（tympana）位于前足胫节基部；翅如屋脊一样隆起；跗节 4 节。雌性产卵器（ovipositor）侧扁，呈刀状或马刀状，6 瓣；产卵于植物组织；常为绿色，拟态植物的叶子等（图 3-24A～D）。

生物学：全世界已知 20 亚科 1 255 属 7 375 种。鸣虫，俗称螽斯、蝈蝈、纺织娘。上诱虫灯，大部分为植食性，少数为肉食性；有些是严重的害虫。

知识拓展：螽斯科及其亚科的分类地位及数目不断变化，被较为普遍接受的是 Eades 等（2006）的 21 亚科系统（包括拟螽亚科唯一的化石类群）。常见的有露螽亚科 Phaneropterinae、拟叶螽亚科 Pseudophyllinae、螽斯亚科 Tettigoniinae、草螽亚科 Conocephalinae 等。直翅目分类专家牛瑶教授鉴定认为，本书图版记录了一个珍稀物种腾格里懒螽 *Zichya tenggerensis* Zheng，1986（图 3-24E～F），模式标本产地为甘肃武威民勤红崖山。该图拍摄于内蒙古赛罕塔拉古湖盆地带。目前，有研究者将该硕螽亚科 Bradyporinae 上升为硕螽科 Bradyporidae，腾格里懒螽归属于棘螽亚科 Deracanthinae。

蟋螽科 Gryllacrididae：触角远比体长，树栖；前胸背板前部不扩展；既像蟋蟀又像螽斯，但尾须不分节，足跗节 4 节，前足基节具刺，胫节无听器；雄性前翅缺发音器，雌性产卵瓣发达（图 3-24G～H）。"尾须发达听器无，足似螽斯四节跗。"

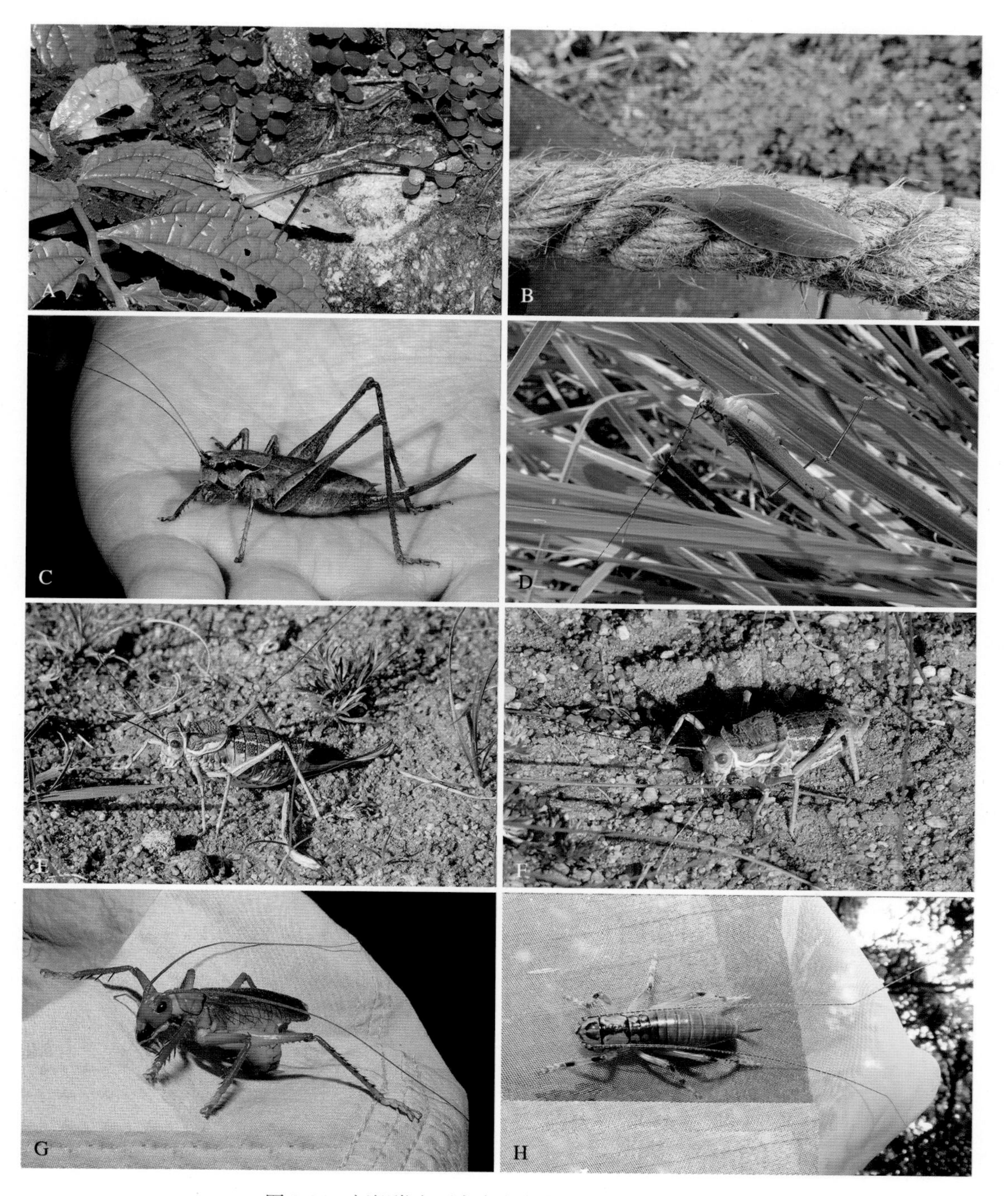

图 3-24　新翅类之不完全变态直翅目剑尾亚目昆虫

A. 螽斯科纺织娘亚科日本纺织娘 *Mecopoda niponensis*(De Haan, 1842); B. 拟叶螽亚科翡螽 *Phyllomimus* sp.; C. 螽斯亚科寰螽 *Atlanticus* sp.; D. 露螽亚科副缘螽 *Parapsyra* sp.; E. 硕螽亚科腾格里懒螽 *Zichya tenggerensis* Zheng, 1986, ♀; F. 同前, ♂; G. 蟋螽科尖刺烟蟋螽 *Capnogryllacris spinosa* Li, Liu *et* Li, 2014; H. 缺翅原蟋螽 *Apterolarnaca* sp.

蟋蟀科 Gryllidae："尾须长，三节跗，蟋蟀产卵剑入土。"头圆而垂直，下口式；足跗节3节；产卵器长针状，4瓣，内产卵瓣退化；尾须长，不分节；常为不同程度的土褐色（图3-25A～C）。

生物学：俗称蟋蟀（cricket）、促织、吟蛩、蛐蛐儿。我国有70余种，均在地下活动，取食植物茎叶、种实和根部；多1年1代，以卵或若虫越冬，成虫在夏秋间盛发，多发生在低洼、河边、沟边及杂草丛中。

知识拓展：根据后足缺刺、背距细长具毛，后足基跗节背面缺刺等特征，目前，针蟋亚科Nemobiinae和蛉蟋亚科Trigoniinae被分出，合称蛉蟋科Nemobiidae（图3-25D）。现蟋蟀科包含蟋蟀亚科Gryliinae、额蟋亚科Itarinae、距蟋亚科Podoscirtinae、纤蟋亚科Euscritinae、长蟋亚科Pentacentrinae、树蟋亚科Oecanthinae等。

在诗歌作品《国风·唐风·蟋蟀》中，诗人借蟋蟀告诫良士要享乐有度，不荒废主业：

蟋蟀在堂，岁聿其莫。今我不乐，日月其除。无已大康，职思其居。好乐无荒，良士瞿瞿。
蟋蟀在堂，岁聿其逝。今我不乐，日月其迈。无已大康，职思其外。好乐无荒，良士蹶蹶。
蟋蟀在堂，役车其休。今我不乐，日月其慆。无已大康，职思其忧。好乐无荒，良士休休。

蝼蛄科 Gryllotalpidae："尾须长，三节跗，前翅短，后翅卷。触角短于体，前足开掘器，后足不跳土内栖。"体棕褐色被软毛，触角短；前足开掘足，后足非跳跃足；尾须长；产卵器退化。

生物学：1～3年1代，春秋季活跃，多食性，在土内产卵，是主要的土壤害虫。蝼蛄开掘通道，咬食播下的种子或靠近地面的嫩茎，常造成缺苗断垄。我国常见2种：东方蝼蛄 *Gryllotalpa orientalis* 分布在南方，其主要识别特征为后足胫节背面内侧有4个距；单刺蝼蛄 *Gryllotalpa unispina* 分布在北方，但后足胫节背侧内缘有棘1个或消失（图3-25E～F）。

驼螽科 Rhaphidophoridae：又称灶马，触角远比体长；穴居或生活于暗处，体粗短，无翅，驼背；前足胫节无听器，后足极发达，缺爪间突；跗节4节、强侧扁，无跗垫；尾须细长，产卵器侧扁，马刀状（图3-25G）。"长角探穴背驼峰，听器缺失翅无踪。爪间突缺跗节扁，后足长，尾须软，扁扁马刀产卵管。"

蚤蝼科 Tridactylidae：体小型，一般不超过10 mm；触角短，12节；形似蝼蛄，前翅短，通常为鞘质，后翅扇状折叠于前翅下；尾须长；前足适于挖掘，中足为桨足，后足腿节膨大，适于跳跃，胫节有两个发达的游泳片，足跗式为2-2-1（图3-25H）。"形似蝼蛄跳如蚤，胫节长片水上漂。体小足跗二二一，听器发声皆已抛。"

图 3-25　直翅目剑尾亚目昆虫

A. 蟋蟀科树蟋亚科长瓣树蟋 *Oecanthus longicauda* Mutsumura, 1904；B. 距蟋亚科长须蟋 *Aphonoides* sp.；C.蟋蟀科石首棺头蟋 *Loxoblemmus equestris* de Saussure,1877；D.蛉蟋科针蟋亚科异针蟋 *Polionemobius* sp.；E. 蝼蛄科东方蝼蛄 *Gryllotalpa orientalis* Burmeister, 1838；F. 单刺蝼蛄 *Gryllotalpa unispina* de Saussure, 1874；G. 驼螽科突灶螽 *Diestrammena* sp.；H. 蚤蝼科日本蚤蝼 *Tridactylus japonicus* Haan, 1842

蝗总科 Acridoidea：触角丝状比体短；前胸背板马鞍状、较短，仅盖住胸部背面；跗式为3-3-3，爪间有中垫；如有听器，则位于腹部第 1 节的两侧；产卵器短、锥状。“前胸背马鞍，跗式三三三。爪间有中垫，蝗灾民不安。”

生物学：渐变态，均为植食性。飞蝗为无滋式卵巢管，群栖迁飞，会造成蝗灾。

知识拓展：过去的蝗科提升到了总科的地位，亚科也随之提升到科。全世界已知蝗总科昆虫 9 科 2 261 属 10 136 种，我国已知 8 科 261 属 1 154 种。仅介绍常见的 7 个科。

斑腿蝗科 Catantopidae：有棉蝗、稻蝗、黄脊蝗、蹦蝗、星翅蝗、斑腿蝗、腹露蝗等（图 3-26、图 3-27A）。头顶缺细纵沟；触角丝状；前胸腹板在前足间有一个发达突起，呈圆柱状、圆锥形、三角形或横片状，腹部第 2 节背板两侧无摩擦板；后足腿节外侧具羽状隆线，一般外侧基部上侧片明显长于下基片；阳具基背片锚状突一般不与桥部相接。

图 3-26　直翅目锥尾亚目蝗总科昆虫

A. 斑腿蝗科山蹦蝗 *Sinopodisma* sp.；B. 短角外斑腿蝗 *Xenocatantops brachycerus*（Willemse，1932）；C. 黑腿星翅蝗 *Calliptamus barbarus* Costa，1836；D. 中华越北蝗 *Tonkinacris sinensis* Chang，1937

斑翅蝗科 Oedipodidae：有飞蝗、车蝗、疣蝗、束颈蝗、尖翅蝗等（图 3-27B～C）。一般较粗壮，体表具细刻点；头近卵形，头顶较短宽，背面略凹或平坦，向前倾斜或平直；头顶缺

细纵沟，头侧窝常缺如；触角丝状，前胸背板背面常较隆起，呈屋脊形或鞍形，有时较平；前胸腹板在前足间平坦不形成突起；前跗节爪间中垫较小，不达爪的中部；前、后翅均发达，具斑纹，网脉较密，中央区的中闰脉（位于中脉和肘脉之间的加插脉，有时仅在基部较接近前肘脉，中闰脉上常具发音齿）发达，具明显的音齿，若不发达，缺音齿，则其后翅具不明显的彩色条纹；后足腿节外侧具羽状隆线；阳具基背片桥型，锚状突与桥部相接。

网翅蝗科 Arcypteridae：有竹蝗、雏蝗、曲背蝗等（图 3-27D、图 3-28A～B）。体小至中型，头部多呈圆锥形，颜面侧观较直，有时明显向后倾斜；头顶缺细纵沟，头侧窝明显颜面与头顶组成钝角；触角剑状、棒状或丝状，前胸腹板在两前足基部之间平坦或略隆起；前翅中央区缺中闰脉，若有不发达的中闰脉，也不具音齿，后翅绝不具明显的彩色条纹，翅常有黑斑；前跗节爪间中垫较长，超过爪的中部；后足腿节外侧具羽状隆线；腹部第 2 节背板两侧无摩擦板；阳具基背片锚状突与桥部相接。

图 3-27　蝗总科昆虫

A. 斑腿蝗科峨眉腹露蝗 *Fruhstorferiola omei*（Rehn *et* Rehn, 1939）；B. 斑翅蝗科大胫刺蝗 *Compsorhipis davidiana*（de Saussure, 1888）；C. 疣蝗 *Trilophidia* sp.；D. 网翅蝗科黄脊竹蝗 *Ceracris kiangsu* Tsai, 1929

癞蝗科 Pamphagidae：有笨蝗、癞蝗等。头顶具纵细沟、非锥形，向前及向下倾斜，与颜面形成直角或钝角，左右额顶窝如发达时，常分开；后足腿节外侧上下隆线之间不具羽隆线；腹部第 2 节背板两侧有摩擦板；阳具基背片呈壳片状，缺附片。本书所录的丽突鼻蝗 *Rhinotmethis* *pulchris* Xi *et* zheng，1986（图 3-28C）是中国的一个特有珍稀种。

瘤锥蝗科 Chrotogonidae：有橄蝗、瘤锥蝗（图 3-28D）等。体表具颗粒状突起或短锥刺，头短，多数为锥形；头前端中央具细纵沟，触角丝状；前胸腹板突瘤状或片状，后足腿节外侧中区不规则短隆线或颗粒状突起，不具羽隆线，外侧基部上基片短于下基片；无摩擦板；阳具基背片为桥状，两侧具较长的附片。

图 3-28　蝗总科昆虫

A. 网翅蝗科黑翅雏蝗 *Megaulacobothrus aethalinus*（Zubovsky，1899）；B. 宽翅曲背蝗 *Pararcyptera microptera meridionalis*（Ikonnikov，1911）；C. 癞蝗科丽突鼻蝗 *Rhinotmethis pulchris* Xi *et* Zheng，1986；D. 瘤锥蝗科印度橄蝗 *Tagasta indica* Bolivar，1905

锥头蝗科 Pyrgomorphidae：有负蝗（图 3-29A）、锥头蝗等。头顶具纵细沟、锥形，若非锥形，则腹部第 2 节背板两侧无摩擦板；触角剑状；后足腿节外侧上下隆线之间不具羽隆线；阳具基背片呈花瓶状，具附片。

剑角蝗科 Acrididae：触角剑状；头顶缺细纵沟，后足腿节外侧上下隆线之间具羽状隆线；阳具基背片桥状，缺附片。

蚱总科 **Tetrigoidea**：又称菱蝗。一般体小型，触角短；前胸背板向后延伸超过腹末，呈菱形；后足爪间突、发音器以及听器均缺失，跗式为 2-2-3。“菱胸长过腹，声听尽皆无。爪间无中突，二二三足跗。”

知识拓展：蚱总科种类十分丰富，有 1 800 余种，该总科下分 8 科，如蚱科 Tetrigidae（前胸背板侧片后角向下，末端稍圆，基跗节长于第 3 节）、短翼蚱科 Metrodoridae（前胸背板侧片后角向外稍突出，末端斜截，通常不具刺。基跗节与第 3 节等长）等。蚱总科昆虫的分布与自然环境关系密切，有些种类对环境变化敏感，常作重要的环境指示昆虫，如研究者发现刺翼蚱科 Scelimenidae（前胸背板侧片后角向外突出，顶端刺状；基跗节长于第 3 节）昆虫喜欢生活在潮湿甚至有水的特殊环境（图 3-29B～C）。

蜢总科 Eumastacoidea：触角很短，具触角端器；头颜马脸状；雄性腹端常多变异，雌性下生殖板细长具齿，若有翅，停息时翅折叠像向斜后方翘起，把腹部露在外面；后足基跗节背面有沟齿，足跗式为 3-3-3（图 3-29D）。"马脸触角短，跗式三三三。雌长生殖板，翅翘露肚腩。"

图 3-29　蝗总科、蚱总科和蜢总科昆虫

A. 蝗总科锥头蝗科柳枝负蝗 *Atractomorpha psittacina*（de Haan, 1842）；B. 蚱总科刺翼蚱科大优角蚱 *Eucriotettix grandis* Hancock, 1912；C. 钝优角蚱 *Eucriotettix dohertyi* Hancock, 1915；D. 蜢总科蜢科乌蜢 *Erianthus* sp.

思考与回顾

1. 名词解释：渐变态、中闰脉。
2. 列出直翅目主要科的特征，如螽斯科、蟋蟀科、蝼蛄科、斑腿蝗科。
3. 认识蝗虫各部位构造及名称，探讨其发音构造及听器位置。

6. 用足纺织“安全隧道”的足丝蚁——纺足目 Embioptera

足丝蚁乃纺足目，前足纺丝在基跗。
胸长尾短节分二，雄具四翅雌却无。（YJK）

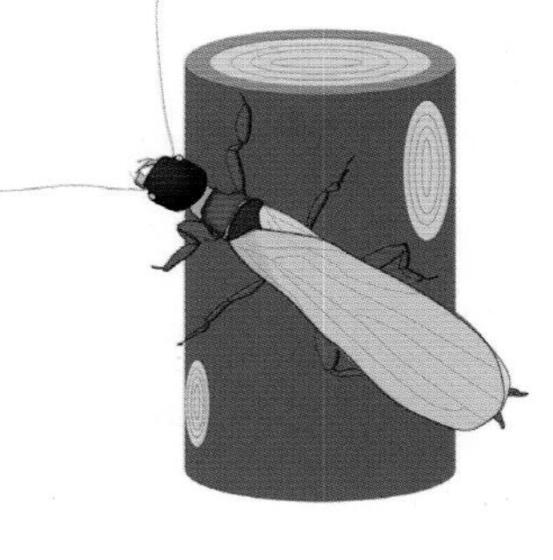

图 3-30 足丝蚁

足丝蚁（图 3-30）并不常见，用足纺丝，这在昆虫中也是独一无二的存在。足丝蚁躲在自己纺织的安全隧道中，天敌对它也无可奈何。

形态特征：头大，复眼小，无单眼；口器咀嚼式；前足第 1 跗节膨大，能纺丝织网；雄性有翅，翅脉简单，径脉和径分脉短距离愈合，雌性无翅；无明显的产卵器；尾须短小，2 节。

生物学：渐变态；多生活在树皮缝内、土中、石下的蚁穴、白蚁巢内等场所；取食树木枯皮、苔藓和地衣等；足上刷状毛恰如一杆杆喷枪，“丝刷”刷出跑道。全世界已知约 2 亚目 13 科 88 属 460 种，中国已知 1 科（等尾丝蚁科 Oligotomidae）8 种，分布在云南、广东、福建、台湾。笔者曾在云南昆明筇竹寺林中观察到足丝蚁，“树缝白网密，惊现足丝蚁。黑体红颈长，前跗把丝纺。二节尾须短，腿粗扒地傍。头圆无单眼，丝角前口强”（图 3-31）。

图 3-31 纺足目昆虫
A. 等尾丝蚁科足丝蚁，雌性无翅；B. 同前，雄性具翅；C. 足丝蚁，云南；D. 同前，丝道（A～B，陈华燕 摄于广东）

思考与回顾

1. 简述纺足目的特征。
2. 思考足丝蚁为什么纺丝？查阅昆虫纲有关吐丝昆虫及丝的成分和作用。

7. 昆虫中的“拟态大师”——䗛目 Phasmatodea

奇形怪状为䗛目，体细足长如修竹。
更有宽扁似树叶，如枝似叶害林木。（YJK）

竹节虫（图 3-32）的拟态堪称“大师”级别，也正是这惟妙惟肖的拟态，使竹节虫成为众多爱好者的“萌宠”（图 3-33）。不少竹节虫取食槲栎、月季、悬钩子等植物的叶片，较易饲养。

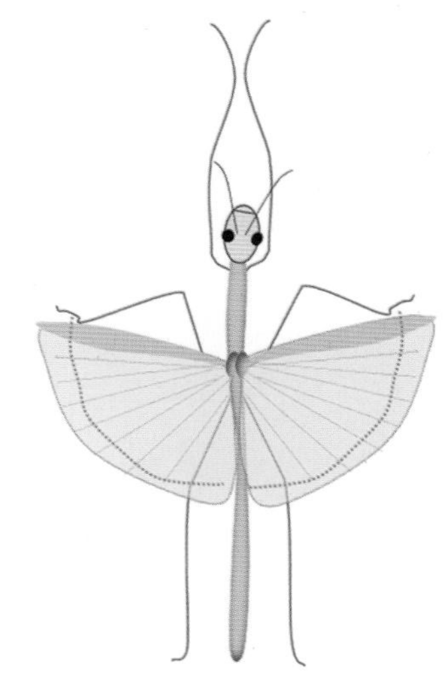
图 3-32　竹节虫

形态特征：体大型到极大型，有拟态现象，似竹竿或树叶；头部前口式，口器咀嚼式；前胸短，中、后胸伸长，后胸常与第一跗节合并；有或无翅，有翅种类前翅短小，革质，覆翅，后翅膜质，臀区发达，有时前缘革质，半覆翅；前足腿节基部靠头的部分弯曲，3 对足均为步行足，细长，易折断；雄性外生殖器一般由延长的第 8 腹板包在其内，第 10 腹板下有可活动一肛下犁突，为交配器。

图 3-33　拟态的䗛目昆虫

A. 伪装苔藓的刺䗛 *Cnipsomorpha* sp.（广西拍摄）；B. 藏隐叶䗛 *Cryptophyllium tibetense*（Liu, 1993）（B，张巍巍 摄）

生物学：全世界已知约 14 科 3 400 余种，中国已知 7 科 70 余属 400 余种（徐芳玲，2022）。俗称竹节虫，以保护色和拟态著称。渐变态；植食性，可在一定程度上危害森林；以卵或成虫越冬，卵单产于地，每粒卵均包于坚硬的囊内，囊的形状奇特，往往与种子相似，有卵盖。

知识拓展：Phasmatodea 一词来源于希腊语，本意为“幽灵”。竹节虫的分类系统尤其是科属高级阶元在近 20 年内变化很大，如短肛䗛属 *Baculum* 已经不存在，种类放入䗛科短棒䗛科属 *Ramulus*，目下阶元亚目、科有和属都有变动（王海建，私人通信）。Brock（2021）将䗛目分为三跗䗛亚目 Timematodea（仅包含 1 科）和真䗛亚目 Euphasmatodea（包含绝大部分属种，下辖 13 科，如图 3-34、图 3-35）（参考：http: //phasmida.speciesfile.org），这个系统目前尚不完善。我国关于䗛目的分类系统也需进行相应调整，有些属的地位不再被承认。

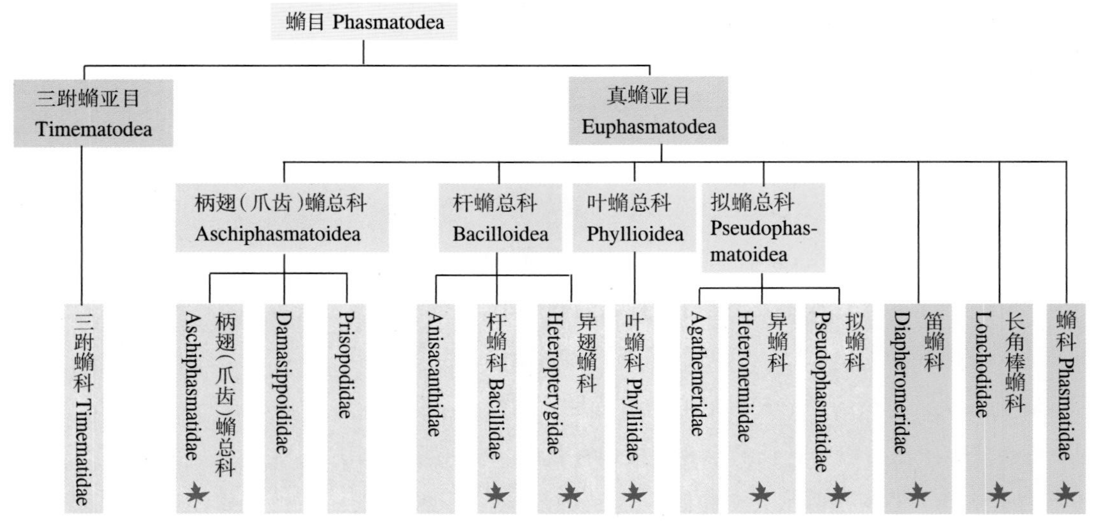

图 3-34　䗛目的高级阶元（基于 Brock，2021）

注：中国分布的科用绿叶符号标记。

䗛科 Phasmatidae：中足和后足的胫节末端下面无三角形凹陷区；触角分节明显，常短于前足腿节；雌性腿节基背面锯齿状，或者触角长于前足腿节，但不如体长，则中、后足腿节腹脊锯齿状；前翅片状或较短缩，体肢均有针齿状附属物，前足腿节常有叶片状膨大物，后翅或存或缺。

笛䗛科 Diapheromeridae：触角线状，分节不明显，长于前足腿节但不超过体长；中足和后足的胫节末端下面无三角形凹陷区，腿节腹脊具不明显锯齿或光滑。

长角棒䗛科 Lonchodidae：触角线状，分节明显，多长于或等于体长；中、后足的胫节末端下面无三角形凹陷区，且腿节腹脊具不明显锯齿或光滑。

叶䗛科 Phylliidae：体宽扁、叶片状，拟态树叶；足上也有叶片状附属构造，中足和后足的胫节末端下面有三角形凹陷区。分布于热带非洲印度、马来西亚、大洋洲以及中国南方。

思考与回顾

1. 䗛目昆虫的保护色和拟态对我们有什么启发？
2. 竹节虫会飞吗？

图 3-35　䗛目真䗛亚目昆虫

A. 䗛科刺䗛 *Cnipsomorpha* sp.，伪装苔藓；B. 新棘䗛 *Neohirasea* sp.；C. 短角棒䗛 *Ramulus* sp.；D. 长角棒䗛科齿臀䗛 *Paramenexenus* sp.，成虫（左）和卵（右）；E. 腹锥小异䗛 *Micadina conifera* Chen *et* He，1997；F. 叶䗛科叶䗛 *Phyllium* sp.，初孵若虫（左）和卵（右）；G. 叶䗛 *Phyllium* sp.，若虫（陈华燕 摄）；H. 异翅䗛科广西瘤䗛 *Pylaemenes guangxiensis* (Bi *et* Li，1994)

8. 分布寒热两个极端，无翅稀有的蛩蠊超目 Notoptera

自 2006 年开始，有研究者认为螳䗛目 Mantophasmatodea 与蛩蠊目 Grylloblattodea 相近，主张将二者合并为蛩蠊目 Notoptera（有人翻译为背翅目）。本书遵从 Beukeboom & Perrin（2014）系统，仍以不同的目介绍。为了与现用的蛩蠊目有所区别，本书将二目合称为蛩蠊超目 Notoptera。这个 Notoptera 为 Crampton（1915）成立蛩蠊目时的曾用名，因与 Lacepède（1800）年的弓背鱼属 *Notopterus* 重名而推用 Grylloblattodea。而今，Notoptera 再次被研究者提出并使用。

（1）昆虫中的“四不像”——螳䗛目 Mantophasmatodea

半若螳螂半似䗛，咀嚼口器头下口。
触角丝状又多节，胸部覆瓦单眼丢。
前足中足捕食走，无翅后足细如柳。
零二建目仅非洲，化石广泛内蒙有。

图 3-36　螳䗛（张鹏程 画）

螳䗛目是 21 世纪初发现的新目，这在本世纪可谓一个了不起的新发现。德国博士研究生 Oliver Zompro 在其导师 Joachin Adis 的指导下研究螳螂目的系统进化，他饲养过百余种螳螂和竹节虫，当他在后续研究中看到螳䗛（图 3-36）的化石标本和英国伦敦自然博物馆的一头 1950 年采自坦桑尼亚的标本时，他逐渐意识到这头既像螳螂又不是螳螂、既像竹节虫又不是竹节虫的虫子，应该属于新的类群。不得不说，Oliver Zompro 发现螳䗛目是幸运中的必然，得益于他研究螳螂和竹节虫的基础。

形态特征：体长 1.1～2.5 cm，触角丝状；无单眼，复眼大小不一；下口式，口器咀嚼式；下颚须 5 节；翅退化；胸部各节背板都稍盖过其后一节背板；足基节发达，前、中足均有捕食功能，各节强大变厚，具有刺列，后足非跳跃足；跗节 5 节，基部 3 节合并，基部 4 节有跗垫，端跗节中垫很大，有 1 列长毛，有 2 爪；尾丝短，不分节。

生物学：渐变态；通常为夜出型，捕食蜘蛛或其他小型昆虫如蝇类、啮虫、蛾类等；交尾姿态类似蝗虫，卵在卵囊中存活。2002 年建目，发表于 *Science*，全世界已知现生 3 科 19 种和 5 个灭绝的种，我国目前无现生种的记录，黄迪颖（2008）从侏罗纪化石中发现中国内蒙古曾有发生。多位学者分别基于形态特征和核苷酸序列分子数据研究认为，该目与蛩蠊目 Grylloblattodea 是姐妹群。

（2）冰上“国宝”——蛩蠊目 Grylloblattodea

冰上行者目蛩蠊，雌性产卵马刀弯。
丝角前口咀嚼式，背板相似缺双翅。
尾须多节无单眼，腹部前四膜质垫。

稀有是蛩蠊目的最大特征。蛩蠊起源古老，至少可追溯到上石炭纪（距今约 3 亿年），特征原始、是昆虫纲孑遗类群之一，生于冰雪之中又极其罕见，堪称昆虫纲的“活化石”。蛩蠊被列为我国一级保护昆虫。

形态特征：体小而细长，10～30 mm，多白色；有或无复眼，无单眼，头部头盖缝、额唇基沟、颊下沟、后头沟、次后头沟明显；触角丝状；口器咀嚼式，前口式。前、中、后胸背板形状相似，无翅；足跗节 5 节，爪 1 对，无中垫和爪垫。腹部 10 节，尾须细长，8～9 节；雄性腹部第 9 腹节有 1 对发达但不对称肢基片（coxite），端部有一可活动的刺突；雌性产卵器呈刀状。

图 3-37　蛩蠊目中华蛩蠊 *Galloisiana sinensis* Wang, 1987（张巍巍 摄）

生物学：渐变态。成、幼虫体形相似，多生活于 1 500～6 500 m 高海拔寒冷地区。白天隐蔽在碎石下、苔藓泥土中。杂食性，取食植物或小虫尸体。1914 年首次发现。全世界迄今已知 1 科 5 属 44 种，中国发现 3 属 3 种，中华蛩蠊 *Galloisiana sinensis* Wang, 1987（1986 年王书永在长白山首次发现，图 3-37）、陈氏西蛩蠊 *Grylloblattella cheni* Bai, Wang *et* Yang, 2010（2009 年宋克清在新疆喀纳斯发现）和吉林原蛩蠊 *Gryllopriemevala jilina* Zhou *et* Ren, 2023（2019—2021 年，周琳、陈琪、任炳忠等人在吉林集安的低海拔原始森林中的一处天然洞穴中采得）。

思考与回顾

1. 阅读相关地理知识，讨论分列两极的两个目。
2. 熟记特征，外出时试探寻找稀有昆虫。

9. 跳“扇子舞”的蠼螋——革翅目 Dermaptera

前翅短截革翅目，后翅如扇脉似骨。
尾须坚硬呈铗状，蠼螋护卵似鸡孵。（YJK）

蠼螋（图 3-38）是十分常见的昆虫，以盖不住腹部的 1 对短的前翅和腹末 1 对尾铗容易辨认，蠼螋后翅宽大如扇，翅脉放射状如扇骨，打开时像跳扇子舞。然而，蠼螋的若虫腹末常有 1 对尾丝。2023 年初，分类学者通过解剖认为，在台湾发表的文章中的缺翅虫竟是蠼螋若虫。该文作者竟然在目的级别上判断失误，蠼螋幼虫的误认度可见一斑。

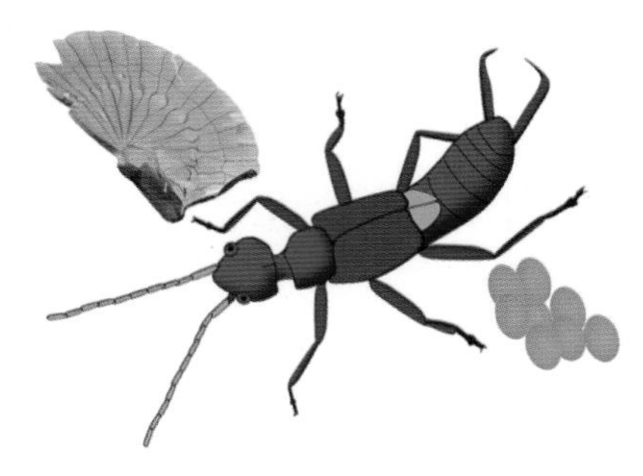

图 3-38 护卵的蠼螋（中、右下）及展开的后翅（左上）

形态特征：前口式，口器咀嚼式；前翅短、革质、末端平截，后翅膜质，扇形，翅脉放射状；腹末具 1 对钳状尾须，捕食，防卫和交配时抱握。

生物学：俗名蠼螋（earwig）、铗板虫等。渐变态；若虫与成虫相似，但尾铗除外，丝尾螋 *Displatys* 铗在若虫期为多环节形长尾须，前成虫期时减缩，蜕皮后成铗状；广泛分布于热带地区，多栖息于石下、枯枝落叶、潮湿、腐殖质较多的场所；杂食性，捕食小型昆虫、取食腐烂植物与花粉等，少数寄生性；卵产于土中堆积成团。De Geer（1758）发现蠼螋有亲虫护卵并喂养幼小若虫的习性。全世界已知 1 970 余种，如欧洲蠼螋 *Forficula auricularia* Linnaeus, 1758，中国已知约 310 种。

知识拓展：革翅目下分三亚目，最常见的是蠼螋亚目 Forficulina（复眼发达，上颚内侧缺刺，铗强硬而平滑，体光滑），中国已知 8 科 56 属 231 种，如球螋科 Forficulidae、蠼螋科 Labiduridae、铗螋科 Labiidae、肥螋科 Anisolabididae、丝尾螋科 Diplatyidae、大尾螋科 Pygidicranidae，等等（图 3-39A～G）。

蠼螋亚目的球螋科 Forficulidae 是革翅目内最大的一科。全世界已知 66 属 465 种，中国已知 22 属 112 种，占全目种类的 23.6%，占中国蠼螋种类的 36.1%。本科昆虫识别特征：头部稍扁，通常具“Y”形头盖缝；无单眼，复眼大小不一；触角 12～16 节；第 2 跗节叶形，从第 3 节边缘可见；尾铗形状变化多样，基部内缘常扩宽或呈齿突，雄性外生殖器仅 1 个阳茎叶。

其余两目种类很少，共 2 科 4 属 16 种，我国尚无报道（陈一心、马文珍，2004）。蝠螋亚目 Arixenina（复眼退化，上颚内侧密生小刺，铗柔弱有毛，寄生于蝙蝠或其穴中，“无翅无复眼，多毛尾须软，触角等体长，前口上颚扁”，如图 3-39H）；鼠螋亚目 Dipologlossata（体极小而扁，无翅，被短毛，眼退化，尾须 1 对，细长不分节）曾被列为单独的重舌目，外寄生于鼠体。

图 3-39　革翅目昆虫

A. 球螋科垂缘螋 *Eudohrnia metallica*（Dohrn，1865）；B. 毛垂缘螋 *Eudohrnia hirsuta* Zhang，Ma *et* Chen，1993；C. 乔球螋 *Timomenus* sp.；D. 长铗螋亚科 Opisthocosmiinae；E. 球螋取食鳞翅目幼虫；F. 丝尾螋科丝尾螋 *Diplatys* sp.；G. 肥螋科（上）和蠼螋若虫，示丝尾（下）；H. 蝠螋亚目蝠螋科（H，陈兆洋 摄）

思考与回顾

1. 比较双尾纲，简述革翅目的特征。
2. 查阅资料，讨论蠼螋翅的折叠机制和应用。

10. 一个“责”字能说清的虫子——襀翅目 Plecoptera

扁软石蝇襀翅目，方形前胸三节跗。
前翅中肘多横脉，尾须丝状或短突。（YJK）

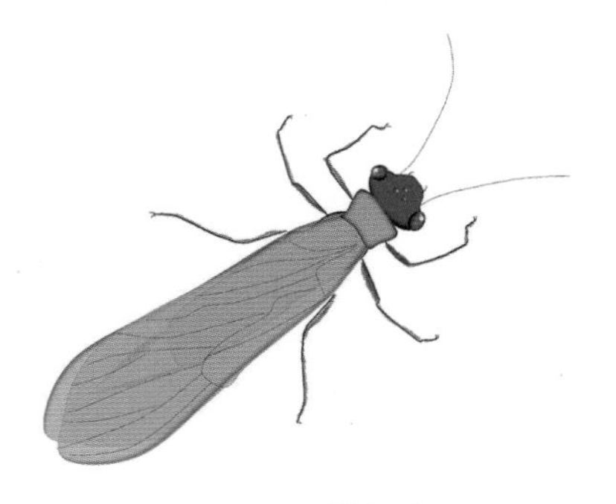

图 3-40 襀翅虫

襀翅目的特征用“责”字的形状就能代表，三横代表发达的前、中、后胸，贯穿的一竖代表了前伸的口器，即头前口式，目字代表了分节的腹部，“八”字形的两点是尾丝的写照。绵软的虫体、叠放于背的膜翅，后翅臀区宽大，都是襀翅目易于识别的特征（图 3-40）。

形态特征：体软而扁平；口器咀嚼式、软弱；胸部 3 节等长；翅膜质，前翅狭长，中脉 M 和肘脉 Cu 间有横脉列；后翅有宽大的臀区；跗节 3 节；腹部 10 节，腹末尾须 1 对。

稚虫特征：形似成虫；口器咀嚼式，发达，触角丝状多节；有分节的尾须或尾突；稚虫气管鳃呼吸；蜕皮次数为 12～36 次，历期 1～2 年，大型襀翅虫历期 3～4 年。

生物学：目前，全世界已知 16 科 4 000 余种，中国已知 10 科 800 余种。半变态。稚虫捕食其他水生昆虫或藻类；多数种类成虫口器退化，不取食，少数取食地衣、真菌、植物嫩芽等；可作为水生动物食物和水质检测。

知识拓展：仅举例 6 个常见科的识别特征。

蜻科 Perlidae：体中型，体长≤25 mm；尾须丝状多节；复眼大，触角刚在复眼下伸出；中肘横脉组成明显的格；胸部腹面有残存的气管鳃（图 3-41A～D）。

叉蜻科 Nemouridae：体小型，体长≤15 mm；前后翅的 Sc_1，Sc_2，R_{4+5} 及 r-m 脉共同组成一个“X”形；尾须 1 节（图 3-41E～F）。

卷蜻科 Leuctridae：体小型，体长≤10 mm；前翅无 Sc_2 脉，不组成一个“X”形，静止时翅向腹部卷折；尾须 1 节。

扁蜻科 Peltoperlidae：头窄于胸，前胸背板宽大于长；中唇舌短于侧唇舌，上颚相对较发达；稚虫扁宽，形似蜚蠊。

绿蜻科 Chloroperlidae：体呈绿色或黄色，前胸背板横长方形，四角宽圆，中部常有黑褐色纵带向头部和腹部有不同程度的延伸；尾须细长多节；胸部腹面无残存的气管鳃；后翅臀区很小，1A 后到达翅缘的臀脉不多于 3 条，2A 脉无分支（图 3-41G）。

网蜻科 Perlodidae：黄绿或褐色至黑褐色；复眼后有明显的后颊，3 个单眼，且后单眼之间常呈黄褐色斑块；前胸背板通常具有一中央黄色或黄褐色的纵条，可延伸到头部，足的第 1 和第 2 跗节极短，第 3 跗节很长；尾须细长多节（图 3-41H）。

图 3-41　襀翅目昆虫

A. 蜻科钩蜻 *Kamimuria* sp.，示脉序；B. 钩蜻 *Kamimuria* sp.；C. 石蝇（襀翅虫的稚虫）；D. 锤蜻 *Claassenia* sp. 罕见，翅强烈退化；E. 叉蜻科；F. 叉蜻腹面观及翅脉，示尾须 1 节，Sc_1、Sc_2、R_{4+5} 及 r-m 脉共同组成"X"形；G. 绿蜻科；H. 网蜻科

思考与回顾

1. 到山间溪流中采集观察石蝇，说出它的呼吸鳃与蜉蝣、蜻蜓的有何不同。
2. 查阅资料，试简单识别襀翅虫的常见科。

11.“武林高手”——螳螂目 Mantodea

合掌祈祷螳螂目，挥臂挡车猛如虎。
头似三角复眼大，前胸延长捕捉足。（YJK）

图 3-42 螳螂（舒明俊 画）

螳螂（图 3-42）俗称刀螂，英文名 mantis，为“祈祷”的意思。一双威猛的“大刀”使得螳螂拥有了在昆虫中几乎无可匹敌的战斗力，互联网上的螳螂斗小蛇、抓小鸟、格斗老鼠等视频证明，螳螂是昆虫中的“武林高手”。

形态特征：头呈三角形，活动自如；复眼大而突出；口器咀嚼式；前胸长，前足捕捉足；前翅革质，后翅膜质、扇状。

生物学：渐变态；捕食其他昆虫，具互相残杀习性；有拟态现象；卵鞘（螵蛸）可入中药。全世界已知 29 科约 430 属 2 400 余种，中国已知 11 科 45 属 112 种，常见种类为中华大刀螳螂 *Tenodera sinensis* de Saussure，1871。

知识拓展：螳螂以其美妙的身姿深得众人的喜爱，有关螳螂的成语典故也透着自然观察与哲学思考。朱笑愚、吴超等（2012）出版的《中国螳螂》一书详细记载了螳螂文化、螳螂分类以及螳螂的生物学，如从叶背螳拟态树叶引出对《淮南子》记载“一叶障目”的典故中“螳螂伺蝉自障叶”的思考、“螳臂当车”和“螳螂弑夫”的科学解释、齿螳属的若虫拟态蚂蚁以躲避天敌、螳螂的“假死”和“摇摆步”等行为与螳螂拳、寄生螳螂的铁线虫等。

螳螂目分类系统较为混乱，变化不断。Schwarz & Roy（2019）结合雄性外生殖器和染色体特征分析，修订了螳螂目的分类系统，将螳科内的一些亚科提升至科级，目前被研究者逐渐接受，依据该系统，我国在原来 8 科的基础上增了 3 个科，即怪螳科 Amorphoscelidae、花螳科 Hymenopodidae、箭螳科 Toxoderidae、细足螳科 Thespidae、锥螳科 Empusidae、攀螳科 Litusgusidae、虹翅螳科 Iridopterygidae、丽螳科 Tarachodidae、螳科 Mantidae、奇螳科 Miomantinae、跳螳科 Amelidae 等（图 3-43）。

形态学数据（幕骨和卵鞘）、化石以及分子序列（*CO II*，*12S rRNA*，*16S rRNA*，*18S rDNA*，*28S rDNA*）比对的结果均显示，螳螂、蜚蠊、白蚁系统发育很近，支持螳螂目与蜚蠊目（包括白蚁）并为网翅总目 Dictyoptera。

思考与回顾

1. 名词解释：拟态、假死、幕骨、卵鞘。
2. 观察螳螂的捕食行为。试述有捕捉足的昆虫还有哪些？
3. 查阅资料，为什么说螳螂与蜚蠊、白蚁的关系最近？

图 3-43　螳螂目昆虫

A. 细足螳科古细足螳属 *Palaeothespis* sp.；B. 角螳科短额缺翅螳 *Arria brevifrons*（Wang *et* Bi, 1993）；C. 螳科刀螳 *Tenodera* sp. 正在产卵，示卵鞘；D. 中华斧螳 *Hierodula chinensis* Werner, 1929；E. 同前，被线虫寄生的斧螳爬到水中，适合线虫钻出；F. 花螳科中华原螳 *Anaxarcha sinensis* Beier, 1933；G. 凹额齿螳 *Odontomantis foveafrons* Zhang, 1985；H. 屏顶螳 *Phyllothelys* sp. 若虫

12. 名不符实的缺翅虫——缺翅目 Zoraptera

触角九节缺翅目，一节尾须二节跗。

无翅有翅常脱落，隐居高温高湿处。（YJK）

缺翅目成虫有翅，是很难采集到的类群，大多数人对缺翅目昆虫知之甚少。缺翅目昆虫翅上简单的翅脉使其容易被辨识（图 3-44）。

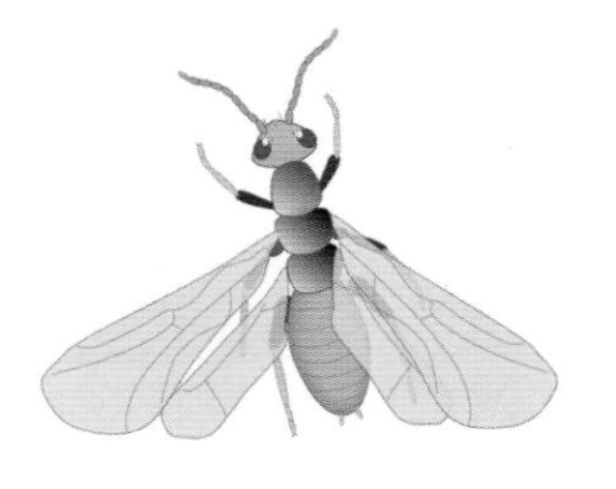

图 3-44　缺翅虫

形态特征：体微小，似白蚁；口器咀嚼式，触角念珠状；胸部长，有翅者膜质、易脱落、翅脉简单；尾须有 1 节。

生物学：渐变态，若虫似成虫，体色为乳白色。有多型现象，有些个体有翅和复眼，有些个体无翅无复眼，有些个体的翅在成熟后脱落。仅分布于热带和亚热带，生活于常绿阔叶林地、死树、朽木及含有腐殖质的环境中，取食真菌、孢子、螨虫等。缺翅目昆虫为罕见类群，目前全世界已知 1 科 1 属 44 种，如我国学者在婆罗洲发现的巍巍精缺翅虫 *Spermozoros weiweii*（Wang，Li *et* Cai，2016），中国仅知 5 种（1974 年，黄复生于西藏首次发现），分布于海南、云南、西藏、台湾（存疑），见表 3-1、图 3-45。

表 3-1　中国缺翅虫的种类及分布

种　名	分布
中华精缺翅虫 *Spermozoros sinensis* (Huang, 1974)	西藏
墨脱精缺翅虫 *Spermozoros medoensis* (Huang, 1976)	西藏
海南精缺翅虫 *Spermozoros hainanensis* (Yin, Li *et* Wu, 2015)	海南
黄氏精缺翅虫 *Spermozoros huangi* (Yin *et* Li, 2017)	云南
纽氏缺翅虫 *Zorotypus newi* Zhao *et* Chen, 2000（2023 年初，被认为是蝼蛄的 1 龄幼虫）	台湾（存疑）

知识拓展：虫友陈兆洋在云南采集到罕见的缺翅虫活虫，并讲述了缺翅虫的生态环境。“雨林湿气重，枯木苔藓生。偶掀翘皮处，眼亮心潮涌。触角九珠连，尾须一节短。梨头如蚁小，有翅缺名传。”

由于种类稀少，在过去很长的时间里，缺翅目的高级阶元仅仅为 1 科 1 属。Kočárek 等（2020）利用分子数据（1 个核基因 2 个线粒体基因片段）对 21 种缺翅虫进行了系统发育关系分析，结果明显分为 2 支，支下又各分 2 支，于是建立了缺翅目 2 科（缺翅虫科 Zorotypidae 和卷缺翅虫科 Spiralizoridae）4 亚科 9 属新系统。Kočárek 等（2023）比较了上颚特征和足基跗节的特征，认为我国台湾的纽氏缺翅虫 *Zorotypus newi* 是错误的鉴定结果，其实它是异姬苔蝼

Paralabella curvicauda（Motschulsky, 1863）的 1 龄若虫，我国的 4 种缺翅虫均归于缺翅虫科的精缺翅虫属 *Spermozoros*。

图 3-45 缺翅目昆虫

A. 巍巍精缺翅虫 *Spermozoros weiweii*（Wang, Li *et* Cai, 2016）；B. 墨脱精缺翅虫 *Spermozoros medoensis*（Huang, 1976），无翅型；C. 同前，有翅型；D. 若虫，无翅芽；E. 若虫，有翅芽；F. 黄氏精缺翅虫 *Spermozoros huangi*（Yin *et* Li, 2017）；G. 同前，♀；H. 同前，♂（A～E，张巍巍 摄；F，丁亮 摄）

思考与回顾

1. 简述缺翅目的特征。
2. 查阅资料，讨论缺翅目在昆虫纲的系统发育地位。

13. “强强合并”的蜚蠊——蜚蠊目 Blattodea

咀嚼口器蜚蠊目，畏光喜暗钻木土。
胸盾覆翅扁蟑螂，多刺足儿触角长。
等翅无敌小白蚁，角珠分工建巢房。

蜚蠊目以俗称“小强”的蟑螂而被人熟知。鉴于最新研究结果，“拆家毁堤”的白蚁所在的等翅目 Isoptera 被取消，成为蜚蠊目下的一个超科。这样看来，现在的蜚蠊目堪称“强强合并”了。

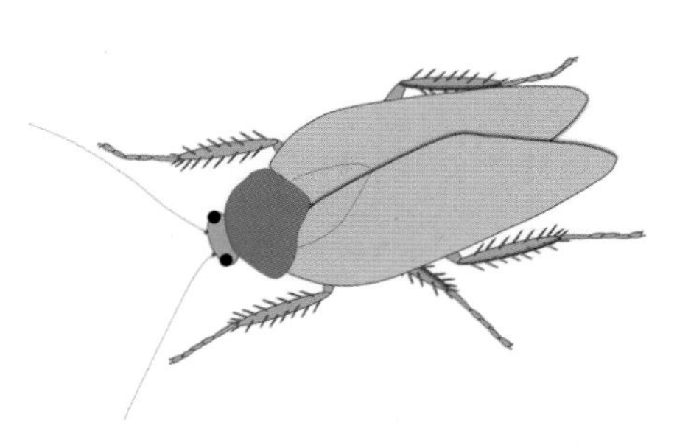

图 3-46　蜚蠊

形态特征：鉴于该目并入了原等翅目的白蚁，目的特征需同时照顾到蜚蠊（图 3-46）和白蚁。蜚蠊：体阔而扁平；口器咀嚼式；前胸背板发达盖及头部；前翅革质、后翅膜质，有的雌虫无翅；步行足，跗节 5 节；腹部 10 节，常具有臭腺开口于第 6，7 节腹面；尾须短、多节。“畏光喜暗蜚蠊目，盾形前胸头上覆。体扁椭圆触角长，扁宽基节多刺足。”（YJK）白蚁：社会性昆虫；体柔软，为乳白、灰黄或棕红至黑色；触角念珠状，尾须 1 对；口器咀嚼式；翅有或无，若有翅则前、后翅形状、翅脉相似。“害木白蚁等翅目，四翅相同角如珠。工兵王后专职化，同巢共居千余数。”（YJK）

生物学：俗称蟑螂、土鳖或土元等。渐变态；适应性很强，多数种类生活在亚热带和热带地区，少数在高海拔、高纬度地区（如隐尾蠊和部分地鳖）；喜黑暗环境，杂食性，部分种类也喜在阳光下活动，还有部分穴居型蜚蠊，可以和蚂蚁、白蚁共生。蟑螂喜食腐败物质，或入室取食各种食品，会传播疾病，有些种类为全球性卫生害虫。蟑螂背负肮脏的坏名声，但全世界仅有 1%的种类是害虫（约 40 种，其中有 20 种已被确认），其他大多数对人无害而有益：近年来，有学者认为蟑螂是部分植物的主要传粉者；隐尾蠊和白蚁有体内共生菌，可以消化木头；土鳖为重要药用昆虫。全世界已知 8 科 4 400 余种，中国已知 3 总科 6 科 300 余种。仅介绍常见的 4 科。

2007 年，Daegan Inward，George Beccaloni 和 Paul Eggleton 基于分子数据（2 个线粒体基因：*12S rRNA*，*CO II*；3 个核基因：*28S rRNA*，*18S rRNA*，*histone 3*）系统发育研究结果认为，白蚁其实是社会性的蟑螂，是蜚蠊目中一个单系分支，等翅目应予以废止。他们提出将等翅目白蚁归入蜚蠊目，把网翅目上升为网翅总目 Dictyoptera，总目下设 2 个目，即蜚蠊目 Blattaria 和螳螂目 Mantodea，在蜚蠊目下设 3 个总科，即蜚蠊总科 Blattoidea、硕蠊总科 Blaberoidea 和地鳖总科 Polyphagoidea。在蜚蠊总科下设 3 个超科，即蜚蠊超科 Blattoidea（包含 1 个科，即蜚蠊科 Blattidae）、隐尾蠊超科 Cryptocercoidea（包含 1 个科，即隐尾蠊科 Cryptocercidae）、白蚁超科 Termitoidea（包含了所有等翅目内的分类单元）。在 3 个超科中，隐尾蠊超科和白蚁超科为姐妹群，关系较近，二者再与蜚蠊科组成姐妹群。Krishna 等（2013）在 *Treatise on the Isoptera of the world*（《世界等翅目论述》）一书中，将白蚁并入蜚蠊目，归于蜚蠊目下的一科。全世界已知白蚁 3 106 种（包括化石种），中国已知 480 种。仅列举 2 科。

（1）蜚蠊类

蜚蠊科 Blattidae：隶属蜚蠊总科（中、后足腿节腹面具刺，若无刺，则前足胫节细长非棒状），包括斑蠊、大蠊等。雌性下生殖板具瓣。头顶常露出前胸背板；前、后翅发达，翅脉显著，多分支（图 3-47A）。

姬蠊科 Blattellidae：隶属蜚蠊总科，包括光蠊、姬蠊等。体小，雌雄同型；头部具较明显的单眼，唇基缝不明显，头顶常露出前胸背板；前胸背板通常不透明；前、后翅发达或缩短，极少完全无翅；前翅革质，翅脉发达，Sc 脉具分支或无分支；后翅膜质，常缺端域，臀脉域呈折叠的扇形；中和后足腿节腹面有刺或缺刺，跗节具跗垫，爪间具中垫；雌性下生殖板无瓣（图 3-47B～D）。“蜚蠊露头平唇颜，前胫细长刺腿缘。姬蠊无瓣生殖板，蜚蠊生殖板有瓣。”

地鳖蠊科 Corydiidae：隶属地鳖总科（中、后足腿节腹缘无刺，前足胫节粗短、棒状；唇基和颜面明显分界，后翅臀脉域非扇形折叠）。头部近球形，头顶通常不露出前胸背板；唇部强隆起；前、后翅一般均较发达，但有时雌性完全无翅；前翅 Sc 脉具分支，跗节具跗垫，爪间具中垫或缺如（图 3-47E）。“缩头地鳖蠊，前胫棒粗短。前后腿无刺，唇隆颜面显。”

硕蠊科 Blaberidae：隶属硕蠊总科（中、后足腿节腹缘无刺，前足胫节粗短、棒状；唇基和颜面无明显分界，后翅臀脉域呈扇形折叠）。体中至大型，光滑；头部近球形，头顶通常不露出前胸背板；唇部非强隆起，唇基缝不明显；前、后翅一般均较发达，极少完全无翅；前翅 Sc 脉常退化；后翅臀域发达；中、后足腿节端刺存在；跗节具跗垫，爪对称，中垫存在或缺如。“缩头短胫名硕蠊，腿缘无刺平唇颜。后翅臀域折叠扇，常有退化脉亚缘。”

（2）白蚁类

鼻白蚁科 Rhinotermitidae：土木栖白蚁。兵蚁有囟门，上唇发达，鼻状；前胸背板扁平，狭于头宽，跗节 4 节，尾须 2 节；有翅成虫，有单眼，有囟；左上颚 3 个缘齿，右上颚第一缘齿基部都有附属齿；前翅鳞明显大于后翅鳞并相互重叠，不达后翅基部；膜翅有横脉，呈网状；跗节 4 节，尾须 2 节（图 3-47F～G）。常见有黄胸散白蚁 *Reticulitermes flaviceps*（Oshima, 1911）、黑胸散白蚁 *R.chinensis*（Snyder，1923）、尖唇散白蚁 *R.aculabralis* Tsai *et* Hwang，1977 和圆唇散白蚁 *R.labralis* Hsia *et* Fam，1965。“头有囟，前胸平，窄于头，土木性。有翅翅脉深两条，前翅鳞比胸板短，兵蚁上唇鼻状延。”

图 3-47　蜚蠊目昆虫

A. 蜚蠊科黑胸大蠊 *Periplaneta fuliginosa*（Serville, 1838）; B. 姬蠊科黑带大光蠊 *Rhabdoblatta brunneonigra* Caudell, 1915；C. 黄缘拟截尾蠊 *Hemithyrsocera vittata*（Brunner von Wattenwyl, 1865）；D. 拟截尾蠊 *Hemithyrsocera* sp.；E. 地鳖蠊科冀地鳖 *Polyphaga plancyi* Bolívar, 1882, 雌性无翅；F. 白蚁超科鼻白蚁科黄胸散白蚁 *Reticulitermes flaviceps*（Oshima, 1911），正被兵蚁（右下）驱赶分飞；G. 黑胸散白蚁 *Reticulitermes chinensis*（Snyder, 1923）；H. 白蚁科象白蚁 *Nasutitermes* sp. 在树干上修的隧道；I. 象白蚁 *Nasutitermes* sp.（G，徐鹏 摄）

白蚁科 Termitidae：白蚁科是白蚁中种类最繁多的类群，分布也最广，全世界已知 1 200 种以上（图 3-47H～I）。均为土栖性，本科白蚁后肠内缺原生动物，一般以朽木、菌类以及半腐性叶片、草料等为食。建白蚁冢或培养有菌圃的白蚁多属于本科。白蚁科的类型也很复杂，兵蚁头方形或椭圆形，常有大小型之分，还有大、中、小型的多态现象。白蚁科有翅成虫前胸马鞍状，比头壳窄，前翅鳞仅略大于后翅鳞，不达后翅基部，翅面网纹很少。包括黄翅大白蚁 *Macrotermes barneyi*（Light，1924）、黑翅土白蚁 *Odontotermes formosanus*（Shiraki，1909）、小象白蚁 *Nasutitermes parvonasutus*（Shiraki，1911）。“头有囟，前胸鞍，窄于头，土栖仙。翅鳞短小网纹少，大小多态种类繁。”

知识拓展：蟑螂的行为也引起研究者的关注，蟑螂的择偶竞争普遍存在，它们用跳舞或发声来展示自己的优势。蟑螂的避敌本领很强，主要表现在跑得飞快，足强健多刺，基节扁平让蟑螂能够贴地匍匐，流线型的椭圆形身体扁平，能够通过狭窄的缝隙，这样底盘低、动力足的设计让蟑螂就像高速路上奔驰的跑车。

白蚁性别分化机制、蚁菌共生、“长寿”机制、“神风特攻白蚁”的自杀式防御机制等吸引了很多研究者的兴趣，蚁巢的通风系统为建筑学者提供了灵感。

“千里之堤，溃于蚁穴”中的“蚁”指的是白蚁。在白蚁王国里，蚁后蚁王通常是一夫一妻制，蚁王负责交配，蚁后负责产卵。初期，蚁王蚁后共同照顾幼蚁，后期这些工作由工蚁负责，蚁后蚁王专司交配产卵。蚁王蚁后堪称昆虫中的“寿星”，在自然情况下，它们的平均寿命可达 40～50 年，长的甚至可超过 80 年！营社会生活的白蚁有着复杂的分工。白蚁卵孵化为幼蚁后，可以分化为无复眼的工蚁、兵蚁，或有翅蚜、具复眼的若蚁，若蚁可以成为本巢的补充生殖蚁（补充生殖蚁一般只出现在低等的鼻白蚁科散白蚁属白蚁群体内），也可以发育为有翅繁殖蚁，离巢分飞、交配后翅脱落，形成新的蚁王蚁后，产卵，建设新的白蚁王国（图 3-48）。在白蚁王国内，取食的工蚁先将食物吞入体内，然后将消化或半消化的食物液体从口中吐出或从肠管末端排出，喂给其他白蚁，这种行为称为交哺（trophallaxis）。交哺行为在蚂蚁、白蚁、胡蜂和蜜蜂等社会性昆虫中最为普遍，是食物或其他液体在社会成员之间通过口对口（口口）或肛门到口喂养，包括营养、信息素以及共生体等的传递。白蚁分木栖性巢、土栖性巢、土木两栖性巢和寄主巢，有些白蚁会培育菌圃，采收菌丝供蚁后和若蚁食用，对土壤材料有重要的分解作用。蚂蚁通常是白蚁的天敌，但有时也与白蚁共生，保护白蚁免受其他昆虫的伤害。

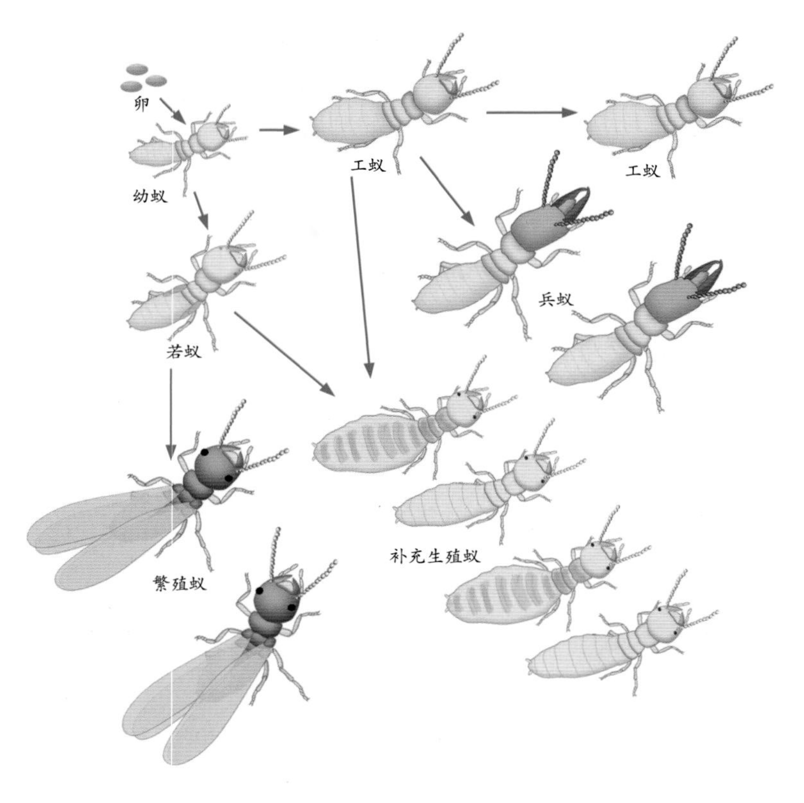

图 3-48　白蚁的分化

思考与回顾

1. 名词解释：交哺。
2. 谈谈白蚁和蚂蚁的区别。造成溃堤的白蚁属于哪个科？为什么？
3. 阅读资料，理解白蚁和蜚蠊在自然界生态中的意义。

14. 歪嘴锉吸的蓟马——缨翅目 Thysanoptera

钻花蓟马缨翅目，体小细长常翘腹。
短角聚眼口器歪，缨毛围翅具泡足。（YJK）

蓟马（图 3-49）是最常见却因个体微小而常被人忽视的类群，其特有的锉吸式口器因右上颚退化而俗称歪嘴。葱叶上常见的白点就是蓟马为害的特征。2012 年，研究者在西班牙北部发现白垩纪（约 1 亿年前）沉积物的琥珀中，有 6 头粘满苏铁或银杏树花粉粒的蓟马标本，这也是 1 亿年前昆虫授粉的首次记录。这种长度不到 2 mm 的微小昆虫，以花粉和其他植物组织为食，是几种开花植物的高效传粉者。这些蓟马有高度特化的刚毛，呈环状，以增加收集花粉粒的能力。

图 3-49　管蓟马

形态特征：体微小至小型；具特殊的刺吸式口器，短喙状，锉吸（蓟马特有的口器，其特点是左右不对称，右上颚退化或消失，左上颚、下颚的内颚叶特化成口针，包在由上唇、下颚的一部分及下唇组成的喙鞘内；左上颚基部膨大、具有缩肌，是刺锉寄主组织的主要器官；下颚须和下唇须均在。有人认为这是咀嚼式口器向标准刺吸式口器过渡的中间类型）；触角丝状，末端数节尖；缨翅，最多有 2～3 条纵脉；跗节有 1～2 节，末端有泡状中垫；产卵器为管状或锯状。

生物学：过渐变态（是介于渐变态和全变态之间的类型，介于缨翅目、半翅目粉虱科和雄性蚧类。幼体和成体均陆生，形态相似，但末龄幼体不吃不动，极似全变态的蛹，比渐变态稍显复杂，故称过渐变态）。分布广，多为植食性，生活在花丛草际间；少数菌食性及肉食性，分别取食菌类或捕食蚜虫、螨类等。全世界已知 2 亚目（管尾亚目 Tubulifera 和锥尾亚目 Terebrantia）8 科 1 200 属 7 400 余种，中国已知 580 种。2003 年，西花蓟马 *Frankliniella occidentalis* Pergande, 1895 入侵中国，成为一种极具威胁的世界性害虫。仅介绍 3 个常见科。

蓟马科 Thripidae：雌虫腹部第 8 节腹面有锯齿状产卵器，背面观末端呈圆锥状；末端臀刚毛自体节生出；翅发达者前翅具前缘脉，至少有 1 条纵脉自基部伸达端部，翅面被微纤毛；产卵器向下弯曲；翅窄而端部尖；触角有 6～9 节，第 3～4 节感觉锥叉状或简单；翅上无横脉（图 3-50A～C）。“横脉不存无横斑，前翅较窄末端尖。角六九节叉状器，雌虫产卵器下弯。多数植食农林苦，各地常见广分布。”

管蓟马科 Phlaeothripidae：雌虫无特殊产卵器，两性腹末端均呈管状，末端臀刚毛在端部 1 个环生出；翅发达者前翅无前缘脉，有时仅 1 条不达顶端的中央纵条纹，翅面无微纤毛，仅少数基部鬃（图 3-50D～E）。“无毛缺脉前翅光，雌虫腹部呈管状。触角八节少数七，三四节上锥感器。多数菌食或捕食，少数植食害田地。”

纹蓟马科 Aeolothripidae：与蓟马科相似，但产卵器向上弯曲；翅宽而端部圆；翅上有明显的横脉，前翅有 2 个相互完全分离的暗棕色条带；触角有 9 节，第 3～4 节感觉域带状（图 3-50F）。该科世界性分布，但种类不多，温带地区较常见，多数为捕食性种类。“纵脉横脉微毛繁，前翅较宽末钝圆。带状感器角九节，雌虫产卵器上弯。”

图 3-50 缨翅目昆虫

A. 菊科植物花上的蓟马；B. 蓟马科花蓟马 *Frankliniella* sp.，腹面观；C. 同前，背面观；D. 管蓟马科丽瘦管蓟马 *Giganothrips elegans* Zimmermann, 1900；E. 同前，幼期形态；F. 纹蓟马科纹蓟马 *Aeolothrips* sp.（D～E，徐鹏 摄）

思考与回顾

1. 名词解释：过渐变态。
2. 在校园里的花上采蓟马并在显微镜下鉴定到科。
3. 观察蓟马的锉吸式口器并讨论蓟马的益害。

15.“餐风饮露”的蝉蝽蚜蚧——半翅目 Hemiptera

半翅一统家族大，蝉蝽蚜蚧话桑麻。
口针刺吸翅多变，泌蜡覆粉臭喇叭。

“垂緌饮清露，流响出疏桐。居高声自远，非是藉秋风”。虞世南的《咏蝉》道出了半翅目昆虫（图 3-51）的主要特征。典型的刺吸式口器决定了它们有取之不尽的食物资源，只需选好寄主，一针下去，就可以美美度过一生。摄入过多的糖分或被合成寡聚糖（降低体内的渗透压），形成蜜露被排出虫体，成为蚂蚁等其他昆虫的食物。蚜虫体内因营养单一，会有内共生菌来帮它合成必需的营养物质。半翅目昆虫最佳的防御手段就是伪装，即叮在一处一动不动。它们会分泌大量的蜡丝、蜡粉、具有臭味的物质，或者形成厚厚的蚧壳、长出奇形怪状的刺等，有些分泌物还可被当作资源利用。它们刺吸在寄主身上造成的机械伤口是病原菌的侵入通道。半翅目昆虫的有些种类如蚜虫、介壳虫、飞虱、叶蝉、蝽等，因携毒传播成了让人头疼的大害虫。

图 3-51　蜡蝉

20 世纪 60 年代后，昆虫系统发育研究结果证明，广义的半翅目是一个单系群，包括了同翅亚目 Homoptera 和异翅亚目 Heteroptera（图 3-52）（也有专家主张将半翅目按五亚目系统划分）。这样，半翅目大家族就包含了蝉、蝽、蚜、蚧等。

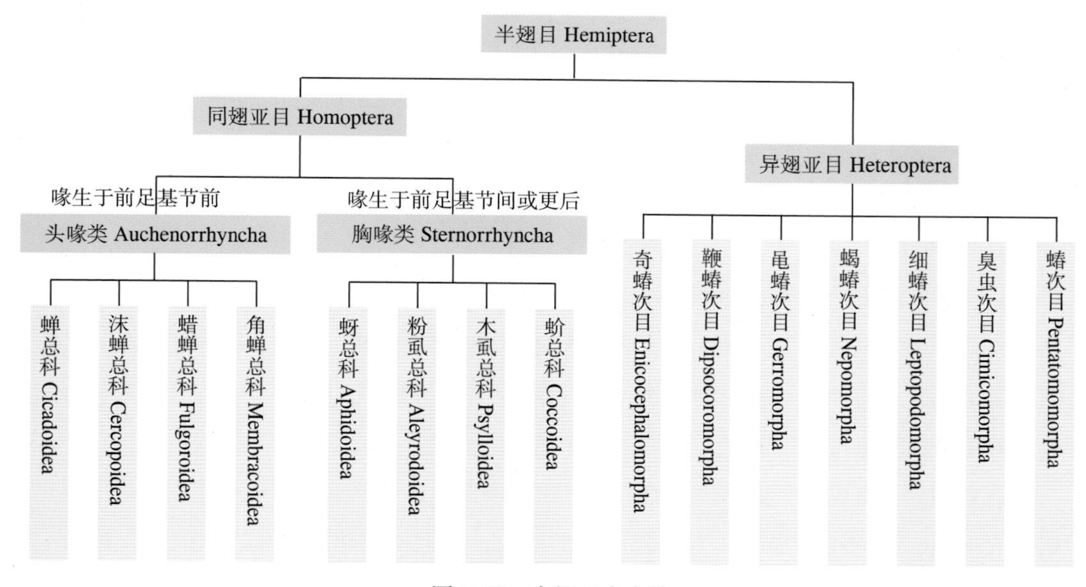

图 3-52　半翅目大家族

形态特征：口器是典型刺吸式，触角丝状；前翅膜质、革质或半鞘质；跗节 1～3 节；体腹面常具蜡腺或臭腺；无尾须，部分种类有发音器。

生物学：全世界已知约 145 科 1 万余种，中国已知 1.2 万余种。渐变态，少数为过渐变态；分布极广，栖境较复杂，多数为陆生，少数为水生；多数种类以吸食植物汁液为生，少数为捕食性，吸食猎物，体外消化；能跳跃，且有强大的繁殖能力，两性生殖或孤雌生殖［昆虫的卵不受精也能发育成新个体的现象叫孤雌生殖（parthenogenesis），也叫“单性生殖”或“处女生殖”］。蚜虫还可以胎生［受精卵在母体内发育成幼体，而后脱离母体继续生长发育，这种生殖方式称为胎生（viviparity）］，Buckton 早在 19 世纪就预测，单一蚜虫经 300 天繁殖后，如果所产的后代均能生存，总数可达 2×10^{15} 头。在适宜温度下，棉蚜在 4～5 天即可繁殖 1 代，整个家族可 6，7 代同堂，家族成员数量可达几亿！据估算，如果蚜虫产的后代都能存活，从春天到夏末可产菜蚜 10^{27} 头，很可能让美国的国土上覆盖 4 m 厚的菜蚜！

有害方面：半翅目昆虫会直接吸食植物汁液，造成植物萎蔫、枯死，由于其唾液中含有刺激性物质，常造成植物畸形生长和虫瘿。蝉、叶蝉、飞虱等以产卵器切开植物枝条、叶片，产卵在植物组织内，可造成枝条枯死。蚜虫、介壳虫等无产卵器，卵产于植物表面。半翅目昆虫的许多种类能传播植物病毒病。已知传毒昆虫中的 80%属于半翅目，其中主要为蚜虫、叶蝉、飞虱。“能耐嚼筋苦，最怕刺管针。吸液尚尤可，传毒罪孽深。”我国每年由于植物病毒危害造成的农作物损失高达 200 亿美元，如蚜虫与大麦黄矮病毒（Barley Yellow Dwarf Virus，BYDV），一些“聪明”的病毒可以让植物发出特殊气味，吸引更多的介体昆虫前来帮助它传播。

有益方面：由于不断吸食汁液，半翅目昆虫有很强的制造副产品的能力，如分泌蜡、蜜露等。这些副产品是其他动物或人类可以利用的资源，如紫胶、白蜡、五倍子等。紫胶是紫胶虫 *Kerria lacca*（Kerr，1872）雌虫的分泌物，五倍子是五倍子蚜 *Schlechtendalia chinensis*（Bell，1848）在漆树属叶片上所产生的虫瘿。

常见总科或科的识别

（1）同翅亚目头喙类 Auchenorrhyncha

该类昆虫主要包括过去同翅目中活动迅速的蝉、叶蝉、角蝉、沫蝉、蜡蝉和飞虱。其特征是喙从前足基节之前伸出；触角刚毛状，翅后缘有爪片，足跗节 3 节。“喙生前足基节前，翅具爪片触角短。能跑善跳跗节三，除过飞虱皆称蝉。”

蝉是 4～17 年完成一个生活史。卵产入植物幼嫩枝条，可造成植物顶梢死亡。若虫孵化后落地钻入土中，危害植物根部。老龄若虫钻出地面，爬上树羽化。古人以火取蝉，称为“耀蝉”。蝉被真菌寄生，长出角状子座体，蝉本身因不能羽化而死亡，称为“蝉花”或冠蝉，蝉

蜕称为“枯蝉”，二者均可入中药（图 3-53）。

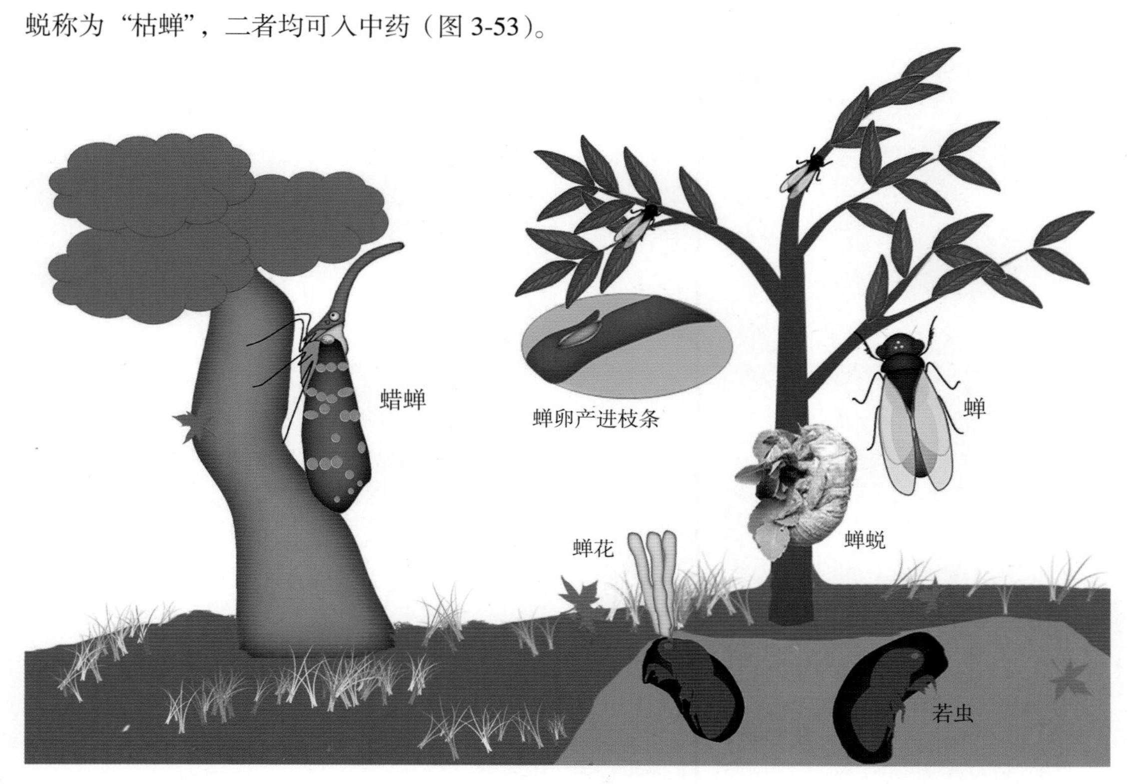

图 3-53　蝉的生活史

注：蜡蝉科龙眼鸡 *Pyrops Candelaria* Linnaeus, 1758（左）和蝉科蝉的虫态及“蝉花”（蝉若虫感染蝉拟青霉菌 *Paecilomyces cicadae* 后形成的虫生真菌），蝉的卵产进枝条内，若虫孵化后钻进土中，吸食树根汁液发育，老龄若虫钻出地面，蜕皮羽化为成虫（右）

蝉总科 Cicadoidea：一般为大型昆虫；单眼 3 个，触角刚毛状，生于复眼之间；翅爪区无“Y”形翅脉，翅基部无肩板；前足腿节粗大，内侧具刺；跗节 3 节，足前跗节无中垫。“蝉以肋鸣”，雄性在后胸腹板两侧伸长成鳞片状音盖，在腹基部形成发音器，雌性在同一位置有听器。蝉的发声器由音盖、侧室、腹室、鼓膜、褶膜及镜膜等组成。其发声原理为肌肉牵动鼓膜发音，通过褶膜放出，中室扩大音量，音盖调整音节，镜膜是听器（图 3-54A～F）。“前粗刺股三单眼，角生眼间无肩板。鼓膜发声足无垫，垂绥饮露噪夏天。高歌传情蝉意远，划破嫩枝多产卵。若虫孵化钻入土，多年吸根修成仙。”

角蝉总科 Membracoidea：体小至中型；单眼 2 个；跗节 3 节，后足胫节具有刺毛列或基兜毛；前翅覆翅，基部革质，向外渐薄，后翅膜质。

角蝉科 Membracidae：触角呈刚毛状，生于复眼前下方；前胸背板特别发达，向前盖住胸部，向后盖住腹部，常奇形怪状；足能走能跳，后足胫节无棱脊和刚毛列，翅脉网状或半网状；吸取乔木或灌木的汁液（图 3-54G～H）。

图 3-54 半翅目同翅亚目蝉总科昆虫

A. 蝉总科蝉科斑透翅蝉 *Hyalessa maculaticollis*（Motschulsky, 1866）; B. 螂蝉 *Pomponia linearis*（Walker, 1850）; C. 蟪蛄 *Platypleura kaempferi*（Fabricius, 1794）; D. 蒙古寒蝉 *Meimuna mongolica*（Distant, 1881）E. 山西姬蝉 *Cicadetta shansiensis*（Esaki *et* Ishihara, 1950）; F. 胡蝉 *Graptopsaltria tienta* Karsch, 1894; G. 角蝉总科角蝉科圆角蝉 *Gargara* sp.; H. 三刺角蝉 *Tricentrus* sp.

叶蝉科 Cicadellidae：个体小，善跳跃；触角刚毛状，前足腿节正常，后足胫节有明显的棱脊和刚毛列；翅脉不同程度退化；植物的主要传病媒介（图 3-55、图 3-56A～D）。

沫蝉总科 Cercopoidea：包括尖胸沫蝉、沫蝉、巢沫蝉等。与叶蝉科相似，个体小，善跳跃；单眼 2 个，触角刚毛状；后足胫节有 1～2 个侧齿，端部膨大，有 1～2 列显著的冠刺，跗节 3 节。若虫能分泌泡沫，俗称“泡泡虫”。

尖胸沫蝉科 Aphrophoridae：体小至中型，褐色或灰色；单眼 2 个；前胸背板前缘向前突出，小盾片短于前胸背板；前翅有 Sc 脉；后足胫节有 2 粗刺（图 3-56E～F）。

沫蝉科 Cercopidae：体小至中型，色泽艳丽；单眼 2 个，喙 2 节；前胸背板六边形，前缘平直，前侧缘与后侧缘几等长；前翅革质，Sc 脉消失，后翅膜质；缘脉正常，常在前缘基半部具三角形突出；后足胫节具 1～2 个侧刺（图 3-56G～H、图 3-57A）。

蜡蝉总科 Fulgoroidea：单眼 2 个，触角着生在眼下方，梗节膨大似球状；翅基部肩板大，爪区 2 条脉愈合成“Y”形；足跗节 3 节，胫节有 2～7 个大侧刺和 1 列端刺。全世界已知 18～21 科 1 500 属 9 000 余种，中国有 16 科，包括象蜡蝉（图 3-57B）、蛾蜡蝉、菱蜡蝉（图 3-57C）、瓢蜡蝉、飞虱等。“蜡蝉飞虱头喙标，眼下触角端鬃毛。爪片常有 Y 脉在，肩板明显三跗脚。”

袖蜡蝉科 Derbidae：体柔软，有时像蚜虫；头常小而极狭，窄于前胸；颊在触角下常有叶状的脊突；复眼大，如同斗鸡眼；触角小，柄节圆柱形，梗节较大，梨形；喙管延长，但末节短或微小；胸部通常狭，前胸背板后缘凹入成角，中胸盾片较大，无明显的脊线；足细长，后足胫节少侧刺，第 1 跗节较长，端部具 1 列刺；前翅有时宽阔；爪片端尖，爪脉伸达爪片的端部（图 3-57D）。“长袖善舞袖蜡蝉，柔软似蚜斗鸡眼。”

颜蜡蝉科 Eurybrachidae：体中型；头顶宽为长的 3 倍或更多；头宽等于或宽于前胸背板；唇基隆起，通常无脊线；很多种类眼下方具刺状突起，触角鞭节不分节；前胸背板短，后缘平直，通常无脊线，中胸盾片短、阔三角形，肩板中等或大；前翅端部不加宽或略加宽，端缘不倾斜（图 3-57E）。

蜡蝉科 Fulgoridae：体中大型，头多圆形；胸部大，前胸背板横形，前缘极突出，达到或超过复眼后缘；中胸盾片三角形，具中脊线及亚中脊线，肩板大；前后翅发达，膜质，翅脉端部多分叉，并多横脉，呈网状；前翅爪片明显，后翅臀区发达；后足胫节多刺；腹部通常大而宽扁（图 3-57F）。

图 3-55 半翅目同翅亚目角蝉总科昆虫

A. 叶蝉科红边网脉叶蝉 *Krisna rufimarginata* Cai *et* He, 1998；B. 丽叶蝉 *Calodia* sp.；C. 松村叶蝉 *Matsumurella* sp.；D. 黄褐横脊叶蝉 *Evacanthus ochraceus* Kuoh, 1992；E. 顶带叶蝉 *Exitianus* sp.；F. 大青叶蝉 *Cicadella viridis*（Linnaeus, 1758）；G. 黄脉端突叶蝉 *Branchana xanthota* Li, 2011；H. 黑尾凹大叶蝉 *Bothrogonia ferruginea* Fabricius, 1787

图 3-56　半翅目同翅亚目昆虫

A. 叶蝉科条翅条大叶蝉 *Atkinsoniella grahami* Young，1986；B. 耳叶蝉 *Ledra* sp.；C. 某种叶蝉的若虫，示神奇的双头保护拟态；D. 黑颜单突叶蝉 *Olidiana brevis*（Walker，1851）；E. 沫蝉总科尖胸沫蝉科尖胸沫蝉 *Aphrophroa* sp.；F. 白纹象沫蝉 *Philagra albinotata* Uhler，1896；G. 沫蝉科东方丽沫蝉 *Cosmoscarta heros*（Fabricius，1803）；H. 沫蝉刚羽化、若虫及分泌的泡沫

图 3-57　半翅目同翅亚目昆虫

A. 沫蝉科中脊沫蝉 *Mesoptyelus* sp.；B. 蜡蝉总科象蜡蝉科中野彩象蜡蝉 *Raivuna nakanonis* Matsumura, 1910；C. 菱蜡蝉科安菱蜡蝉 *Andes* sp.；D. 袖蜡蝉科甘蔗长袖蜡蝉 *Zoraida pterophoroides* Westwood, 1851；E. 颜蜡蝉科中华珞颜蜡蝉 *Loxocephala sinica* Chou *et* Huang, 1985；F. 蜡蝉科斑衣蜡蝉 *Lycorma delicatula*（White, 1845）

广翅蜡蝉科 Ricaniidae：体小到大型，多被蜡粉；头宽等于或略宽于前胸背板，前胸背板衣领状，前缘前凸，后缘平直，具中脊；前翅大，阔三角形，基室发出二到四条纵脉，纵脉在翅的后半部形成大量分支，排列紧密且有规律，横脉极为稀疏，在翅外端部形成两条线，后翅翅脉极为稀疏；足简单，前足和中足小，腿节端部常具小刺，后腿粗壮，胫节侧缘有 2～3 个侧刺、6～7 个端刺，后足第 3 跗节末端有两个端刺特化为钩状；雄性生殖器结构复杂，阳茎干多粗壮，侧面观稍弯曲，端部有 1～3 对刺突（图 3-58A～C）。

蛾蜡蝉科 Flatidae：体中型到大型，静止时通常翅合拢呈屋脊状；头宽窄于前胸背板，额长大于宽或长宽略相等，触角鞭节不分节；前胸背板短阔，后缘圆弧形或三角形凹入；中胸盾片大，后角无沟或细线划开；前翅宽大，前缘区宽，具横脉列，径脉、中脉等主脉分支很密，多横脉（图 3-58D～E）。

瓢蜡蝉科 Issidae：小到中型种，体近圆形，前翅隆起或斜覆身体两侧，革质或角质，有的外形很像瓢虫或尖胸沫蝉，头宽通常等于或略宽于前胸背板，顶端平截或者锥状突出，额多平坦；唇基下倾或隆起，侧缘无脊线，喙的末节长；侧单眼位于额侧脊线外；触角较小，不明显，鞭节不分节；前胸背板较短，前缘圆形突出，后缘直或微微凸出或凹入，中域多具两凹点；中胸盾片三角形，通常不及前胸长度的 2 倍，后角不为沟或细线所切开；后足胫节有 1～5 个侧刺，后足第 2 跗节小，每侧均各有 1 个刺；产卵器不完全（图 3-58F）。

飞虱科 Delphacidae：蜡蝉总科中种类最多的类群，重要的害虫和病毒传播媒介。最明显的科征是飞虱后足胫节端部一个片状的大端距。触角着生在复眼下方，梗节膨大为柱状密被感器，鞭节刚毛状，跗节 3 节（3-58G～I）。

褐飞虱 *Nilapavarta lugens*（Stål，1854）是我国和许多其他亚洲国家当前水稻上的首要害虫。褐飞虱为单食性，只在水稻和普通野生稻上取食，有远距离迁飞习性，在任何种植水稻的地方都能发现。

图 3-58　半翅目同翅亚目蜡蝉总科昆虫

A. 广翅蜡蝉科广蜡蝉 *Ricania* sp.；B. 眼纹疏广蜡蝉 *Euricania ocellus*（Walker，1851）；C. 广翅蜡蝉若虫分泌蜡丝；D. 蛾蜡蝉科碧蛾蜡蝉 *Geisha distinctissima*（Walker，1858）；E. 缘蛾蜡蝉 *Salurnis* sp.；F. 瓢蜡蝉科脊额瓢蜡蝉 *Gergithoides* sp.；G. 飞虱科大斑飞虱 *Euides speciosa*（Boheman，1845）；H. 褐飞虱 *Nilaparvata* sp.；I. 白背飞虱 *Sogatella furcifera*（Horváth，1899）

（2） 同翅亚目胸喙类 Sternorrhyncha

这类昆虫主要包括过去同翅目中个体小、不大活动的粉虱、木虱、蚜虫和蚧壳虫等。喙从前足基节间或之后伸出，触角较长，翅后缘无爪片，足跗节 1～2 节。“喙生前足基节后，翅无爪片触角长。跗节一二不活泼，木虱粉虱蚜蚧壳。”

木虱总科 Psylloidea：后足基节非常发达，扭转成不对称状并远大于后胸侧板，其纵向扩展推动后胸侧缝完全上下颠倒；喙从前足基节间或之后伸出；单眼 3 个，触角较长，10 节，复眼不分群；翅后缘无爪片，足跗节 2 节，同样发达；雌雄均有翅，前翅翅脉 1-3-2 分支，会跳跃（图 3-59A～C）。“木虱角十单眼仨，翅脉一三二分叉。若虫五龄包蜡粉，多数害木还传毒。”

粉虱总科 Aleyrodoidea：体纤弱细小，1～3 mm；触角 3～7 节，复眼的小眼分上下两群，单眼 2 个；前翅被白色蜡粉，只有 3 条脉，合在短的主干上，前后翅等大；足跗节 2 节，同样发达；新孵幼虫能移动，但蜕皮后失去足和触角，呈扁卵形，静如介壳虫，常分泌蜡质，有的种类传播病毒（图 3-59D～F）；共历 3 龄，末龄幼虫皮硬化为蛹，蛹壳破裂如“T”形而羽化。因其出现类似蛹的虫态而称为过渐变态。“粉虱角七单眼俩，一根纵脉三小丫。体被蜡粉翅等大，温室害苦务农家。”

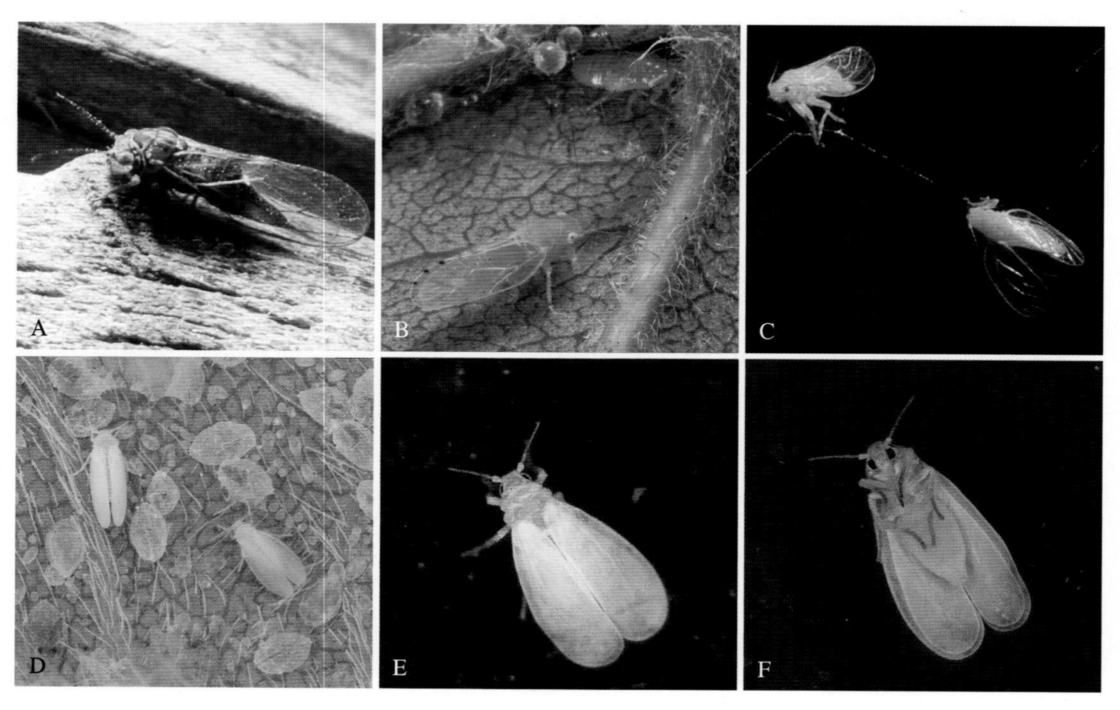

图 3-59　半翅目同翅亚目昆虫

A. 木虱总科喀木虱 *Cacopsalla* sp.；B. 国槐木虱 *Cyamophila willieti* (Wu, 1932)；C. 木虱；D. 粉虱总科烟粉虱 *Bemisia tabaci* (Gennadius, 1889)；E. 温室白粉虱 *Trialeurodes vaporariorum* (Westwood, 1856)，背面观；F. 同前，腹面观

温室白粉虱 *Trialeurodes vaporariorum*（Westwood，1856）被称为“超级大害虫”。1975 年始于北京，现已几乎遍布全国。危害黄瓜、菜豆等各种蔬菜及花卉、农作物等的粉虱有 200 余种。白粉虱种群数量庞大，群聚为害，其成虫和若虫吸食植物汁液，并分泌大量蜜液，常引起煤污病的大发生，使蔬菜失去商品价值。

蚜总科 **Aphidoidea**：体小型，群体密集，分有翅型和无翅型；刺吸式口器；触角有 3～7 节，翅透明，不被蜡粉；后翅远小于前翅，不会跳；跗节有 2 个，但第 1 节很小；其腹部常具腹管，分泌警告信息素，在遇到危险时，通知同类迅速逃离。蚜虫是最常见又最令人头疼的一类害虫，全世界已知 10 科 4 000 种以上，其中大约 250 种是农业、园艺和林业的严重害虫。蚜虫将口针刺入植物韧皮部筛管，分泌唾液阻止植物修复或封住针口，这个行为使植物营养液像虹吸一样流入蚜虫口中，这也为病毒侵染植物造成可能。有些蚜虫可永久携毒，代代相传。“油汗腻虫排露滴，群集传毒口刺吸。丝角步足透明翅，常有腹管泌信息。”（图 3-60）

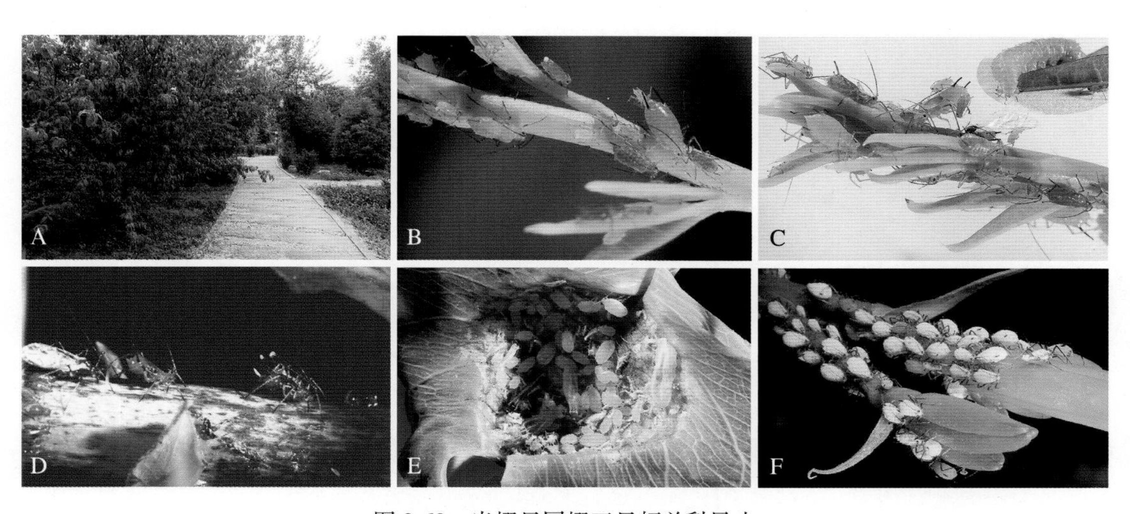

图 3-60　半翅目同翅亚目蚜总科昆虫

A. 蚜虫排出的蜜露；B. 茄无网蚜 *Aulacorthum solani*（Kaltenbach, 1843）正在胎生繁殖；C. 茄无网蚜，右上角为食蚜蝇幼虫捕食蚜虫；D. 莴苣指管蚜 *Uroleucon formosanum*（Takahashi, 1921）正在分泌示警信息素；E. 蚜虫在叶子上形成虫瘿；F. 黄花菜上的印度修尾蚜 *Indomegoura indica*（van der Goot, 1916）

植物的韧皮部虽有多余的糖分却没有足够的氨基酸。蚜虫吸取过量的糖分，远大于自己的需求，摄入的蔗糖转化为长链低聚糖，抑制肠道内的渗透压，进而作为蜜露被排出体外。蚜虫排出蜜露会诱发霉菌和真菌病害的发生。蚜虫与蚂蚁有互惠行为。蚂蚁取食蜜露（图 3-61）获得大量糖分（有研究表明，蚂蚁食物组分中蜜露所占比例高达 60%），作为回报，或者为了能长时间占有食物源，蚂蚁会替蚜虫赶走天敌。

图 3-61　蚂蚁取食蚜虫排出的蜜露

当然，密集的蚜虫也是很多捕食性昆虫的食物源，常见的蚜虫天敌有蚜茧蜂、“蚜狮”（草蛉的幼虫）、瓢甲、花蝽、盲蝽等（图 3-62）。

图 3-62　半翅目同翅亚目蚜虫与天敌

A. 雪松长足大蚜 *Cinara cedri* Mimeur, 1936；B. 华山新麦草上的麦长管蚜 *Sitonion miscanthi* (Takahashi, 1921)；C. 蚜茧蜂 *Aphidius* sp. 寄生桃蚜 *Myzus persicae* (Sulzer, 1776)；D. 被蚜茧蜂寄生的蚜虫及蚜茧蜂羽化后留下寄主蚜的空壳；E. 桃粉大尾蚜 *Hyalopterus amygdali* (Blanchard, 1840) 与草蛉的卵；F. 烟盲蝽 *Cyrtopeltis tenuis* Reuter, 1895 捕食烟叶上的蚜虫，口器刺到蚜虫后足基节

蚧总科 Cocooidea：体小型；体壁硬化，一般有蜡质保护；跗节有 1 节，具爪；雌虫无翅，常无足，雄性只有 1 对翅，后翅退化为平衡棒；雄虫变态完全，经过卵、1 龄若虫、2 龄若虫、前蛹、蛹去，成虫时化为有翅或无翅雄虫，与无翅雌虫不同。常见的有吹绵蚧 *Icerya purchasi* Maskell，1879、艾旌蚧 *Orthezia yasushii* Kuwana，1923、草履蚧 *Drosicha corpulenta*（Kuwana，1902)、白蜡蚧 *Ericerus pela* Chavannes，1848 等（图 3-63）。

图 3-63　半翅目同翅亚目蚧总科昆虫

A. 吹绵蚧 *Icerya purchasi* Maskell，1878；B. 可能是蚧壳虫或者它分泌的蜜露吸引了毛乌素沙地中捕猎金龟子幼虫育幼的钩土蜂；C. 艾旌蚧 *Orthezia yasushii* Kuwana，1923；D. 朝鲜球坚蚧 *Didesmococcus koreanus* Borchsenius，1955；E. 草履蚧 *Drosicha corpulenta*（Kuwana，1902)（♀左、♂右）；F. 白蜡蚧 *Ericerus pela*（Chavannes，1848)；G. 桑纽蚧 *Takahashia japonica* Cockerell，1896

知识拓展：蚧壳虫的防治是一大难题。曾有研究统计，在四川，10 年内吹绵蚧能造成 3 万株橘子树死亡。虫体被分泌厚厚蜡质，可耐高温、高湿，也可抵御天敌。蚧壳虫还可分泌蜜露，吸引蚂蚁前来保护它。笔者曾在毛乌素沙地拍摄到捕猎金龟子幼虫育幼的钩土蜂在旌蚧群中寻觅，可能是蚧壳虫或者它分泌的蜜露为干渴的土蜂提供了水分和营养。和蚜虫类似，蚧壳虫的生殖力超强，世代重叠，能孤雌生殖。长期以来，人们一直以为吹绵蚧是雌雄同体（hermaphrodite），2011 年，有研究者发现，吹绵蚧幼虫孵化时，会通过感染细菌和组织“寄生”，获得雄虫遗留的一些精液来完成受精。雄性成虫将精液残留物寄生在自己的雌性后代体内，而后产生精子，相当于父亲与自己的女儿“交配”。这样的生殖方式简直超乎人的想象。研究者认为，这种奇葩的生殖方式虽扩大了雄性的遗传适合度，却挤压了雄性的生存机会，造成雄性数量在种群中异常稀少。研究者还发现，如果用抗生素杀死吹绵蚧体内的病菌，吹绵蚧就会生出更多的雄性，而非雌性。这说明精子可能会随着病菌“感染寄生”到雌性体内。很多病菌是通过雌性一代又一代垂直遗传的，雌性的细胞液为病菌传播提供渠道，病菌的传播可能促进雄性对雌性的寄生。

（3）异翅亚目 Heteroptera

黾蝽次目 Gerromorpha：前翅缺爪片缝，不成典型的半鞘翅；端部膜质部分不明显；体表部分或完全被成层的拒水毛，便于在水面爬动或滑行。包括黾蝽、尺蝽、膜蝽、水蝽、宽肩蝽等。

黾蝽科 Gerridae：体小至大型，多狭长，无翅或有翅，身体覆盖有拒水毛层；头部具 4 对毛点毛，喙较短；中胸背板和腹板相对延长；前足粗短变形，有攫握作用，但无栉状结构；中足和后足极细长，向侧方伸开；跗节 2 节；部分种类腹部变短缩入胸部后端（图 3-64A～B）。“前足捕食短，爪生末端前。腹被白绒毛，喙短称水黾。触角四节露，中胸长明显。细长中后足，踏水荡纹圈。”

蝎蝽次目 Nepomorpha：触角短于头部，多少折叠隐于眼下。大部分为水生，部分科生活于岸边。包括划蝽、蝎蝽、负蝽、仰泳蝽等。

负蝽科 Belostomatidae：体中到大型，扁长卵形；触角 4 节，喙 5 节；复眼牛角状，前足捕捉足，前跗节有爪；足跗式为 1-3-3，2-3-3 或 3-3-3；第 8 节背板特化为呼吸带，内侧具长的疏水毛，末端可略微伸出水面，空气可由疏水毛形成的通道进入翅下空间；成虫臭腺发达（图 3-64C～D）。“捕捉前足牛角眼，角四喙五体扁圆。田鳖负子父爱满，疏水毛，呼吸带，空气流到翅下边。”

蝎蝽科 Nepidae：触角 3 节，喙 4 节，粗短，复眼大而突出，呈球状；身体扁平，第 8 节背板特化成 1 对长丝构造，合并成 1 根呼吸管，像蝎子，前足像螳螂，为捕捉足，跗节均为 1 节；成虫和若虫臭腺均缺失（图 3-64E）。“角三喙四，如蝎似螳。跗节均一，呼吸管长。”

图 3-64　半翅目异翅亚目昆虫

A. 黾蝽科圆臀大黾蝽 *Aquarium paludum* Fabricius，1794；B. 巨涧黾 *Potamometra* sp.；C. 负蝽科大田鳖 *Lethocerus deyrollei* (Vuillefroy, 1864)，背面观；D. 同前，腹面观；E. 蝎蝽科日本红娘华 *Laccotrephes japonensis* Scott，1874

划蝽科 Corixidae：触角 4 节，喙 1 节，前胸背板有横纹，小盾片被前翅遮盖；足跗式为 1-1-2 或 1-2-2，末端具 2 爪；后足长而扁平具长游泳毛，适于游泳；半鞘翅发达，革质（图 3-65A～C）。"狭长流线型，唇宽斑纹横。前翅遮小盾，头后盖前胸。划蝽足异跗，角四喙一统。"

知识拓展：划蝽体型虽小，但在求偶时，雄虫在水下能用外生殖器摩擦腹部发声吸引雌虫。这种声音的分贝很高，人在河岸散步时都能听到。研究者认为，划蝽的摩擦发音平均可达到 78.9 dB，与货运列车产生的声音不相上下，如果把体型因素考虑进去，划蝽无疑是地球上声音最大的动物。它的发声方式和共振原理引起仿生学研究者的兴趣。

仰泳蝽科 Notonectidae：体小至中型，流线型，腹面平，似船；触角 2～4 节，复眼大，几乎占据整个头部，喙 3～4 节；半鞘翅膜片不具翅脉，顶端叠合；足跗式为 2-2-2，小盾片明显外露（图 3-65D～E）。"腹平善仰泳，不与划蝽同。唇长喙三四，小盾裸于胸。跗节均为二，唇长无纹横。"

图 3-65　半翅目异翅亚目昆虫

A～C. 划蝽科；D. 仰泳蝽科，腹面观；E. 同前，背面观

细蝽次目 Leptopodomorpha：前翅膜片 3～5 个封闭的翅室，没有任何脉从翅室后缘伸出，如跳蝽、细蝽。

臭虫次目 Cimicomorpha：头常平伸，触角 4 节；前翅膜片 1～2 个封闭的翅室，如多于 2 个，则可有翅脉从翅室后缘伸出；胸部臭腺为侧式，气门位于腹面；跗节多为 3 节，少数 2 节。包括猎蝽、网蝽、姬蝽、盲蝽、花蝽、臭虫。

网蝽科 Tingidae：体小型；头胸背面、前胸背板和翅上有许多网状花纹，前胸背板向前盖住头部，向后盖住小盾片；前翅质地均一，翅脉网状；跗节为 2 节，无爪间突（图 3-66）。“头翅前胸全网格，白纱娘子叶上落。”

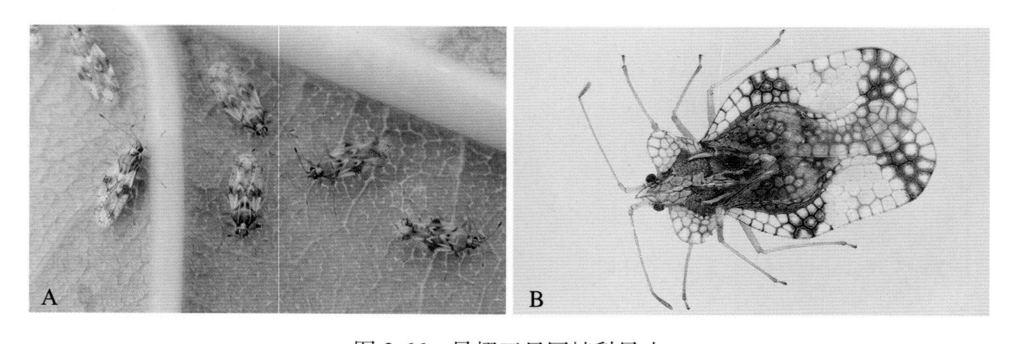

图 3-66　异翅亚目网蝽科昆虫

A. 网蝽科娇膜肩网蝽 *Hegesidemus hadrus* Drade, 1966；B. 梨冠网蝽 *Stephanitis nashi* Esaki *et* Takeya, 1931

猎蝽科 Reduviidae：头部形状各异，在眼后细索如颈，喙 3 节；前翅无缘片和楔片，革片脉纹发达，膜片上常有 2 个大翅室，端部伸出一根长脉；捕食性。锥猎蝽是传播锥虫病的媒介（图 3-67）。“头缩如颈喙三节，猎蝽两室两纵脉。”

图 3-67　异翅亚目猎蝽科昆虫

A. 猎蝽科齿缘刺猎蝽 *Sclomina erinacea* Stål，1861；B. 中国螳瘤猎蝽 *Cnizocoris sinensis* Kormilev，1957；C. 褐菱猎蝽 *Isyndus obscurus*（Dallas，1850）；D. 革红脂猎蝽 *Velinus annulatus* Distant，1879；E. 瘤突素猎蝽 *Epidaus tuberosus* Yang，1940；F. 史氏塞猎蝽 *Serendiba staliana*（Horvath，1879）

姬蝽科 Nabidae：喙 4 节；前足捕捉式，跗节 3 节，无爪垫；膜片上常有 2～3 个小翅室，有少数横脉（图 3-68A）。“前胸狭长四节喙，姬蝽小室纵脉多。”

盲蝽科 Miridae：体小型，触角 4 节，无单眼；前翅有楔片，膜片仅 1～2 翅室，纵脉消失；多数为植食性，少数为捕食性。盲蝽科是半翅目中最大的一科。与花蝽科相似，均有楔片，但“盲蝽有室无单眼，花蝽有眼无翅室”（图 3-68B～D）。

花蝽科 Anthocoridae：和盲蝽科外形相似，革片均分为缘片和楔片；触角 4 节；喙 4 节，第 1 节极小；常有单眼，膜片上仅有不明显的 2～4 条纵脉或缺翅脉；捕食性（图 3-68E）。

臭虫科 Cimicidae：触角 4 节，喙 4 节；无单眼，无翅，少数有退化的鳞状翅；足跗式 3-3-3。臭虫是卫生害虫（图 3-68F）。“扁圆红褐色，无翅吸血魔。角喙均四节，无眼跗三个。”

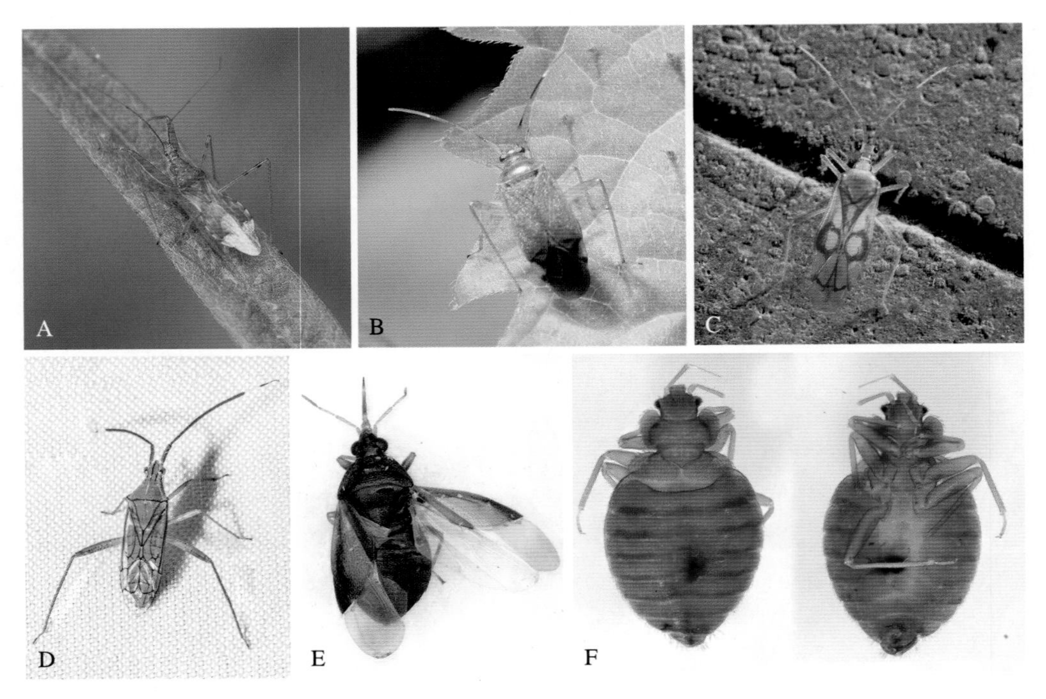

图 3-68　异翅亚目昆虫

A. 姬蝽科；B. 盲蝽科；C. 瑰环曼盲蝽 *Mansoniella rosacea* Hu *et* Zheng，1999；D. 刺角透翅盲蝽 *Hyalopeplus spinosus* Distant，1904；E. 花蝽科小花蝽 *Orius* sp.；F. 臭虫科温带臭虫 *Cimex lectularius* Linnaeus，1758 背面（左）和腹面（右）（F，姜碌 摄）

蝽次目 Pentatomomorpha：触角一般长于头部，暴露于外；陆生；腹部第 3～7 节每节各侧常具 2～3 个毛点，胸部臭腺为侧式；足前跗节爪基部下方有一长方形肉垫；前翅为典型的半鞘翅，无前缘列，无楔片；膜片上多具 5 根以上的脉，简单，或呈网状，少数无脉。

扁蝽科 Aradidae：体扁平，色深暗；头在触角间伸出，触角短，4 节，无单眼；翅不盖及整个腹部（图 3-69A）。

长蝽总科 Lygaeoidea：头短，触角 4 节，生于复眼下方，有单眼；喙 4 节；前翅膜区 4～5 根不分叉的翅脉；足腿节常膨大具刺，跗节 3 节。包括跷蝽、大眼长蝽、长蝽等（图 3-69B～F）。

红蝽总科 **Pyrrhocoroidea**：触角 4 节，生于头侧面中线下方，无单眼；喙 4 节；前翅膜区 4 根翅脉，形成大翅室，外侧生极多分枝；跗节 3 节。包括红蝽、大红蝽等（图 3-69G～H）。

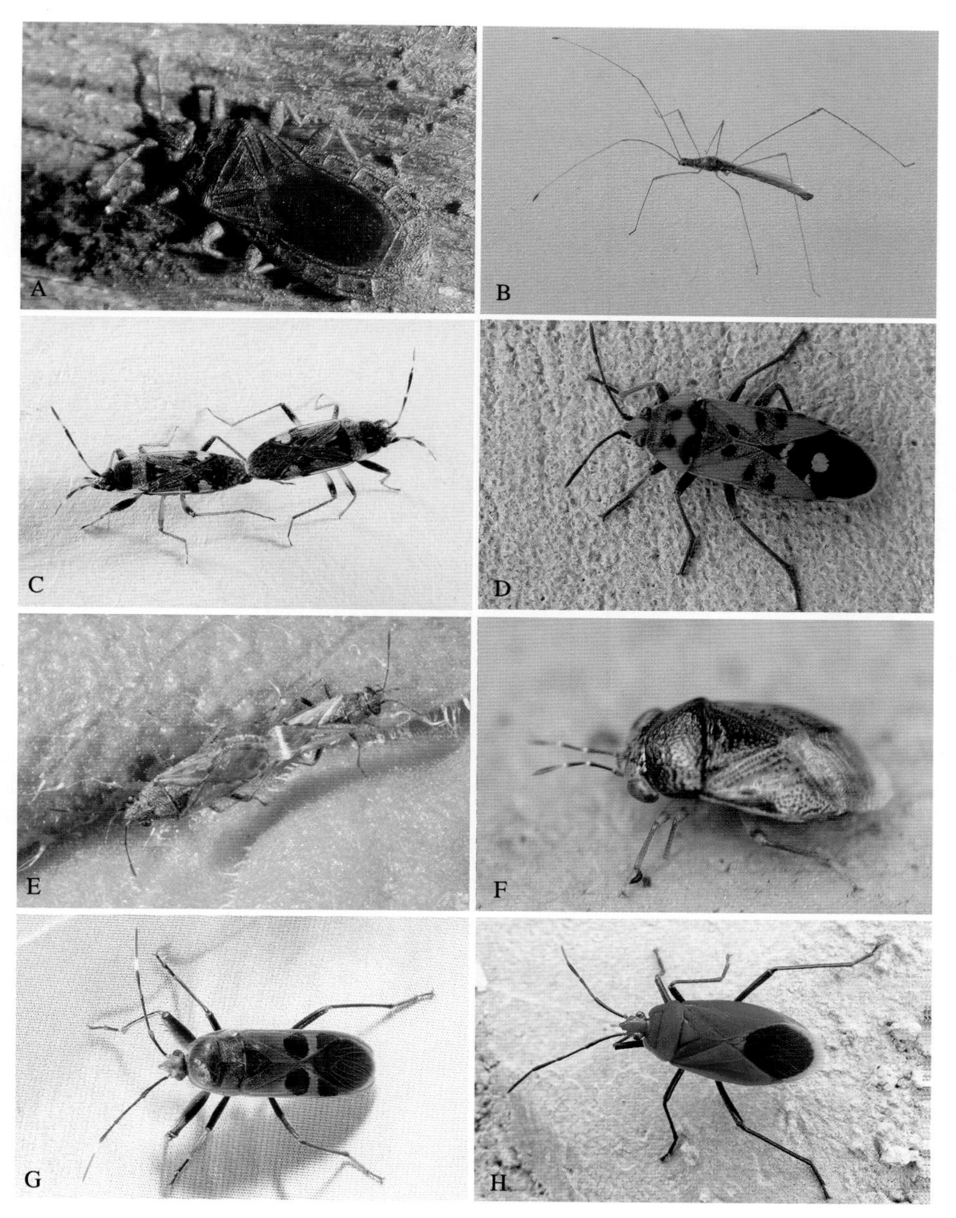

图 3-69　异翅亚目昆虫

A. 扁蝽科；B. 长蝽总科跷蝽科锤肋跷蝽 *Yemma exilis* Horváth, 1905；C. 地长蝽科白斑地长蝽 *Rhyparochromus albomaculatus* (Scott, 1874)；D. 长蝽科横带红长蝽 *Lygaeus equestris* (Linnaeus, 1758)；E. 小长蝽 *Nysius ericae* Schilling, 1829；F. 大眼长蝽 *Geocoris* sp.；G. 红蝽总科大红蝽科 Largidae 突背斑红蝽 *Physopelta gutta* (Burmeister, 1834)；H. 红蝽科 Pyrrhocoridae 泛光红蝽 *Dindymus rubiginosus* (Fabricius, 1787)

缘蝽总科 Coreoidea：触角 4 节，生于头侧面复眼中点与头端连线的背方，有单眼；前翅膜区 1 条基脉上有 8 条以上的纵脉，端部有若干分支，有些种类后足特化为叶状。包括姬缘蝽、蛛缘蝽、缘蝽等（图 3-70）。

图 3-70　异翅亚目缘蝽

A. 缘蝽科双斑同缘蝽 *Homoeocerus bipunctatus* Hsiao, 1962；B. 点蜂缘蝽 *Riptortus pedestris* (Fabricius, 1775)；C. 棘缘蝽 *Cletus* sp.；D. 波赭缘蝽 *Ochrochira potanini* (Kiritshenko, 1916)

蝽总科 Pentatomoidea：触角通常为 5 节，若为 4 节，则唇基前缘具 4～5 根粗刺或棘，胫节常具棘状粗刺列；跗节为 2 节或 3 节。包括同蝽、蝽、土蝽、荔蝽、龟蝽、异蝽、盾蝽等。

同蝽科 Acanthosomatidae：前翅不折弯，腹部各节腹板无黑色横走凹痕；跗节 3 节；中胸腹板具侧扁的显著中脊，龙骨状，雄虫第 8 腹板大，外露（图 3-71A～B）。

盾蝽科 Scutelleridae：触角 4～5 节，体卵圆如盾，中胸小盾片极度发达，遮盖整个腹部和前翅的绝大部分；前翅仅基部外侧露出，革片骨化减弱，膜片具多数纵脉，跗节 3 节；后胸侧板臭腺沟缘及挥发域发达（图 3-71C～G）。“小盾如盾遮翅腹，翅等于体三节跗。角五喙四两单眼，膜片不叠盾蝽谱。”

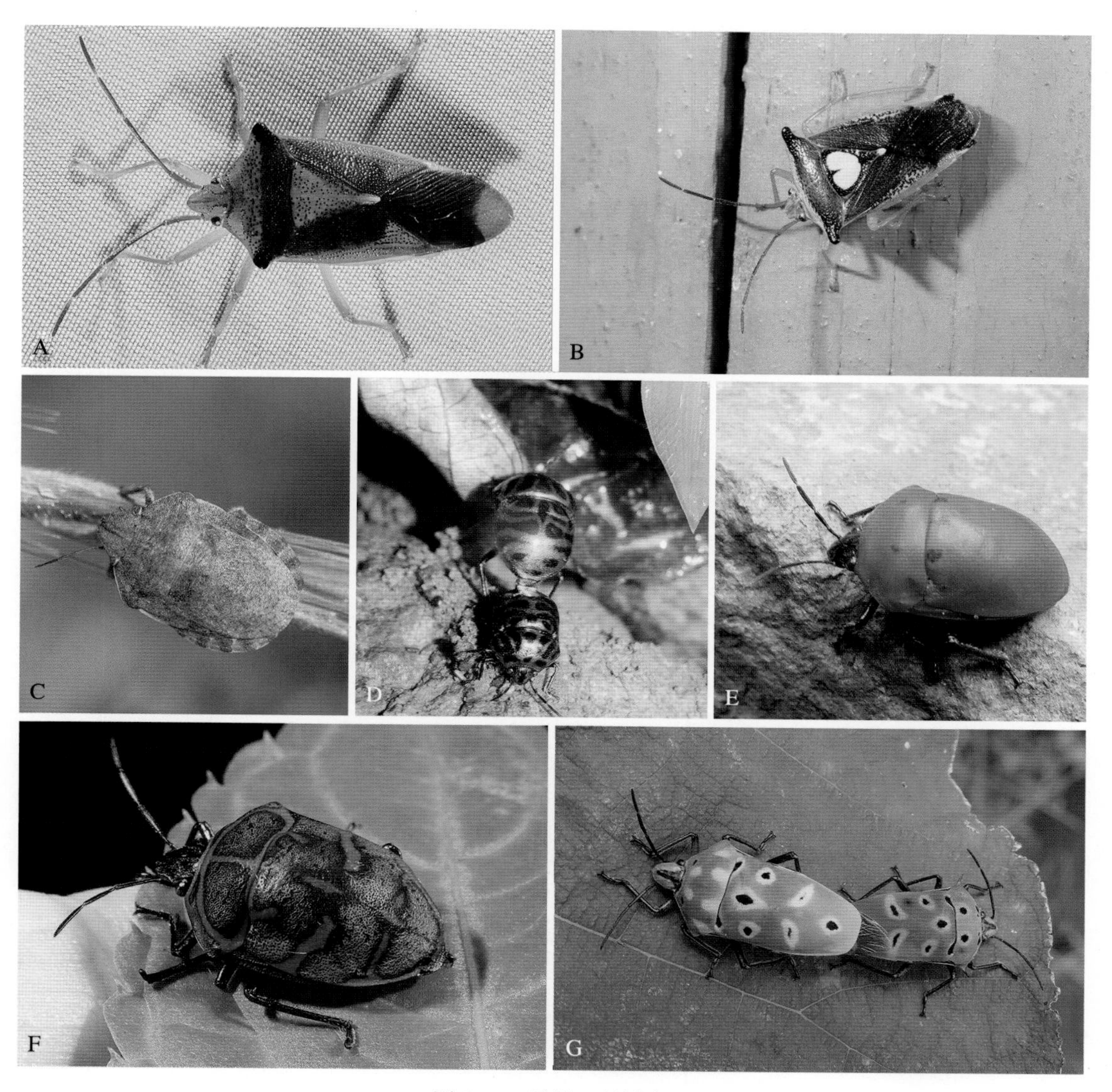

图 3-71　异翅亚目昆虫

A. 同蝽科峨眉同蝽 *Acanthosoma emeiense* Liu, 1980；B. 伊锥同蝽 *Sastragata esakii* Hasegawa, 1959；C. 盾蝽科扁盾蝽 *Eurygaster testudinarius* (Geoffroy, 1785)；D. 红缘亮盾蝽 *Lamprocoris lateralis* (Guérin-Méneville, 1838)；E. 桑宽盾蝽 *Poecilocoris druraei* (Linnaeus, 1771)；F. 金绿宽盾蝽 *Poecilocoris lewisi* (Distant, 1883)；G. 角盾蝽 *Cantao ocellatus* (Thunberg, 1784) 交配

蝽科 Pentatomidae：触角 5 节，极少数 4 节，有单眼；前胸背板常六边形，中胸小盾片约为前翅长度之半，遮盖爪片段端部，不存在爪片接合线；前翅不折弯，中胸腹板无中脊，跗节 3 节；腹部各节腹板无黑色横凹痕，雄虫第 8 腹板较小，不外露（图 3-72）。

图 3-72　异翅亚目蝽科昆虫

A. 蝽科二星蝽 *Eysarcoris guttiger* (Thunberg, 1783)；B. 平尾梭蝽 *Megarrhamphus truncatus* (Westwood, 1837)；C. 斑须蝽 *Dolycoris baccarum* (Linnaeus, 1758)；D. 赤条蝽 *Graphosoma lineatum* (Linnaeus, 1758)；E. 麻皮蝽 *Erthesina fullo* (Thunberg, 1783)；F. 菜蝽 *Eurydema dominulus* (Scopoli, 1763)；G. 横纹菜蝽 *Eurydema gebleri* Kolenati, 1846；H. 秦岭菘蝽 *Bagrada qinlingensis* Zheng, 1982

龟蝽科 Plataspidae：体圆形至卵圆形，背面极鼓，腹面则较平；触角 5 节，喙 4 节，单眼 1 对；跗节有 2 节，第 1 节较短；前翅大部分膜质，约为体长的 2 倍，在革片与膜片交界处折弯，几乎完全隐于发达的小盾片下；腹部各节腹板每侧有 1 个黑色横走凹痕（图 3-73A）。“半球小盾片，遮住翅和腹。前翅比体长，足仅二节跗。膜片需折叠，藏在小盾处。”

荔蝽科 Tessaratomidae：体大型，多为椭圆形；与蝽科多数特征相同，但触角多为 4 节，第 3 节较短小，触角生于头下方，背面不可见；喙短，不伸过前足基节；前胸背板宽大，有时后缘向后扩展；小盾片近乎正三角形，仅达前翅膜片基部，膜片具多数纵脉，很少分支；跗式为 2-2-2 或 3-3-3（图 3-73B～D）。“角四少五，多与蝽同。前胸宽大背后延，跗节有二或有三。”

异蝽科 Urostylidae：体小至中型，长椭圆形，背面较平，腹面多少凸出；头小，前端略凹陷，触角 4～5 节，第 1 节较长，明显超过头顶，小盾片三角形，从不超过腹部中央，端部尖锐并被爪片包围；前翅膜片具 6～8 条纵脉；足胫节不具深沟，跗节 3 节（图 3-73E）。

土蝽科 Cydnidae：体黑红色，长卵形；头前缘常有粗短栉状刚毛列；触角常为 5 节，少数为 4 节，单眼 2 个；小盾片如舌状；足胫节多刺，跗式为 3-3-3（图 3-73F）。“黑红长卵两单眼，小盾如舌跗节三。触角常五少有四，土蝽胫节刺儿繁。”

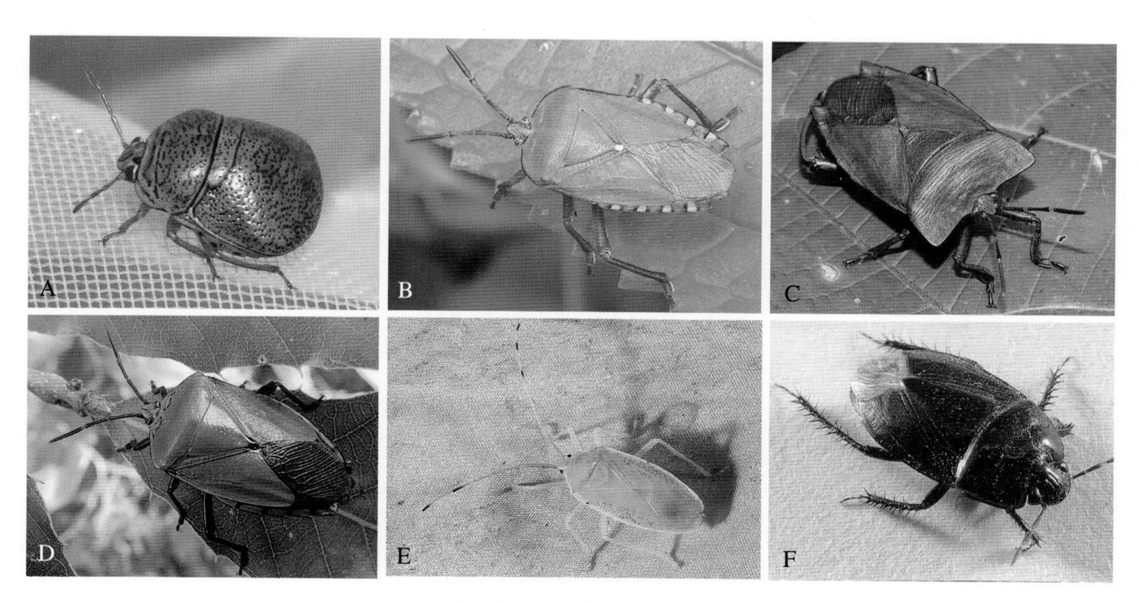

图 3-73　异翅亚目昆虫

A. 龟蝽科筛豆龟蝽 *Megacopta cribraria* (Fabricius, 1798)；B. 荔蝽科比蝽 *Pycanum ochraceum* Distant, 1893；C. 方蝽 *Asiarcha angulosa* Zia, 1957；D. 异色巨蝽 *Eusthenes cupreus* (Westwood, 1837)；E. 异蝽科娇异蝽 *Urostrylis* sp.；F. 土蝽科方革土蝽 *Macroscytus japonensis* Scott, 1874

思考与回顾

1. 说出蝉、角蝉、叶蝉、沫蝉、蜡蝉、飞虱、蚜虫、蚧壳虫的特征。
2. 为什么刺吸式口器的昆虫有大量的分泌物？分泌物有何作用？
3. 为什么刺吸式口器的害虫很难治理？
4. 野外辨识长蝽、红蝽、缘蝽、蝽、猎蝽、盲蝽、网蝽、花蝽。

附：与蝽科近似的 7 个常见科检索表

1. 前足胫节具强刺……………………………………………………………… 土蝽科 Cydnidae
   前足胫节不具强刺………………………………………………………………………… 2
2. 触角 4 节，小盾片小，具爪缝……………………………………………………………… 3
   触角 5 节，小盾片发达，不具爪缝………………………………………………………… 5
3. 无单眼………………………………………………………………… 红蝽科 Pyrrhocoridae
   有单眼………………………………………………………………………………………… 4
4. 前翅膜片 4～5 条纵脉，跗节 3 节……………………………………… 长蝽科 Lygaeidae
   前翅膜片多条平行纵脉，跗节 4 节 ……………………………………… 缘蝽科 Coreidae
5. 前胸小盾片盖住整个腹部……………………………………………………………… 6
   前胸小盾片三角形，典型半鞘翅………………………………………………………… 7
6. 跗节 2 节………………………………………………………………… 龟蝽科 Plataspidae
   跗节 3 节……………………………………………………………… 盾蝽科 Scutelleridae
7. 中胸腹板有显著突起，跗节 2 节…………………………………… 同蝽科 Acanthosomatidae
   腹面平坦，跗节 2 和 3 节………………………………………………… 蝽科 Pentatomidae

16.“戴口罩”的啮虫——啮虫目 Psocoptera

书虱树虱啮虫目，唇基突出尾须无。
前翅具痣脉如波，翅形多变少数无。（YJK）

啮虫（图 3-74）最明显的特征在于它呈半球形突出的唇基，就像戴着口罩似的。啮虫目被称为基部半翅化类群（basal hemipteroid group），前翅基半部革质化，端部膜质，停息时翅如屋脊状叠放于背，长过腹末的后半部有相互贴合的趋势，简单的脉纹极易辨认。啮虫不善飞，像蚜虫一样随气流而转移。2017 年，一种洞穴啮虫的研究获得了“搞笑诺贝尔奖”生物学奖，这种雌虫身上长着类似雄性“交配器官”的插入构造，而雄虫交配器则像其他雌性一样十分退化，交配时雌上雄下，雌性生殖器上甚至有特殊的锚定结构，似乎阴阳完全颠倒了。

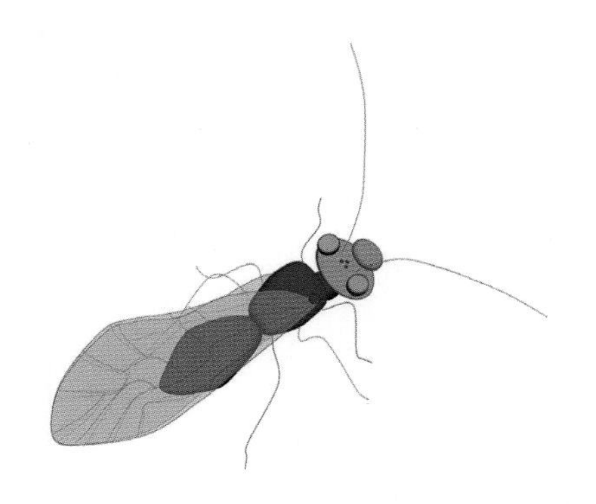

图 3-74　啮虫

形态特征：体小而柔弱，触角长丝状，头大，后唇基发达半球型突出；口器咀嚼式，下颚单叶状，包围一延长形的几丁质棒；前胸小，细缩如颈；翅膜质或无，前翅具翅痣，而后翅无，脉纹简单；足跗节为 2～3 节，无尾须（图 3-75、图 3-76）。

生物学：俗称啮或书虱。渐变态；多数生活在树干、叶片上，少数室内生活；多植食性和菌食性，取食菌类、面粉、书籍等，少数捕食蚧类和蚜虫等。目前全世界已知 5 500 余种，中国已知 1 505 种。啮虫科 Psocidae 是啮虫目中最大的一科。有新的研究表明，啮虫目与虱目关系紧密，有学者主张将二者合并为一目。

图 3-75　啮虫目昆虫

A～B. 啮虫科触啮 *Psococerastis* sp.

图 3-76　啮虫目昆虫

A. 啮虫科触啮若虫聚集；B. 昧啮 *Metylophorus* sp.；C. 狭啮虫科 Stenopsocidae 狭啮虫 *Stenopsocus* sp.；D. 离啮科 Dasydemellidae 离啮 *Dasydemella* sp.

思考与回顾

1. 简述啮虫目的特征。
2. 查阅资料，试将啮虫分科。

17. “茹毛饮血”的寄生虫——虱目 Phthiraptera

羽虱和头虱虽然都被称为虱子，但二者有明显的区别：羽虱口器为咀嚼式，以刮取羽毛和肌肤产物为食；头虱口器为刺吸式，以吸血为生，不用时口器缩入头内。这类“茹毛饮血”的寄生虫，足的胫节端部常凸起，跗节短小，爪发达，爪、跗节回折时，与胫节端部凸起形成类似钥匙扣结构，适于在毛或羽间攀爬，故这种足被称为攀握足。

形态特征：体小且扁平，口器刺吸式或咀嚼式，无单眼；胸部有不同程度的愈合，后生无翅；攀悬足，适于抓握毛或羽，跗节 1～2 节，爪 1～2 个；腹部 10 节，无尾须。

生物学：俗称羽虱、鸟虱、头虱。渐变态；寄生于哺乳动物的身体或毛发，以吸血或皮肤分泌物为食。全世界已知 4 500 种和亚种，中国已知 930 余种，如牛羽虱 *Bovicola bovis*（Linnaeus, 1758）。虱目分为食毛亚目和虱亚目，过去学者曾将上述两个亚目分别划为目，虱亚目主要寄生哺乳类，以刺吸式口器吸血；食毛亚目则啮食羽或毛，咀嚼式口器。

食毛亚目 Mallophaga：体多为白色；头大而宽扁；口器咀嚼式，上颚大而具齿；复眼小或退化，无单眼；前胸分离，中、后胸愈合。食毛亚目昆虫分布范围甚广，多数种类寄生于鸟禽体，少数种类以寄主羽毛和皮肤及分泌物为食，为畜牧业重要害虫（图 3-77A）。“下口咀嚼食毛目，触角短小节三五。前胸单独全无翅，鸟虱寄生禽兽肤。”（YJK）

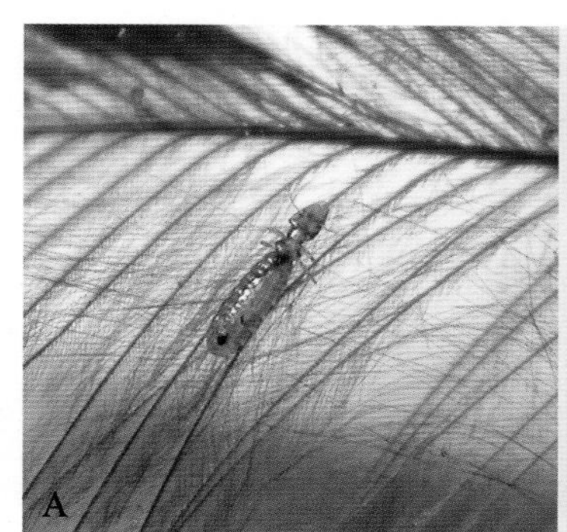

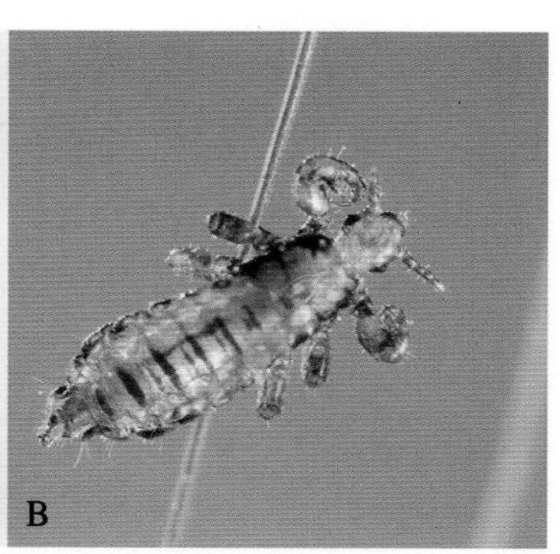

图 3-77　虱目昆虫

A. 食毛亚目长角羽虱科 Philopteridae；B. 虱亚目虱科 Pediculidae 头虱 *Pediculus humanus capitis* De Geer, 1778（张巍巍 摄）

虱亚目 Anoplura：体型特征与食毛亚目相似，白或黑色；头小，口器刺吸式（与食毛亚目的主要区别）；胸部各节愈合，后生无翅。该亚目昆虫分布广，外寄生哺乳动物吸食血液，传播疾病，终生不离开寄主，为重要的卫生害虫（图 3-77B）。“前口刺吸虱亚目，跗爪各一攀缘足。胸部愈合亦无翅，虱虮吸血害哺乳。”（YJK）

思考与回顾

1. 从口器的变异讨论不完全变态类害虫的生态位。
2. 鸟虱和头虱有哪些区别？

3.3.4 新翅类 Neoptera 昆虫之完全变态类

18. 带毒的蜂和蚁——膜翅目 Hymenoptera

后翅钩列膜翅目，蜂蚁细腰并胸腹。
捕食寄生或授粉，害叶幼虫为多足。(YJK)

绝大多数膜翅目昆虫，甚至包括广腰亚目植食性的叶蜂都有毒腺，毒液的分泌与产卵和蜇刺有关。姬蜂总科寄生蜂的毒液常包含多分 DNA 病毒，能够作用于寄主的免疫系统，从而保护卵安全在寄主体内成活；针尾部的蜂如蜾蠃、土蜂、蛛蜂、蠊泥蜂（图 3-78）等，毒液成为了狩猎和防御的武器，能成功麻痹寄主，并贮存到巢室内供子代生长发育；而社会性胡蜂的产卵器特化为专门防御的毒针，毒液就成为攻击来犯之敌的化学武器；关于植食性的广腰亚目昆虫的毒液研究尚少，但树蜂在与它培植的真菌共生的过程中，毒液确实起了重要作用。

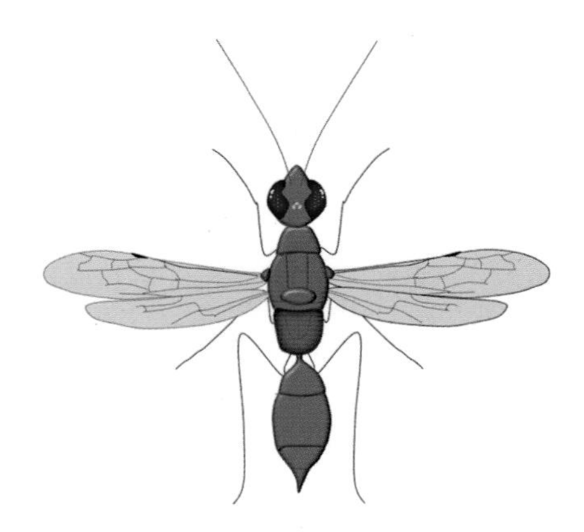

图 3-78 蠊泥蜂

形态特征：复眼发达，单眼 3 个；口器咀嚼式或嚼吸式；翅膜质、前翅大、后翅小，翅钩连锁；雌产卵器发达，通常为锯状、针状等。

生物学：通称蜂、蚁。完全变态；多为肉食性（捕食性和寄生性），其中不少种类为重要天敌资源，少数为植食性，有些种类是重要的害虫。不少寄生蜂的生活史奇特，具有多胚生殖（polyembryony，一粒受精卵产生两个或两个以上的个体。仅限于膜翅目的姬蜂科、小蜂科、跳小蜂科、细蜂科、缘腹细蜂科和螯蜂科以及捻翅目等极少数寄生性种类）、孤雌生殖等。迄今，全世界已知 28 总科 97 科 8 422 属 15.6 万种以上，中国已知约 1.25 万种。膜翅目昆虫数量占昆虫采集调查的 25%，据估计，最高可能会超过 400 万种，至少也可能有 125 万种。Forbes 等（2018）通过数据模型模拟结果显示，膜翅目数量有可能是昆虫纲第一大目鞘翅目种类的 2.5～3.2 倍。

知识拓展：Branstetter 等（2018）基于分子分析和形态学数据构建了膜翅目系统发育关系（图 3-79），膜翅目高级阶元与传统的分类观点有较大变动，部分观点仍被后来的研究者质疑。本书沿用 Branstetter 等（2018）的二亚目 28 总科分类系统介绍各类群。

广腰亚目 Symphyta

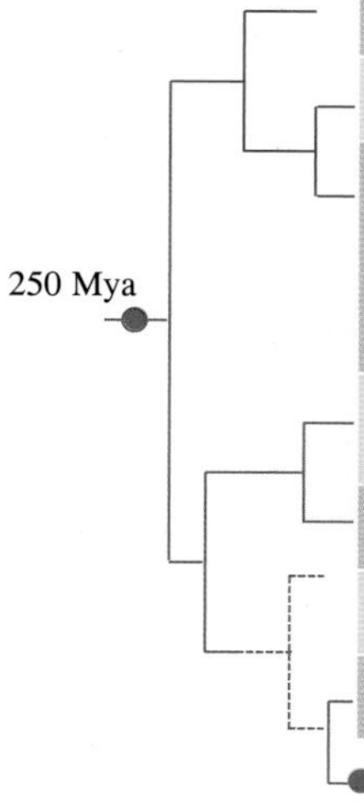

总科	科
扁叶蜂总科 Pamphilioidea	扁蜂科 Pamphiliidae；广蜂科 Megalodontesidae
棒蜂总科 Xyeloidea	棒蜂（长节蜂）科 Xyelidae
叶蜂总科 Tenthredinoidea	叶蜂科 Tenthredinidae；三节叶蜂科 Argidae；筒腹叶蜂科 Pergidae；锤角叶蜂科 Cimbicidae；松叶蜂科 Diprionidae；七节叶蜂科 Heptamelidae；茸蜂科 Blasticotomidae（也有人将它提升为茸蜂总科）
项蜂总科 Xiphydrioidea	项蜂科 Xiphydriidae（长颈树蜂）
树蜂总科 Sirioidea	树蜂科 Siricidae
茎蜂总科 Cephoidea	茎蜂科 Cephidae
尾蜂总科 Orussoidea	尾蜂科 Orussidae

250 Mya

200 Mya

图 3-79　广腰亚目各总科系统发育关系（基于 Branstetter et al.，2018）

广腰亚目 Symphyta：全世界已知 15 科 900 余属近 1 万种，其中 13 科在中国均有分布。腹部第 1，2 节不缢缩，腹部第 1 节不与后胸合并；前翅通常有 1 个封闭的臀室（尾蜂科除外），后翅至少有 3 个闭室；产卵器锯状，臀室为闭室；除尾蜂科外，均为植食性。“腹基宽阔不缢缩，后翅闭室三个多。卵器锯状臀室闭，植食除去尾蜂科。”

叶蜂科 Tenthredinidae：叶蜂（sawfly）。全世界已知 6 000 余种，中国已知 2 000 余种。前胸背板强烈弯曲，到达翅基片；前足胫节 2 个端距；产卵器锯齿状；触角多丝状，9～16 节（图 3-80A～B）。“丝角常为九节鞭，前胸后缘凹向前。前足端距有一对，后翅闭室五七连。”叶蜂伪蠋式幼虫有 6～8 对腹足，无趾钩，只有 1 双小眼。

三节叶蜂科 Argidae：触角仅 3 节，雌性触角第 3 节长棒状；中胸无胸腹侧片、腹板沟明显，淡膜区很大；前翅无径横脉 2r，后翅有 5～6 个闭室；雄性外生殖器可 180°转动（图 3-80C～E）。“触角仅三节，胸腹侧片缺。后闭室五六，明显腹板沟。”

锤角叶蜂科 Cimbicidae：触角窝高位，触角 5～7 节，端部球棒状；雄蜂后足和上颚强大；前胸侧板腹面与腹板愈合，具基前桥；腹部背板具侧缘纵脊，背面呈弧形弯曲，腹面扁平，静止时腹部能弯曲于胸部下面；前胫节有 1 对端距；雄虫外生殖器位置可 180°转动（图 3-80F、图 3-81A）。“棒状触角生高位，基前桥下伸前腿。侧缘纵脊扁平腹，胫节前足距一对。”

图 3-80　完全变态类膜翅目广腰亚目昆虫

A. 叶蜂科叶蜂 *Tenthredo* sp.; B. 双环钝颊叶蜂 *Aglaostigma pieli* (Takeuchi, 1938); C. 三节叶蜂科玫瑰三节叶蜂 *Arge pagana* (Panzer, 1798); D. 同前，伪蠋式幼虫; E. 三节叶蜂 *Arge* sp.; F. 锤角叶蜂科伪蠋式幼虫

项蜂科 Xiphydriidae：又称长颈树蜂科。前胸侧板显著延长，头部后缘远离前胸背板，球头长颈是其最明显的识别特征；前翅亚缘脉 Sc 与径脉 R 愈合，前翅中脉 1M 与中室背柄（即径分脉 Rs 脉第 1 段）呈近直角状弯曲；中胸背板具直横缝，产卵器短小（图 3-81B）。"球头有长脖，腹基不缢缩。触角贴唇基，亚缘径脉合。前胸背中窄，后胸具淡膜。中脉中室柄，近直角弯折。"

树蜂科 Siricidae：体圆筒状；触角丝状多节，下颚须 1 节；前胸背板后缘凹，左右哑铃状，中胸背板无横缝；翅前缘室窄，翅痣狭长，第 1 盘室相对较小；前足胫节 1 个端距；雌性产卵器细长，伸出腹末，腹部末节有 1 刺突（图 3-81C）。"多节触角为丝状，前胸哑铃头圆方。前足端距仅一枚，前缘室窄痣狭长。树蜂圆筒无缘脊，末节刺突卵管长。"

茎蜂科 Cephidae：体纤细，触角非 9 节；前胸背板后缘平直，胸部具腹前桥，后胸无淡膜区；无前气门后片；前足端距 1 个；腹部第 1，2 节显著缢缩，第 1 节与后胸多少愈合；雄性生殖器不扭转（图 3-81D）。"触角长丝头球形，前胸长方后直平。前足端距仅一个，后胸后侧无淡膜。茎蜂缘室窄或缺，腹一腹二有缢缩。"

图 3-81　广腰亚目昆虫

A. 锤角叶蜂科细锤角叶蜂 *Leptocimbex* sp.；B. 项蜂科红头真项蜂 *Euxiphydria potanini*（Jakovlev, 1891)；C. 树蜂科蓝黑树蜂 *Sirex juvencus*（Linnaeus, 1758)；D. 茎蜂科麦茎蜂 *Cephus pygmaeus*（Linnaeus, 1767)（B，D，李涛 摄）

尾蜂科 Orussidae：膜翅目广腰亚目稀有的一科，也是该亚目唯一寄生的类群。触角着生在唇基下，头部额区有成列的刺；前翅的亚缘室只有 1 个闭室，臀室开放；翅脉相对较少；产卵器长，绕在腹内不外露；像蚂蚁一样在枯树上爬行，寄生树干内树蜂或吉丁甲的幼虫（图 3-82）。“钉板额区水桶腰，臀室无闭翅脉少。触角鲶须唇基下，产卵器长腹内绕。爬行如蚁种罕见，寄生树蜂吉丁宝。”

图 3-82　尾蜂

细腰亚目 Apocrita：腹部原来的第 1 节并入胸部，形成并胸腹节；腹部第 1，2 节缢缩；前翅无臀室，后翅至多 2 个闭室；臀室为闭室；产卵器针状，捕食性或肉食性，蜜蜂等食花粉。“并胸腹节细腰蜂，前翅臀室一场空。尾后鞘针产卵器，后翅闭室双为宗。”该目分为寄生部 Parasitica（12 总科，雌性针状产卵器）和针尾部 Aculeata（8 总科，雌性产卵器特化为捕猎、护巢的螯针）。但这种叫法并不完全绝对，寄生部的有些类群是植食性的，针尾部的很多幼虫其实是寄生性的。上述分类方法虽然在系统发育上有瑕疵，但从分类实践的角度来看，非常有用，所以一直沿用至今（图 3-83）。

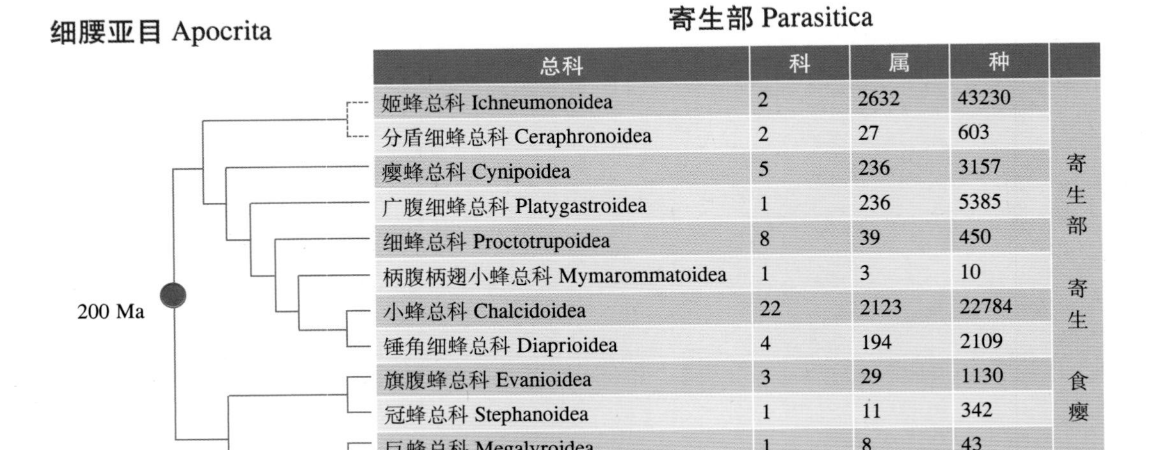

总科	科	属	种
姬蜂总科 Ichneumonoidea	2	2632	43230
分盾细蜂总科 Ceraphronoidea	2	27	603
瘿蜂总科 Cynipoidea	5	236	3157
广腹细蜂总科 Platygastroidea	1	236	5385
细蜂总科 Proctotrupoidea	8	39	450
柄腹柄翅小蜂总科 Mymarommatoidea	1	3	10
小蜂总科 Chalcidoidea	22	2123	22784
锤角细蜂总科 Diaprioidea	4	194	2109
旗腹蜂总科 Evanioidea	3	29	1130
冠蜂总科 Stephanoidea	1	11	342
巨蜂总科 Megalyroidea	1	8	43
钩腹蜂总科 Trigonalyoidea	1	16	92

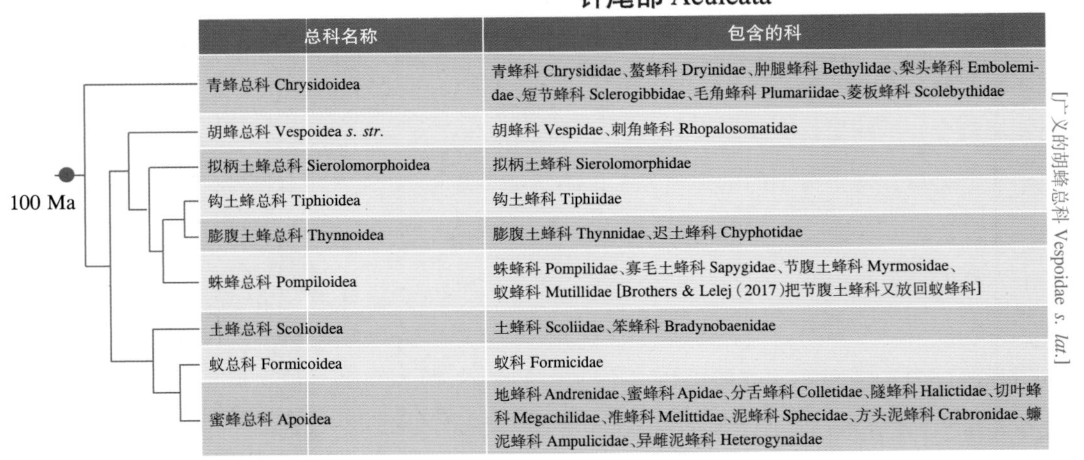

总科名称	包含的科
青蜂总科 Chrysidoidea	青蜂科 Chrysididae、螯蜂科 Dryinidae、肿腿蜂科 Bethylidae、梨头蜂科 Embolemidae、短节蜂科 Sclerogibbidae、毛角蜂科 Plumariidae、菱板蜂科 Scolebythidae
胡蜂总科 Vespoidea *s. str.*	胡蜂科 Vespidae、刺角蜂科 Rhopalosomatidae
拟柄土蜂总科 Sierolomorphoidea	拟柄土蜂科 Sierolomorphidae
钩土蜂总科 Tiphioidea	钩土蜂科 Tiphiidae
膨腹土蜂总科 Thynnoidea	膨腹土蜂科 Thynnidae、迟土蜂科 Chyphotidae
蛛蜂总科 Pompiloidea	蛛蜂科 Pompilidae、寡毛土蜂科 Sapygidae、节腹土蜂科 Myrmosidae、蚁蜂科 Mutillidae [Brothers & Lelej（2017）把节腹土蜂科又放回蚁蜂科]
土蜂总科 Scolioidea	土蜂科 Scoliidae、笨蜂科 Bradynobaenidae
蚁总科 Formicoidea	蚁科 Formicidae
蜜蜂总科 Apoidea	地蜂科 Andrenidae、蜜蜂科 Apidae、分舌蜂科 Colletidae、隧蜂科 Halictidae、切叶蜂科 Megachilidae、准蜂科 Melittidae、泥蜂科 Sphecidae、方头泥蜂科 Crabronidae、蠊泥蜂科 Ampulicidae、异雌泥蜂科 Heterogynaidae

图 3-83　细腰亚目各总科系统发育关系（基于 Branstetter et al.，2018）

（1）寄生部 Parasitica

提起蜂，人们首先想到的是辛苦采蜜的小蜜蜂和凶猛蜇人的大黄蜂，甚至有“黄蜂尾后针，最毒妇人心”这样的谚语。然而还有一类，它们多数体型相对较小，不常为人所知，却在生物系统平衡中扮演着重要角色，那就是寄生蜂。

寄生蜂是成虫营自由生活，幼虫寄生于其他寄主生物体内或体外最终导致寄主死亡的一大类膜翅目昆虫的统称，包括姬蜂、细蜂、冠蜂、瘿蜂、小蜂、旗腹蜂、钩腹蜂等。据估计，寄生蜂占整个膜翅目昆虫种类的 70% 以上！根据寄生蜂产卵位置及幼虫取食习性的不同，可将寄生蜂分为内寄生（寄生蜂卵产在寄主体内，幼虫孵化后直接取食寄主组织并在寄主体内完成发育）和外寄生（寄生蜂卵产在寄主体外，幼虫孵化后始终在寄主外取食）。许多寄生蜂雌蜂在产卵的同时可以把自身携带的多种寄生因子注入寄主体内，由此调控寄主生长发育、免疫功能、营养组成和代谢、生殖系统、内分泌系统等以保证其后代在寄主体内成功发育。由于寄生蜂能造成寄主种群个体大量死亡，在害虫生物防治方面有广泛的应用前景。

钩腹蜂总科 Trigonalyoidea：钩腹蜂因其雌蜂腹部末端呈钩状弯曲而得名，仅 1 科，即钩腹蜂科 Trigonalyidae。与胡蜂相似，但触角 20 多节可以区别，复眼大，几乎与上颚相接，左右上颚具有不同数量的齿；有宽阔的前缘室，前翅至少 10 个闭室，后翅 2 个闭室；转节 2 节（转节和下转节），跗节上有趾叶；雄性并胸腹节气门具盖；雌性腹末多少向前下方弯曲呈钩状（图 3-84A）。

钩腹蜂最奇特的地方除个体稀少外还有其生物学特性。钩腹蜂在植物的叶缘或叶肉内产下几千个微小的卵，专待中间宿主（叶蜂类或鳞翅目幼虫）将卵吞入腹内，如此，卵方能孵化，而后寄生那些中间宿主体内的寄生蜂或蝇的幼虫（重寄生），或者寄生捕食中间宿主的胡蜂（原寄生）。被寄生的中间宿主需要被其他昆虫寄生或者被胡蜂带走喂养幼虫，此时钩腹蜂的幼虫才找到真正的寄主。也就是说，钩腹蜂要想繁衍后代，它的卵必须被毛毛虫吞下，而毛毛虫还必须被别的寄生蜂寄生或者胡蜂取食。正是由于这种“神奇”的寄生方式的成功率太低，导致野外钩腹蜂并不常见。“大眼上颚距离短，跗爪分叉缘室宽。前翅有痣闭室多，后翅两室封口严。左右上颚不对称，雌蜂腹末如钩弯。叶缘产下千粒卵，被吞寄生为奇谈。”

旗腹蜂总科 Evanioidea：腹基部细长，着生于并胸腹节背上方，远离后足基节，端部膨大。该总科共包括 3 科 1 250 余种。

旗腹蜂科 Evaniidae：全世界已知 500 余种，中国已知 30 余种。腹部侧扁，基部细长如柄，远离后足基节，如插着一面小旗，故名旗腹蜂；产卵管短；翅有臀叶，前翅翅脉发达，有前缘室，后翅翅脉多数消失，有臀叶；足转节 2 节；产卵于蟑螂卵鞘内，幼虫取食蟑螂卵（图 3-84B）。“前翅发达有缘室，后翅翅脉多消失。转节两节具臀叶，腹扁高接小旗帜。”

褶翅蜂科 Gasteruptiidae：因其停息时前翅纵褶而名褶翅蜂。全世界已知 2 亚科 515 种，中国已知 37 种。褶翅蜂前胸细长如颈，腹部棍棒状，第 1 腹节基部细长如柄，着生于并胸腹节背上方，远离后足基节；后足腿节和胫节膨大；前翅仅 1 条回脉（m-cu 脉）和 1 个大亚缘室；后翅翅脉减少，无臀叶（图 3-84C）。褶翅蜂在访花时的飞行方式非常特别，在飞行中，它发达的后足自然下垂保持平衡，在停歇在花上之前会短暂低盘旋。褶翅蜂成虫有访花补充营养的习性，营盗寄生生活，成虫会将卵产在寄主（独栖性蜜蜂或其他类似习性的蜂类幼虫）的巢内。据报道，其幼虫虽名为捕食者，但主要取食寄主幼虫的食物，而非仅捕食幼虫本身。成虫多在枯木上寻找寄主巢穴产卵，到伞形花科如野胡萝卜花上取食花蜜补充营养。“细长脖颈细长腹，高接腰儿腿胫粗。鸠占鹊巢做强梁，枯木伞花爱驻足。”

举腹蜂科 Aulacidae：全世界已知 250 余种，中国已知 25 种。前胸前伸如颈，与褶翅蜂相似；前翅 2 条回脉，2 个关闭的亚缘室，后翅翅脉退化，无臀叶；腹部细长棒状，第 1 腹节着生于并胸腹节上方，远离后足基节；产卵管长，远伸出腹末；后足细长，胫节不膨大；寄生蛀木幼虫，如树蜂、天牛、吉丁等（图 3-84D）。“颈长腹细高接腰，貌似褶翅易混淆。后足细长易区分，贮木柴薪堆上找。”

冠蜂总科 Stephanoidea：仅 1 科，冠蜂科 Stephanidae。全世界已知 368 种，中国已知 20 余种。因头顶上 5 个齿状突起环状排列呈王冠状而得名，前胸背板前部细颈状。其后足粗壮，腿节腹面具大齿，腹柄背腹板分离细长。冠蜂科昆虫不常见，其栖息环境与褶翅蜂类似，寄生钻蛀性害虫如天牛、几丁甲以及象甲等，故而多见于枯木或柴薪堆周围（图 3-84E）。“头顶五齿若皇冠，粗壮后腿齿腹缘。前胸特殊有领颈，腹柄细长多不凡。”

巨蜂总科 Megalyroidea：仅 1 科，巨蜂科 Megalyridae。一个种类稀少且很难采集到的类群，全世界仅知 8 属 51 种，中国目前已报道 4 种（Chen et al., 2021a）。寄生鞘翅目蛀干幼虫。触角着生在复眼腹缘下方，有个大凹槽，鞭节 12 节；产卵器细长；后翅翅脉高度退化，无闭室，中胸气门着生位置前移至前胸背板侧上角（图 3-84F）。“触角眼下凹槽显，十二鞭节世罕见。中胸气门前胸移，后无闭室翅脉单。”

图 3-84　细腰亚目寄生部昆虫

A. 钩腹蜂总科钩腹蜂科条纹带钩腹蜂 *Taeniogonalos fasciata* (Strand, 1913)（陈华燕 摄）; B. 旗腹蜂总科旗腹蜂科广旗腹蜂 *Evania* sp.; C. 褶翅蜂科阿贝褶翅蜂 *Gasteruption abeillei* Kieffer, 1912; D. 举腹蜂科锤举腹蜂 *Pristaulacus* sp.（Rome Q 摄）; E. 冠蜂总科冠蜂科红领齿足冠蜂 *Foenatopus ruficollis* (Enderlein, 1913); F. 巨蜂总科巨蜂科凹栉巨蜂 *Carminator cavus* Shaw, 1988

瘿蜂总科 Cynipoidea：全世界已知 5 科 2 600 余种，中国已知 4 科。通常个体小，但枝跗瘿蜂体长可达 16 mm；前胸背板侧后角伸达翅基片，中胸小盾片发达；无翅痣，前翅径室（缘室）呈显著三角形；后翅无臀叶；足转节缩小，跗节 5 节；腹部常侧扁，腹面骨化，雌虫末腹板纵裂，产卵管从腹部末端之前伸出，有一对狭长的鞘。“瘿蜂卵管腹末前，前胸翅基侧相连。端缘三角翅无痣， 足跗五节腹侧扁。”

瘿蜂科 Cynipidae：有翅或无翅，翅脉退化，无翅痣；中胸胫节 2 距，中胸小盾片后端绝无刺，中后胸常光滑；雌性腹部侧扁，第 2 节或第 2 节和第 3 节之和长于腹长之半；植食性，食瘿（图 3-85A）。“头部粗刻瘿蜂科，雌腹侧扁节二多。小盾后端绝无刺，中胸后胸闪光泽。”

环腹瘿蜂科 Figitidae：头胸常具粗刻点；中胸小盾片常特化为后刺或突起；翅脉退化，无翅痣；雌性腹部不侧扁，第 2 节或第 3 节最大；寄生性，寄生双翅目、脉翅目、瘿蜂和造瘿的小蜂，重寄生于寄生蚜虫的姬蜂、茧蜂（图 3-85B）。“中胸小盾后刺显，雌腹圆圆不侧扁。二三节大无翅痣，环腹头胸粗刻点。”

光翅瘿蜂科 Liopteridae：并胸腹节后部的胸后颈长且粗壮，腹部着生于并胸腹节上方高位，腹柄显著，腹部第 4～6 节最大；寄生于蛀干昆虫（天牛、象甲、吉丁等）的幼虫（图 3-85C）。“光翅瘿蜂腹柄殊，四六节大后颈粗。”

枝跗瘿蜂科 Ibaliidae：中胸背板具很多横脊；后足基跗节第 1 节长于其余各节之和，第 2 跗节具一向外伸的长突起，其长达第 4 跗节的末端；腹侧扁弯曲如刀，第 2 腹节长不及全腹长之半，较身体其余部分长，是瘿蜂中体形最大的类群；寄生树蜂科幼虫（图 3-85D）。“似瘿蜂体大，腹二节却小。后基跗奇长，二跗枝突翘。寄生大树蜂，总科独傲娇。”

图 3-85　寄生部瘿蜂总科昆虫

A. 瘿蜂科；B. 环腹瘿蜂科；C. 光翅瘿蜂科；D. 枝跗瘿蜂科（C，陈华燕 摄；D，李涛 摄）

广腹细蜂总科 Platygastroidea：全世界已知6 000余种，中国已知100余种。目前包含7个现生科和1个灭绝科（Chen et al.，2021b）。触角窝与唇基背缘相近或相连，触角通常不超过13节，膝状，柄节细长；翅脉退化，无翅痣，径室绝不封闭；前胸背板后角伸达翅基片；前足胫节1端距；腹部无柄；产卵管从腹部末端伸出，无鞘；主要寄生直翅目、双翅目、鞘翅目、螳螂目、蜻蜓目等9个目的昆虫卵以及蜘蛛。"细蜂广腹胫距殊，简单翅脉翅痣无。短角膝状近唇基，前胸翅基点接触。"

广腹细蜂科 Platygastridae：常见种类，体微小，长度多在1 mm左右；触角10节或更少，雄蜂第4节或第5节特化；颚眼沟（上颚与复眼间的纵沟 malar sulcus）存在或缺失；前翅翅脉仅成一根管状脉或者完全退化，痣脉（Stv，Stigmal vein，= r-rs）常缺失，即使存在，也很短；后缘脉（Pmv，Postmarginal vein，= R_1）也常缺失，若存在，则很短，不达翅缘；前胸背板前颈沟（pronotal cervical sulcus）无毛或有毛，中胸主侧板沟（mesepimeral sulcus）缺失；胫节端距1-1-1，1-1-2或1-2-2；腹部侧背片（laterotergite）明显，第2背板最长；主要寄生双翅目，特别是形成虫瘿的瘿蚊，也寄生半翅目的粉虱、蚧壳虫（图3-86A）。

缘腹细蜂科 Scelionidae：又名黑卵蜂科。十分常见，体型多样，如果强烈扁平，则前翅缘脉（Mv，Marginal vein，= C+R或R）明显；前翅具痣脉，通常也具后缘脉；触角7～12节，雄蜂第5节特化；有颚眼沟；前胸背板前颈沟光裸无毛，中胸侧板沟存在，与侧沟近乎平行；胫节端距1-1-1；寄生直翅目、螳螂目、半翅目、鞘翅目等昆虫的卵；寄生蜘蛛的卵。部分类群为水生，部分类群有携播现象（图3-86B）。

图3-86　广腹细蜂总科昆虫

A. 广腹细蜂科无脉细蜂 *Amitus* sp.；B. 缘腹细蜂科异色蠡卵蜂 *Macroteleia variegata* Kozlov *et* Kononova, 1987（A～B，陈华燕 摄）

锤角细蜂总科 Diaprioidea：全世界已知 4 科，中国已知 2 科。触角 15 节，第 1 节长形，长至少为宽的 2.5 倍；头部通常触角架（额架）明显；翅痣有或无；前胸背板后角与翅基片相接；腹部有柄；产卵管从腹部末端伸出，无鞘。

锤角细蜂科 Diapriidae：全世界已知 2 000 余种。触角架明显，雌性触角为锤状，但雄性触角为丝状或念珠状；翅痣有或无，前翅缘缨发达，缘脉点状或无，至多 3 个闭室，后翅 1 个闭室；胫节端距 1-2-2；有盾纵沟（图 3-87）。大部分内寄生双翅目实蝇科、丽蝇科和果蝇科的幼虫或蛹，一些高度特化的种类与蚂蚁和白蚁相关。“锤角平伸头近圆，多凸额架在颜面。盾纵沟显腹若卵，常隆有凹小盾片，胫节端距一二二，并胸腹节短后陷。”

2018 年，法国古生物学家在古代苍蝇蛹的化石中发现 4 种 4 000 万年前的寄生蜂，其中一种就是蝇蛹锤角细蜂（图 3-88）。这是第一次在化石中发现生活在另一种生物体内的寄生虫。

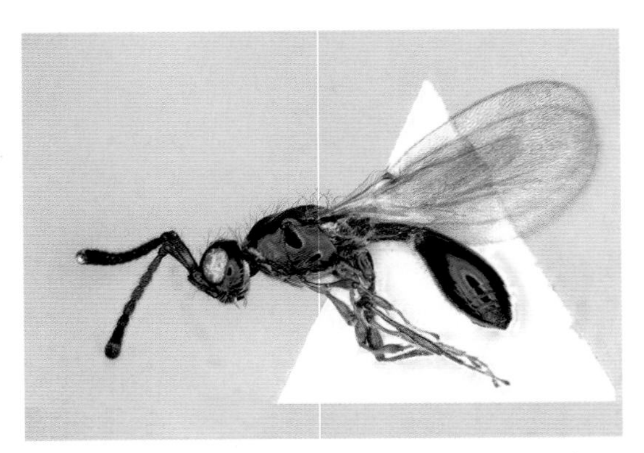

图 3-87 锤角细蜂总科锤角细蜂科锤角细蜂 *Spilomicrus* sp.

图 3-88 锤角细蜂寄生蝇蛹

寄螯细蜂科 Ismaridae：全世界已知 57 种，中国目前仅报道 6 种。螯蜂科的重寄生蜂。头部近球形，触角平伸，雌性 15 节，雄性 14 节，颜面无隆起的额架；无翅痣；后足胫节常侧扁膨大；无盾纵沟，但有肩沟（图 3-89）。“稀有细蜂无角架，后足胫节扁膨大。螯蜂刚把寄主拿，此蜂却把螯蜂杀。”

图 3-89 寄螯细蜂科哈氏寄螯细蜂 *Ismarus halidayi* Förster, 1850（陈华燕 摄）

细蜂总科 Proctotrupoidea：全世界已知 8 科，中国已知 4 科。与锤角细蜂总科的区别在于触角第 1 节短，长至多为宽的 2.2 倍，无触角架，有翅痣。体微小至小型，细；触角直或膝状，触角窝与唇基背缘分开的距离明显大于触角窝直径；前胸背板后角伸达翅基片；前足胫节 1 距，无小盾片横沟；腹部第 1 节形成腹柄，细蜂科也有种类很短到几乎没有，产卵管从腹部末端伸出，真针管，无鞘。“前胸背角接翅基，腹柄常显翅痣依。触角长长无角架，腹末出针无鞘皮。”

细蜂科 Proctotrupidae：触角 13 节，第 1 节较短，无触角架；前翅前缘脉、亚前缘脉、径脉均发达；其余翅脉有时稍发达，但通常仅骨化程度很弱；翅痣宽，常大翅痣，有 1 个关闭很小的径室；中室不完整，Rs+M 脉基部不曲折；胫节端距 1-2-2；腹柄刻纹明显，柄后腹部第 2～4 节背板和腹板分别愈合为合背板和合腹板；产卵器鞘坚硬，末端总下弯（图 3-90A）。“触角丝状十三组，中室不全翅痣殊。胫节端距一二二，腹柄刻纹有合腹。”

窄腹细蜂科 Roproniidae：全世界仅知 2 属，中国已知 30 种。触角 14 节，无环状节；第 3 节基部明显缢缩；额中央稍拱隆，下角微突出；腹部强度侧扁，高明显大于宽，侧面观背板高度明显大于腹板高度；前翅中室多边形，与 R 脉接触，基室上半段骨化，伸达亚前缘脉；第 2 背板长，长约为高的 2 倍，明显长于腹柄第 3，4 背板（图 3-90B）。“触角十四节无环，窄腹侧扁高背板，前翅中室多角边，基脉（中脉）骨化到亚缘。”

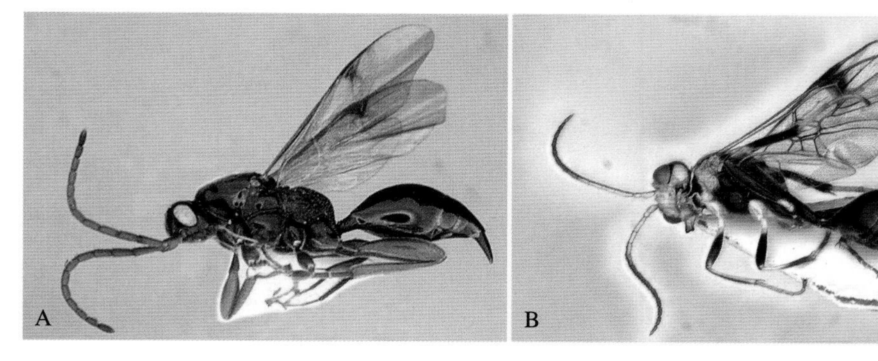

图 3-90　细蜂总科昆虫

A. 细蜂科；B. 窄腹细蜂科

柄腹细蜂科 Heloridae：全世界仅知 1 属 19 种，中国 9 种。寄生脉翅目草蛉科幼虫。触角 16 节，有环状节；前翅基脉（中脉）不伸达亚前缘脉，从中段突然向外方弯折至回脉基部，形成三角形的小室（中室），不与 R 脉接触；后翅也宽，有明显的亚前缘脉；中胸盾片盾纵沟明显；足胫节距式 1-2-2；爪具栉齿；腹柄长，至基部稍粗，柄后腹倒圆锥形；腹部第 2 节背板非常大，宽度稍大于高度，侧面观背板高度约等于腹板高度（图 3-91）。“前翅中室三角圆，基脉不达脉亚缘。爪具栉齿长柄腹，触角十六节有环。”

图 3-91　柄腹细蜂科前叉柄腹细蜂 *Helorus antefurcalis* He *et* Xu，2015

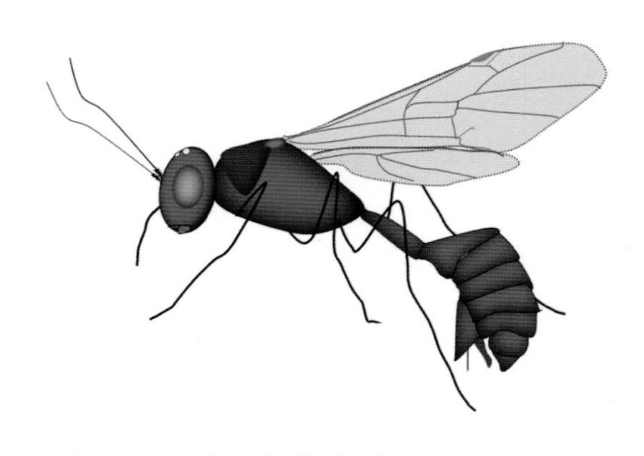
图 3-92　修复细蜂科原细蜂 *Proctorenyxa* sp.

修复细蜂科 Proctorenyxidae：雄性触角 15 节，第 3 节为环状节，柄节很短，宽大于长；前翅有封闭的第 2 肘室，在其端部扩大，并有分叉的第 1 臀脉；后翅三分之一处中脉扩大，发出 3 条翅脉；胫距 1-2-2，跗爪梳状；腹柄狭长卵圆形，柄后背板各节等长，稍微侧扁，不形成合背板和合腹板（图 3-92）。“短短柄节爪梳状，修复细蜂肘室双。后翅中脉分三叉，腹无合板腰柄长。”

何俊华等（2002）在整理我国窄腹细蜂科 Roproniidae 种类时发现，杨集昆先生 1997 年在《武夷科学》上发表作为新属新种的赵修复窄腹细蜂 *Hsiufuropronia chaoi* Yang 并不属于窄腹细蜂科，也非新属，而是属于在我国尚无记录的修复细蜂科 Proctorenyxidae Lelej *et* Kozlov，1999（=*Renyxa* Kozlov，1994），这是该科在我国的首次发现。

分盾细蜂总科 Ceraphronoidea：中国已知 2 科（图 3-93）。触角窝与唇基背缘分开的距离明显大于触角窝直径；前胸背板突伸达翅基片；前缘脉和亚前缘脉愈合，大翅痣或线状翅痣，痣脉弯长；前足胫节 2 距（这个特征是分盾细蜂科独有的，其他细蜂的前足都是 1 距）；小盾片通常有 1 条横沟，并且有三角片，与主要表面在同一水平面上（与细蜂总科相区别）；腹部背板第 2，3 节最长；末端腹板为一整块，不分成两瓣，产卵管从腹部末端伸出，真针管，无鞘。“前胸背突接翅基，弯长痣脉识别易。同一平面三角片，小盾一沟二前距。”

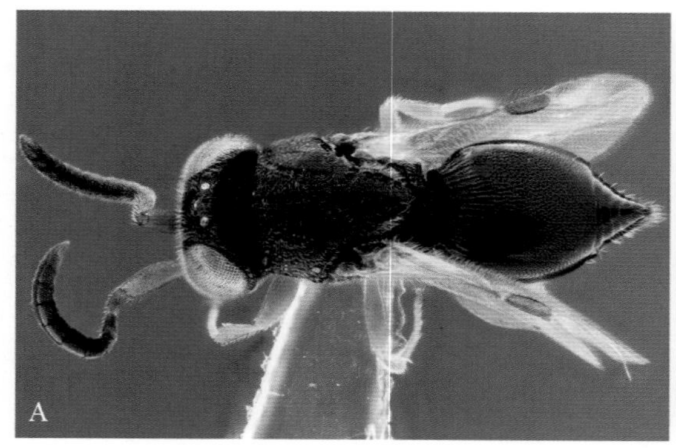

图 3-93　分盾细蜂总科昆虫

A. 大痣细蜂科突齿白木细蜂 *Dendrocerus anisodontus* Wang, Chen *et* Mikó, 2021；B. 分盾细蜂科（A～B，陈华燕 摄）

大痣细蜂科 Megaspilidae：全世界已知 300 余种。外寄生，寄主范围广泛，不少种类是重寄生。体小型，0.5～4 mm；雌雄触角均 11 节，触角窝离口器很近，雄性常为羽状，雌性末端数节膨大；有翅或无翅，有翅型前翅大翅痣，和一个弯长的痣脉。"大痣弯长痣脉奇，触角十一近唇基。雌角棒状雄为羽，寄生谱广且多级。"

分盾细蜂科 Ceraphronidae：体小型，体长 0.5～3 mm；雌性触角 7～10 节，末端数节膨大，雄性 10～11 节；有翅或无翅，有翅型前翅翅痣线形，痣脉弯长。"痣脉弯长痣线形，触角节数辨雌雄。莫嫌分盾细蜂小，体内寄生可多重。"

姬蜂总科 Ichneumonoidea：寄生部第 1 大科，全世界已知 2 科 4 万余种。触角多为 16 节以上；前胸背板与翅基片相接；前后翅翅脉发达，前翅有翅痣；前缘脉发达，多与亚前缘脉会合而无前缘室；后翅常无臀叶；足转节 2 节；腹部腹板多为膜质，死后有 1 个中褶；末端腹板分成两瓣，产卵管从腹部末端前面伸出，并具狭长的管鞘。尽管翅是它重要的识别特征，但有的种类翅已退化（图 3-94，摄于太白山的无翅的姬蜂）。"前后翅脉多发达，无前缘室翅痣佳，腹末纵裂卵管长，姬蜂茧蜂家族大。"

图 3-94　姬蜂总科姬蜂科无翅的姬蜂

姬蜂科 Ichneumonidae：全世界已知超过 1.5 万种，中国已知 2 125 种。体长 2～45 mm（不包括产卵管），多在 7 mm 以上；触角丝状，一般不少于 16 节（寡节姬蜂亚科鞭节 10 节）；前翅通常有 2 条回脉（1m-cu 脉和 2m-cu 脉），小翅室有或无；第 1 亚缘室和第 1 盘室合并称为 1 个大翅室（呈马头状），其他翅脉很少退化；腹部第 2，3 背板不愈合，各节均可自由活动；多为单寄生（图 3-95A～B）。"丝角节数十六多，前胸翅基突接合。脉常两回小翅格，二三背板不愈合。"

茧蜂科 Braconidae：全世界已知35亚科5 000余种，中国已知2 224种。体长2～12 mm（不包括产卵管）居多，多在7 mm以下；前翅绝无2条回脉（m-cu脉）；第1亚缘室和第1盘室通常由1-SR+M 脉分开为2室；腹部2，3背板愈合不能自由活动；单寄生或聚寄生（图3-95C～D）。“茧蜂姬蜂共征多，区别主要有两个。回脉一条无小室，二三背板总愈合。”

图3-95　寄生部姬蜂总科昆虫

A. 姬蜂科菱室姬蜂亚科；B. 瘤姬蜂亚科舞毒蛾黑瘤姬蜂 *Pimpla disparis* Viereck, 1911 从寄主蝶蛹中羽化而出；C. 茧蜂科悬茧蜂 *Meteorus* sp.；D. 茧蜂从寄主体内钻出结茧，而后从茧中羽化而出

柄腹柄翅小蜂总科 Mymarommatoidea：仅1科，柄腹柄翅小蜂科 Mymarommatidae，全世界仅记录10种，中国记录2种。体长不超过0.8 mm；腹柄2节且长；前翅若存在，翅脉退化，翅面网格纹，基部缢缩成柄状，翅缘着生长缨毛（图3-96A）。

小蜂总科 Chalcidoidea：寄生部第二大科，全世界已知21科2万余种，中国有18科。体多小型，长0.2～5 mm，少数可达16 mm；触角多少呈明显膝状；前胸背板突不达翅基片；之间为胸腹侧片相隔；翅脉很退化，常有1个线形的痣脉；缺径室；足转节常2节；腹部腹板坚硬，无中褶；雌虫末腹板纵裂，产卵管从腹部末端之前伸出，有一对狭长的鞘（图3-96B～D）。“背板不达翅基片，胸腹侧片夹中间。转节两节脉退化，径室缺失痣脉线。坚硬腹板中褶免，末节纵裂成两瓣。”

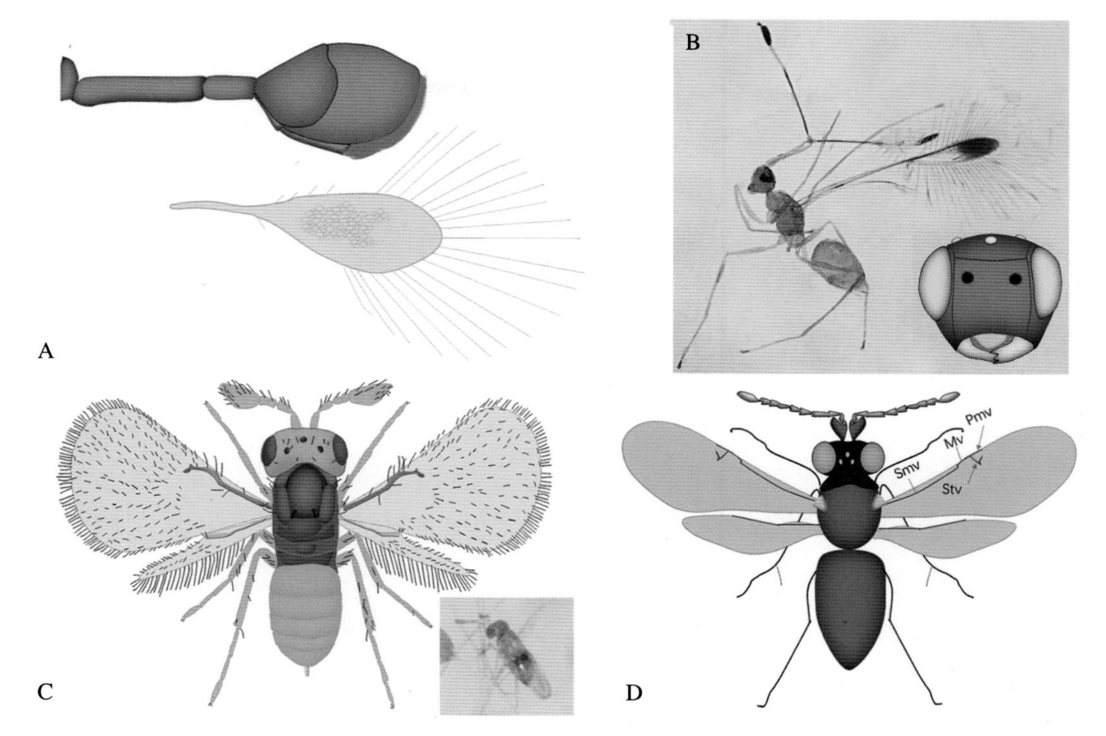

图 3-96　寄生部小蜂类

A. 柄腹柄翅小蜂总科柄腹柄翅科，腹部（上）和翅（下）；B. 小蜂总科缨小蜂科缨小蜂 *Mymar* sp.；C. 赤眼蜂科（文倩 画，陈华燕 摄）；D. 跳小蜂

缨小蜂科 Mymaridae：又称柄翅小蜂科，绝大多数种类为卵寄生蜂，寄生的种类涉及多个目的昆虫。正面观触角窝位于复眼高度的中位，两窝间距远大于触角窝到复眼的距离；触角长，无环节，雄性丝状，雌性 8～13 节，棒节卵圆形，不分节；复眼间有 2 条纵沟；紧邻触角窝上缘有 1 条横脊；前翅无痣脉，翅缘具长缨毛；后翅极细长，基部细柄状；小盾片被横分为前后 2 片。“缨小蜂科角窝远，两纵一横沟眼间。柄翅长缨无痣脉，横分前后小盾片。”

赤眼蜂科 Trichogrammatidae：又称纹翅小蜂科。本科绝大多数为卵寄生蜂，寄生鳞翅目卵，在生物防治方面研究最多。体长 0.3～1.4 mm，黄褐色，较软；触角肘状、短，5～9 节；索节最多 2 节，具 1～2 环状节；复眼多为红色；前翅缘脉及痣脉弓状，无痣后脉，前翅微毛常排列成行，前后翅有长缘毛；足跗节 3 节。“微小黄软蜂赤眼，腹部无柄足跗三。翅面微毛常成行，痣后无脉缘毛长。缘脉痣脉弓弧弯，短角索二寄生卵。”

榕小蜂科 Agaonidae：全世界已知 1 200 余种。榕小蜂科是研究协同进化的理想类群。雌雄二型，雄性无翅，雌性具翅；体色浅或暗，或有金属光泽；头式前口式，延长且扁平，呈铲状，雌性上颚磨区朝外，搓板状；触角第 3 节（F_1）上有发达的倒钩，用来刺破花粉囊；前足胫节很短，有特化的传粉结构，胸腹面有 2 个花粉筐，前足基节上有 1 对花粉刷，足跗节 4～5 节（图 3-97A～B）。"雌虫有翅雄却无，分工不同两性殊。铲头长扁上颚反，角三有勾前胫短。花粉筐在胸腹面，特化只为把粉传。"

跳小蜂科 Encyrtidae：头部横宽，复眼大，3 个单眼；触角最多 12 节，无环状节；前翅缘脉短，痣脉与后缘脉大致等长；胸部侧板为完整一块，盾纵沟无或不完全，盾间沟直；中足和前足的基节靠近而远离后足，中足具超长距 1 枚，跗节 5 节，极少数 4 节；尾须着生在腹部中央位置（图 3-97C～E）。"角无环节善跳翻，盾纵沟无或不全。发达前翅缘脉短，痣脉约等脉后缘。中足一枚超长距，一卵裂殖子数千。"

知识拓展：多胚跳小蜂 *Copidosoma floridanum*（Ashmead, 1900）的多胚生殖，一粒卵产生两个或两个以上的个体的生殖方式（图 3-97F）。仅膜翅目的姬蜂科、小蜂科、跳小蜂科、细蜂科、缘腹细蜂科和螯蜂科以及捻翅目等极少数寄生性种类受到了研究者的关注。多胚跳小蜂胚胎的发育过程为亚社会性。多胚跳小蜂的一粒卵会多次分裂形成数千个胚胎，但并不是所有的胚胎都能发育成有繁殖能力的跳小蜂，而是有两个繁殖等级 [士兵幼虫（soldier）和繁殖幼虫（reproductive）]。士兵幼虫无生殖细胞，不能繁殖后代。在胚胎增殖期，不断有士兵幼虫孵化。在寄主体内，士兵幼虫保卫其他繁殖胚胎继续发育。胚胎发育过程既无世代重叠（non-overlapping generations），也无协作抚育（no cooperative brood care），并不是真正的社会性。

研究发现，多胚跳小蜂在发育早期就建立了生殖系，卵克隆出许多称为次生桑椹胚的胚胎，所有次级桑椹胚都有助于胚胎发生增殖期新胚胎的形成。原始生殖细胞（Primordial Germ Cells, PGCs）参与调控增殖和等级的形成。PGCs 的次级桑椹胚分裂既有对称的，也有不对称的。在不对称分裂中，有 PGCs 的胚胎发育成繁殖幼虫，而没有 PGCs 的胚胎则发育成士兵幼虫。大多数缺乏 PGCs 的胚胎是通过将次级桑椹胚分裂成一个继承生殖系的子胚和另一个不继承生殖系的子胚而形成的。研究还发现，雄性士兵幼虫对任何竞争对手都不具有攻击性，而雌性士兵幼虫却非常有攻击性。

跳小蜂的亚社会

陌上石榴园，果赤籽繁繁。道旁毛虫死，腹内天敌满。
一卵生百千，囊胚裂殖偏。失却生育权，分兵护营盘。
双倍雌兵强，单倍雄勇腼。原始生殖胞，多雌代代传。

图 3-97　寄生部小蜂总科昆虫

A. 榕小蜂科，侧面观，♀；B. 同前，腹面观，示特化呈“搓板”状的上颚；C. 跳小蜂科，示中足胫节端部发达的长距；D. 南京刷盾跳小蜂 *Cheiloneurus nankingensis* Li *et* Xu，2020；E. 同前，南京刷盾跳小蜂寄生蚧壳虫；F. 小蜂在鳞翅目体内的多胚生殖（D～E，陈华燕 摄；F，倪浩亮 摄）

棒小蜂科 Signiphoridae：寄生介壳虫和其他半翅目、双翅目以及膜翅目，可能多数为重寄生。触角端节超长；中胸和后胸之间无收窄；并胸腹节中部有个三角形区域，有光泽；前翅翅脉相对较宽，翅面大部分光裸，缘毛长，至少是翅宽的 0.3 倍（图 3-98）。“触角端节长如棒，翅脉宽阔缘毛长。中胸后胸无收窄，并胸三角闪亮光。”

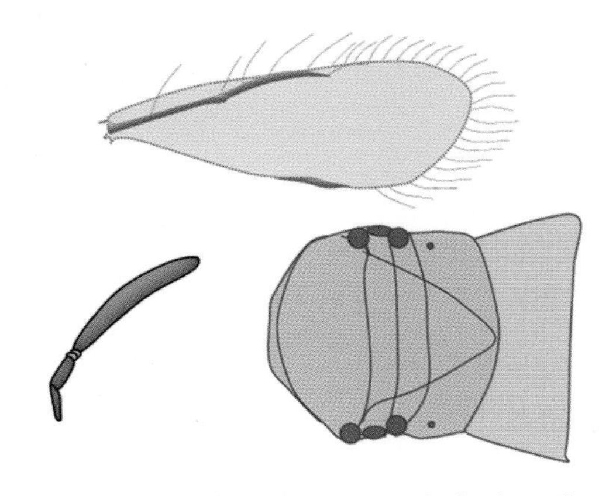

图 3-98　棒小蜂，前翅（上）、触角（左下）、胸部和腹部第 1 节背上观（右下）

旋小蜂科 Eupelmidae：寄生多个目的昆虫卵。旋小蜂科具特殊的金属光泽刻纹，触角最多 13 节，0～2 个环节；前翅的缘脉比痣脉长；胸部侧板为完整一块；中足和后足的基节靠近，而远离前足，中足胫节有 1 枚长距（图 3-99A）。“中胸盾片平或凹，侧板完整闪光亳。中胫一枚超长距，前翅缘脉细长条。”

蚜小蜂科 Aphelinidae：主要寄生蚜虫、介壳虫、粉虱等。体小，常小于 1 mm；黄褐色或稍暗，无金属光泽；触角短，5～8 节；盾纵沟深且直，缘脉长，痣脉和痣后脉均短；足跗节 5 节；腹基部不具柄（图 3-99B～C）。"五至八节触角短，体常黄褐或稍暗。盾纵沟，深又直，缘脉长，后脉短。跗节常五无腰杆。"

小蜂科 Chalcididae：多为黑色和黄褐色，无金属光泽；头胸背部常被粗刻点；触角 11～13 节；胸腹侧片小，翅不纵褶，无翅痣；足跗节 5 节，后足腿节膨大腹缘常具齿，胫节弧状弯曲具齿，有 2 个端距（区别于金小蜂，如图 3-99D）。"头胸背部常粗刻，小蜂常无金光泽。后足膨大无翅痣，胫节齿曲距两个。"

姬小蜂科 Eulophidae：全世界已知 329 属 4 000 余种，中国已知 382 种。体长 0.4～6 mm，多黄色和褐色，体壁较软；触角 7～4 节，索节至多 4 节；缘脉长，后面的痣脉和痣后脉通常较短；前足距短而直且足跗节不超过 4 节；腹基部具柄（图 3-99E）。"常具暗斑体较软，雄角丝状或栉连。盾纵沟，常明显。缘脉长，后常短。跗节四节有腰杆。"

金小蜂科 Pteromalidae：全世界已知 588 属 3 364 种。虫体紧凑多具金属光泽，头胸密布细刻点；触角 10～13 节，2～3 个环节；胸部盾纵沟前部明显，前胸背板为一横形窄带；前翅翅脉简单，具前缘脉、缘脉、后缘脉和痣脉，不同种类翅痣有不同变化，后缘脉和痣脉均发达；后足胫节端距 1 枚，足跗节 5 节（图 3-99F～G）。"盾纵沟显密点刻，常闪蓝绿金光泽。后缘痣脉均发达，后胫端距仅一个。"

长尾小蜂科 Torymidae：全世界已知 1 700 余种。食性杂，不少种类为植食性，幼虫蛀食种子或致瘿；多具金属光泽，触角 13 节；前胸背板小，背面不可见；盾纵沟完整、深且明显；痣脉和后缘脉都较短，前翅痣脉爪形突几乎接触到翅的前缘；足跗节 5 节，后足基节特别膨大，腿节有时膨大，产卵管通常比较长（图 3-99H）。"网纹细弱泛金光，长尾小蜂卵管长。后缘痣脉双双短，小爪形突近前缘。盾纵沟深腹略扁，跗节有五植食繁。"

刻腹小蜂科 Ormyridae：全世界已知 3 属 147 种，中国已知 10 种。具金属光泽，腹部背板具有奇特的大型脐状深窝或刻点，很好辨认；并胸腹节侧方延伸呈一角度并遮盖后足基节基部；后足基节三棱形，比前足基节大数倍，前翅痣脉短而无柄，雌性产卵器比长尾小蜂科短，不外露（图 3-99I）。该科有寄生瘿蜂及瘿蝇的记载。"腹缠金钱大刻点，无尾小蜂痣脉短。后足基节大三棱，并胸侧延如伞篷。"

褶翅小蜂科 Leucospidae：褶翅小蜂是小蜂总科中较特殊的类群，名为小蜂，其实个体并不小，外形酷似胡蜂或蜜蜂，有黄色或红棕色和黑色相间的条纹或斑块。前翅静止时也纵褶，腹部基部宽柄，端部钝圆；雌蜂产卵器鞘长，背在腹部背面，朝前弯曲延伸，最长可达胸部，腹部背面中央常有 1 条容纳产卵器的纵沟；翅基片窄长；翅上原始翅脉的痕迹可见；后足基节、股节极其膨大，腹缘具齿，胫节弓形；跗节 5 节（图 3-99J）。褶翅蜂寄生独栖性的蜜蜂或其他蜂类，可见到重寄生的情况，褶翅蜂把卵产在寄生在天牛幼虫体内的寄生蜂幼虫体内，从这方面说，褶翅蜂反倒帮了害虫的忙。与冠蜂科昆虫类似，褶翅蜂也多见于枯木或柴薪堆上。“小蜂大体型，翅褶如胡蜂。背负产卵器，后足大而膨。”

蚁小蜂科 Eucharitidae：全世界已知 54 属 420 种。外寄生或内寄生蚂蚁幼虫，通常成蜂产卵叶片上，等蚂蚁收获叶片回巢，进而寄生幼蚁。触角柄节小，不明显成膝状；中胸背板发达，前胸背板背面不可见；腹基通常长柄（图 3-99K）。“触角直伸腹柄长，中胸显赫前胸盲。卵产叶片待成蚁，叼回巢内酿祸殃。”

广肩小蜂科 Eurytomidae：全世界已知 80 余属 1 400 余种，中国已知 8 属 50 余种。取食植物茎秆、种子和虫瘿等或寄生其他植食性昆虫；成虫中等大，通常黑色，头宽略大于高，触角生于颜面中部，11～13 节，雄性索节上有长缨毛；头胸粗糙大刻点或网皱，无光泽；前胸背板宽大呈方形，中胸背板盾纵沟深且完整；前足胫节大距，后足胫节 2 个端距；前翅有缘脉、痣脉和痣后脉；腹部具柄，多平滑有光泽；雄性触角有时具轮生长毛（图 3-99L）。“广肩小蜂前胸方，头胸粗糙腹部光。后胫双距盾沟深，食种成瘿还寄生。”

思考与回顾

1. 名词解释：多胚生殖。
2. 观察叶蜂幼虫的特征，区别伪蠋式幼虫和蠋式幼虫。
3. 掌握叶蜂科、茎蜂科、树蜂科的特征。
4. 试将收集的寄生蜂大致归类，识别姬蜂、茧蜂、小蜂和细蜂。

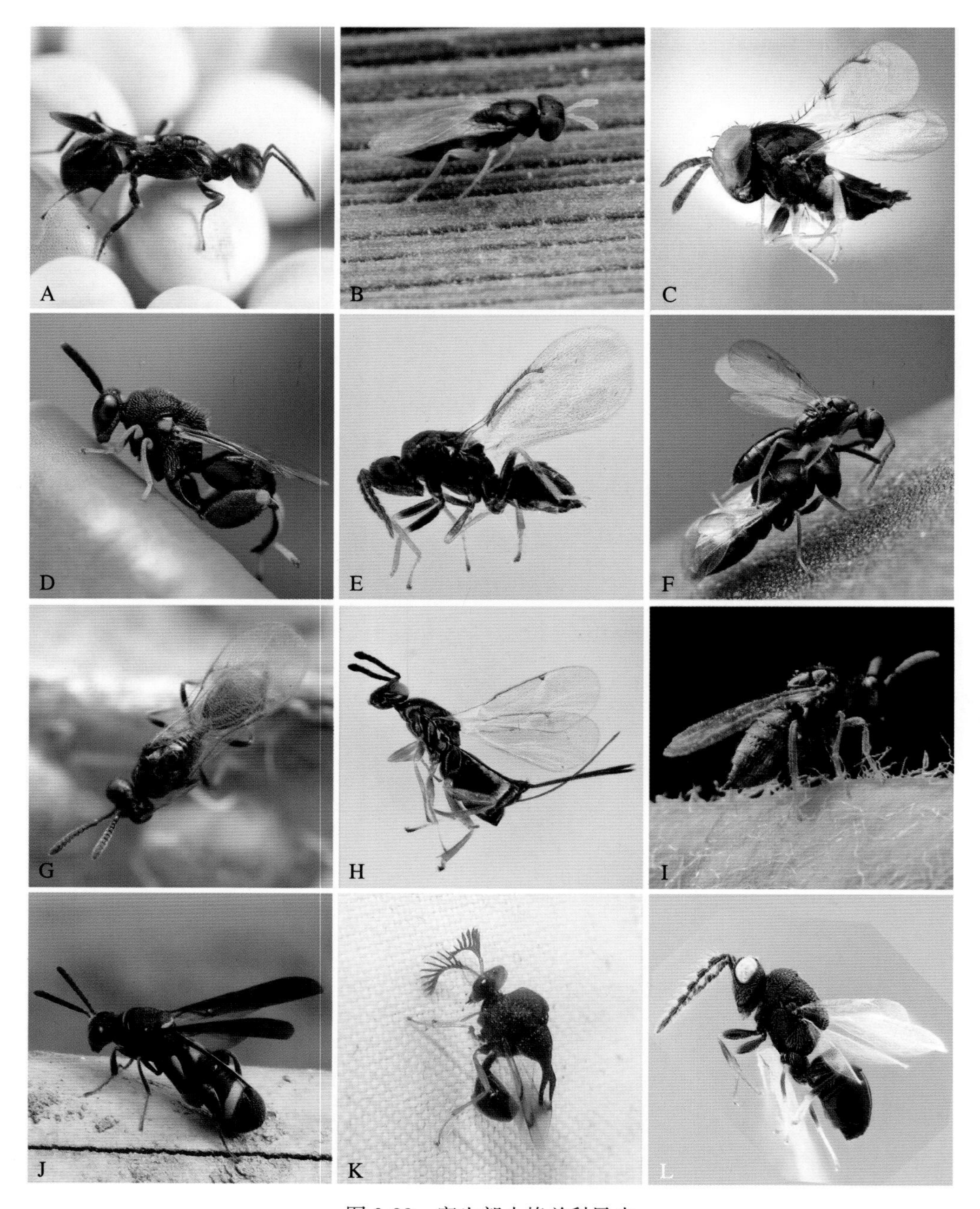

图 3-99　寄生部小蜂总科昆虫

A. 旋小蜂科麻纹蝽平腹小蜂 *Anastatus fulloi* Sheng *et* Wang, 1997；B. 蚜小蜂科蚜小蜂 *Aphelinus* sp.；C. 黄脸拟暗蚜小蜂 *Promuscidea unfasciativentris* Girault, 1917（寄生扶桑绵粉蚧）；D. 小蜂科大腿小蜂 *Brachymeria* sp.；E. 姬小蜂科；F～G. 金小蜂科蛹金小蜂 *Pteromalus puparum* (Linnaeus, 1758)；H. 长尾小蜂科；I. 刻腹小蜂科；J. 褶翅小蜂科日本褶翅小蜂 *Leucospis japonica* Walker, 1871；K. 蚁小蜂科角胸蚁小蜂 *Schizaspidia* sp.；L. 广肩小蜂科（A，C，L，陈华燕 摄；B，D，F～G，I，徐鹏 摄）

（2）针尾部 Aculeata

青蜂总科 Chrysidoidea：前胸背板侧突接近或到达翅基片；后翅无闭室，基部有臀叶。“前胸翅基近或接，后无闭室有臀叶。”

梨头蜂科 Embolemidae：全世界已知 2 属 31 个现生种，中国已知 2 属 6 种。体长 2～5 mm；头梨形，触角 10 节，着生于颜面突起上，远离唇基；雄性翅发达，雌性无翅或短翅；前翅端缘室大，盘室较小（图 3-100A）。生物学未知。“缘室大，盘室小，梨头前伸顶触角。”

短节蜂科 Sclerogibbidae：头梨形，触角 15 节以上，着生于颜面突起上；前翅缘室小，且为闭室；后翅有臀叶；前足腿节特别膨大（图 3-100B）。“尖头如蚁粗前腿，弯角节短数目多。”很小的科，但分布很广，全世界已知 4 属 22 种，如罗斯短节蜂 *Sclerogibba rossi* Olmi，2005 寄生足丝蚁（图 3-100C），中国已知 2 属 3 种。

青蜂科 Chrysididae：全世界已知 5 亚科 3 000 余种。英文名称为 ruby-tailed, cuckoo wasps，盗寄生（kleptoparasitism，一些寄生昆虫通过各种方式，寄生于其他寄生昆虫寄生过的猎物上，其 1 龄幼虫先杀死原来的寄生昆虫的卵或幼虫，之后在“盗取”的猎物上营寄生生活）。青蜂多数种类有蓝色、绿色或红色闪亮的金属光泽；体壁高度骨化，密布粗大的刻点，有的种类在腹部的末缘还有几根刺状突起；头式下口式，复眼发达，触角 13 节；前胸发达，可以一定程度上与中后胸分离；腹部可见 3～5 节（图 3-100D）。其中，尖胸青蜂亚科 Cleptinae 和蝣青蜂亚科 Amiseginae 雄蜂的腹部有 5 节，雌性有 4 节；而叶腿青蜂亚科 Loboscelidiinae 没有金属光泽，雌雄的触角形状略有不同；青蜂亚科的雌雄比较难分辨，一般需要解剖。青蜂的腹面多扁平，在遭遇危机时，腹面能弯卷贴住胸部。在膜翅目针尾部，只有青蜂不像胡蜂那样产卵器特化为有毒的螫针。它只保留着产卵的功能，常见的上海青蜂 *Praestochchrysis shanghaiensis* (Smith, 1874) 产卵管为宝石红色，能伸缩，却无注毒功能。

无毒的青蜂要对付的对象往往还非善类，如捕猎育幼的蜾蠃。青蜂自己并不为子代储备食粮，而是把卵产进蜾蠃的巢内。母蜾蠃在巢里贮满了为子代贮备的猎物——麻醉后的毛毛虫。青蜂的卵孵化后会吃掉蜾蠃的幼虫，进而享用蜾蠃为幼虫贮存的食物，这是典型的盗寄生现象。那么，青蜂是如何躲过蜾蠃成虫的反杀的呢？青蜂像犰狳一样将身体卷贴成卷球状，全靠坚硬的体壁扛过寄主母蜂的反击，在强者的地盘上活出超强的尊严。与青蜂亲缘关系相近的是肿腿蜂，但肿腿蜂已经特化出了毒针。“高度骨化粗刻点，青蓝紫红金光闪。腹部三五节可见，竟学犰狳弯成卷。大眼下口角十三，无毒杜鹃卵管软。”

肿腿蜂科 Bethylidae：体壁黑褐色，无金属光泽；头式前口式，长扁形；触角 12 或 13 节，上颚端部宽，内齿大；唇基常有 1 个明显的纵脊；腿节膨大；腹部可见 7～8 腹节，腹部有基柄；产卵器失去产卵功能，特化为毒针；寄生多种钻蛀性/潜叶类鞘翅目、鳞翅目害虫，也蜇人，如寄生烟草甲的肿腿蜂。哈氏肿腿蜂 *Scleroderma harmandi* (du Buysson, 1903)（图 3-100E）作为天牛的天敌被人工培养并释放。“前口小眼头长扁，体壁黑褐无光闪。唇基常具一纵脊，触角十二或十三。腿节膨大腹有柄，可见七至八腹板。上颚端宽内齿大，毒针螯刺不产卵。”

螯蜂科 Dryinidae：全世界已知 15 亚科 50 属 1 827 种。寄生半翅目蝉亚目和蜡蝉亚目。头式下口式；触角 10 节；雌性有翅或无翅，多数雌性前足第 5 跗节和 1 个爪特化为螯钳状；前翅有前缘室，后翅无翅室，有臀叶；腹部可见 6～8 腹板，腹部有基柄（图 3-100F～G）。“头宽下口角十节，雌虫无翅把蚁学。六八节见腹有柄，前足特化为螯镊。”

毛角蜂科 Plumariidae：小科，分布在非洲南部和南美洲西部，有强的趋光性，有时可在蚁穴发现。触角与前翅等长，触角上有直立的刚毛；前翅端缘室窄，后翅宽，后翅基室与亚基室同宽；所有腿节细，前足跗节长之和为胫节的 1.5 倍。“立毛触角等翅长，倍半胫节跗节量。端缘室窄后翅宽，两室界线在中央。非洲南、美洲西，蚁穴有藏强趋光。”

图 3-100　针尾部青蜂总科昆虫

A. 梨头蜂科，头部正面观（左），前后翅（右）；B. 短节蜂科，同前；C. 罗斯短节蜂 *Sclerogibba rossi* Olmi, 2005 在足丝蚁的丝道上寻找寄主（陈华燕 摄）；D. 青蜂科青蜂 *Chrysis* sp.；E. 肿腿蜂科哈氏肿腿蜂 *Scleroderma harmandi* (du Buysson, 1903)；F. 螯蜂科，无翅；G. 同前，具翅

拟柄土蜂总科 Sierolomorphoidea：仅 1 科，拟柄土蜂科 Sierolomorphidae。触角长度约为前翅的 0.6 倍；前翅端缘室正常宽度，第二亚缘室翅脉未完全骨化；后翅正常，基室明显宽于亚基室；所有腿节膨大，前足跗节与胫节等长。"端缘室小边缘远，1-M 脉弧弯。后翅基室大而宽，腿节膨大胫节短。触角刚过翅长半，不全骨化二亚缘。古北东南美洲全，疑似肿腿脉少见。"

该科在我国目前尚无分布的具体记录，何俊华（2005）认为其中文名应为瘤角蜂科，也有学者认为该科与钩土蜂科相近，建议使用拟钩土蜂科更贴切（刘经贤，私人通信）。

蜜蜂总科 Apoidea：包括泥蜂和蜜蜂。前胸背板远离翅基片或者向后延宽轴与翅基片相接；胸背板后缘背面观，横直形。

唇须两节扁又长，蜜蜂切叶唇舌长。
中唇舌叉分舌蜂，隧蜂基脉弓弧状。
内颚叶状小突起，看亚角缝单或双。
地蜂双缝颜窝在，准蜂无窝缝单帮。

蜜蜂科 Apidae：全世界已知 3 亚科 169 属 5 848 种，中国已知 3 亚科 28 属 421 种。触角窝内侧与亚触角缝相接；下唇须前 2 节扁而长，呈刀片状，上唇宽大于长，如果长大于宽，则与唇基相连处缩窄；前翅 3 个亚缘室（SMC），如果有 2 个亚缘室，则 $SMC_1 > SMC_2$，或者具 1 个亚缘室；后翅轭叶比亚基室（SBC）短，雌性后足胫节及基跗节一般有毛刷或粉筐，盗寄生者无毛刷；阳茎基腹铗缺失或高度退化（图 3-101、图 3-102A）。"体被绒毛口嚼吸，唇宽于长角如膝。角窝内侧接下沟，前胸翅基相远离。前足基跗净角器，后足携粉无端距。"

切叶蜂科 Megachilidae：全世界已知 72 属 4 111 种，中国已知 19 属 317 种。体中型；触角窝外侧与亚触角缝相接；下唇须前 2 节扁而长，呈刀片状，其余 2 节短小，指向侧端，或者第 3 节也扁长；上唇长大于宽，与唇基相连处宽；下唇亚颏呈"V"形；中唇舌细长而尖；前翅 2 个亚缘室，几乎等长；花粉刷如果存在，则位于腹部腹板（图 3-102B～C）。"体多粗壮色无浅，唇长于宽轭叶短。角窝外侧接下沟，雌腹无柄有粉篮。足长多毛无粉刷，前翅二等室亚缘。"

切叶蜂常从玫瑰叶子上切下圆圆的小片儿，带回蜂巢后卷成筒状，将其一端封闭，形成巢室。切叶蜂将采集的花粉和花蜜混合成蜂粮，贮于巢室内，并产下 1 粒卵，然后再用另切的圆形叶片封闭巢室顶部。第 2 个巢室直接筑于第 1 个巢室上方，直至巢穴或巢管造满巢室。当巢穴筑满巢室后，用树脂、木块或泥土封闭巢口。

图 3-101 针尾部蜜蜂总科昆虫

A. 蜜蜂科毛跗黑条蜂 *Anthophora villosula* Smith, 1854, ♂; B. 同前，正面观，示延长的口器; C. 黄胸木蜂 *Xylocopa appendiculata* Smith, 1852; D. 长角长须条蜂 *Eucera longicornis* Linnaeus, 1758, ♂; E. 大蜜蜂 *Apis dorsata* Fabricius, 1793, ♀; F. 芦蜂 *Ceratina* sp., ♂; G. 绿带无垫蜂 *Amegilla zonata* (Linnaeus, 1758), ♀; H. 红光熊蜂 *Bombus ignitus* Smith, 1869, ♂

隧蜂科 Halictidae：全世界已知 4 亚科 75 属 4 427 种，中国已知 4 亚科 6 属 328 种。体小到中型；下唇须各节相似，圆柱状；中唇舌端部尖，下颚内颚叶前部的盔节长而窄，指状，一般与须后部等长，端部具毛；前翅 M 脉第 1 段（基脉）一般呈弧状弓起，后翅轭叶比亚基室（SBC）长；中胸侧板前侧缝一般完整，后胸盾片水平状；阳茎基腹铗正常且明显（图 3-102D～F）。"胸多具毛黑无斑，腹带偶有蓝光闪。唇须圆柱唇舌尖，内颚叶翘毛指端。轭叶长比蜜蜂远，基脉弓弧腹毛边。"

图 3-102　针尾部蜜蜂总科昆虫

A. 蜜蜂科杜鹃蜜蜂 *Nomada* sp.；B. 切叶蜂科壁蜂 *Osmia* sp.，♂；C. 切叶蜂 *Megachile* sp.，♀；D. 隧蜂科淡脉隧蜂 *Lasioglossum* sp.，♀；E. 淡脉遂蜂 *Lasioglossum* sp.，♀；F. 隧蜂 *Halictus* sp.，♀

分舌蜂科 Colletidae：全世界已知 5 亚科 54 属 2 000 余种。体小型；下唇须各节相似，圆柱状；亚触角缝 1 条；中唇舌短，端部圆钝，双叶状或分叉；前翅 2～3 个亚缘室，基脉平直；阳茎基腹铗正常且明显（图 3-103A）。校园里常见的在花上快速飞舞的小蜂多属该科，由于口器短，喜欢到爬墙虎、油菜等蜜腺较浅的植物上访花。

地蜂科 Andrenidae：体小到中型；中唇舌短，端部尖；下唇须各节等长或第 1 节扁长；下颚内颚叶为一个靠近盔节的小突起；触角窝至额唇基缝间有 2 条亚触角缝；雌性和部分雄性常具颜窝或二者均无颜窝；前翅 2～3 个亚缘室，后翅轭叶比亚缘室长，有臀区（图 3-103B）。

准蜂科 Melittidae：全世界已知 4 亚科 14 属 201 种，中国已知 2 亚科 3 属 26 种。绝大多数种类为寡食性；上颚宽大于长；亚触角缝 1 条，无亚触角区，触角缝一般伸向触角内缘；下唇须各节等长，圆柱状；中唇舌短而尖，无舌瓣；下颚内颚叶为一个靠近盔节的小突起；雌性和雄性均无颜窝；毛刷仅限于后足胫节及基跗节（图 3-103C）。

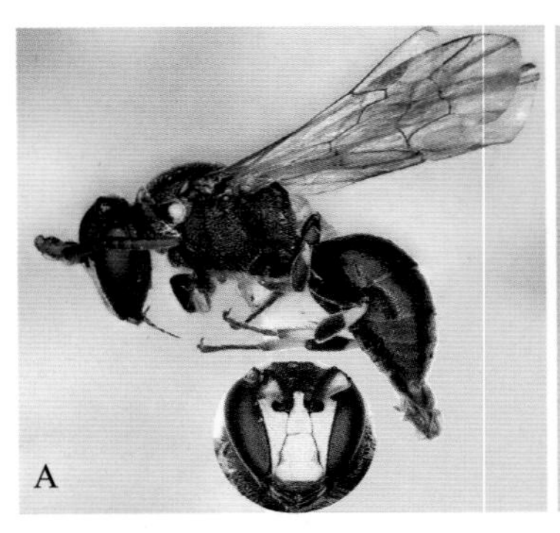

图 3-103　针尾部蜜蜂总科昆虫

A. 分舌蜂科信幸叶舌蜂 *Hylaeus nobuyuki* Ikudome，2013，♂；B. 地蜂科地蜂 *Andrena* sp.；C. 准蜂科准蜂 *Melitta* sp.（C，虞国跃 摄）

泥蜂科 Sphecidae：全世界已知 4 亚科 21 属 859 种，中国已知 4 亚科 11 属 116 种（马丽，2020）。体型较大，长 6～50 mm，色彩鲜艳；前胸背板侧叶远离翅基片；并胸腹节很长；前翅 3 个亚缘室和 2 条回脉；翅轭区超过翅后缘凹痕后区域面积之半，但基部无明显的轭叶；中足胫节常 2 个端距，前足有或无耙状构造；腹柄两侧平行，侧面观仅由第 1 腹板围合而成（图 3-104A～B）。“腹柄平行围一统，中胫端距两分明。后翅轭区宽又大，基无轭叶真泥蜂。”

方头泥蜂科 Crabronidae：全世界已知 8 亚科 245 属 8 194 种，中国已知 6 亚科 84 属 624 种（马丽，2020）。体型较大，长 2～30 mm；头方形，触角窝接近唇基，雌性触角通常粗短；中足胫节常无端距，或 1～2 个端距；与蠊泥蜂科相比，足爪内缘常无齿；盾纵沟前端消失，前足有或无耙状构造；与泥蜂科相比，后翅轭区小，基部的轭叶明显；无腹柄，若有腹柄，则无腹板，或由背板和腹板共同围合而成，如果仅由第 1 腹板围合而成，则轭叶很小（图 3-104C～D）。“中胫端距无或单，后翅轭小基叶显。腹部无柄或有柄，爪不分叉盾沟免。”

蠊泥蜂科 Ampulicidae：全世界已知 2 亚科 12 属 225 种，中国已知 2 亚科 3 属 37 种（马丽，2020），捕食蜚蠊。体型较大，3.5～37 mm，多具强烈蓝色、绿色或紫色金属光泽；前胸背板领片高，长且呈瘤状，侧突接近翅基片或相接；盾纵沟前端明显；并胸腹节长；中足胫节

2 端距，足爪分叉或亚中部有 1 小齿突；腹部无柄，如果有柄，则柄末端膨大，侧面观，柄由背板和腹板围合而成（图 3-104E）。“无柄有柄末端宽，爪有分叉盾沟显。前胸发达并胸长，金光闪闪泥蜂蠊。”

异雌泥蜂科 Heterogynaidae：全世界已知 1 属 9 种，中国已知 0 种（马丽， 2020）。分布在非洲热带区（Afrotropical）和地中海的一个小科。Day（1984）认为该科系统发育关系应处于蜜蜂总科的基部。其特征为前胸背板明显超过翅基片水平；与前翅翅痣相关联一个小翅室；基部缘室明显；后翅轭叶宽大。“异雌泥蜂缘室显，翅基落后前背板。前翅痣连小翅室，轭叶宽大在后翅。”

图 3-104　针尾部蜜蜂总科昆虫

A. 泥蜂科日本蓝泥蜂 *Chalybion japonicum* (Gribodo, 1883)；B. 多沙泥蜂 *Ammophila sabulosa* (Linnaeus, 1758) 捕猎；C. 方头泥蜂科山斑大头泥蜂 *Philanthus triangulum* (Fabricius, 1775), ♂；D. 眼斑沙蜂 *Bembix oculata* Panzer, 1801, ♀；E. 蠊泥蜂科绿长背泥蜂 *Ampulex compressa* (Fabricius, 1781)

蚁总科 Formicoidea：仅 1 科。全世界已知 16 亚科 46 属 14 068 种以上（AntCat: www.antcat.org），中国已知 12 亚科 117 属 1 026 种以上（Antwiki, 2022）。复眼圆，较小，雌性头式前口式，触角膝状；前胸方形，分有翅型和无翅型；腹基部 1 或 2 节呈结节状。均为社会性昆虫（图 3-105）。“复眼无凹前胸方，雌蚁前口角膝状。腹部一二节成结，有翅无翅聚满堂。”

图 3-105　针尾部蚁总科昆虫

A. 蚁科亮红大头蚁 *Pheidole fervida* Smith, 1874 匆忙转移幼虫；B. 有翅繁殖蚁；C. 丝光褐林蚁 *Formica fusca* Linnaeus, 1758 转移蚁茧；D. 山大齿猛蚁 *Odontomachus monticola* Emery, 1892；E. 日本弓背蚁 *Camponotus japonicus* Mayr, 1866；F. 红头弓背蚁 *Camponotus singularis* (Smith, 1858)

蚂蚁以种群数量庞大、"战斗力强"在昆虫纲中几乎是无敌的存在，是不少昆虫幼虫拟态的对象（如部分蝽、灰蝶等）。蚂蚁为抢占资源，会驱逐入侵者，蓄养排蜜昆虫，种植真菌，蓄奴蚁等，蚂蚁社会的复杂行为带给众多学科的研究者启示和灵感，是热门研究的类群，如蚂蚁拥有巨大的潜力和快速的学习能力。法国国家科学研究中心的研究者发现，丝光褐林蚁 *Formica fusca* Linnaeus，1758 的嗅觉非常发达，经过训练，它能够识别出癌细胞散发出的挥发性有机化合物，不仅能区分癌细胞和健康细胞，还能分辨不同的癌细胞。

土蜂总科 **Scolioidea**：包括笨蜂科和土蜂科。

笨蜂科 Bradynobaenidae：雄性有翅，翅脉紧凑至翅的基部，翅痣很小，后翅轭叶明显；腹部第 1 节有柄，末端缢缩；雄性腹部末端有 1 个次刺突上翘（图 3-106）。"缘结土蜂名为笨，翅脉紧凑翅痣隐。三刺雄蜂轭叶显，腹有短柄加缢痕。南美欧亚小科论，无翅蚁蜂易相混。"

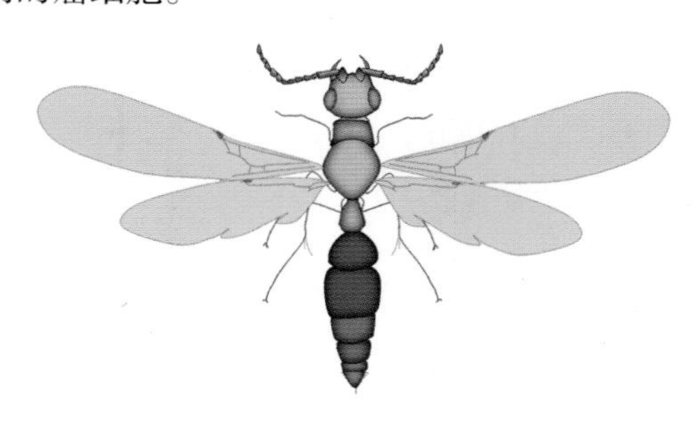

图 3-106　土蜂总科笨蜂

土蜂科 Scoliidae：全世界已知 2 亚科 43 属 28 亚属 560 种 220 亚种（Osten，2005）。土蜂是金龟科幼虫的外寄生天敌。土蜂掘洞产子，将蛴螬蜇刺麻醉后，将卵产在蛴螬体表，多在其腹面中央部位。土蜂卵孵化后，幼虫取食蛴螬，完成生长发育。土蜂科的主要特征是翅缘有密密的纵褶，足粗壮多刺，翅轭叶宽大而翅痣窄小。腹面观，有 1 对三角状大型片状突盖住中后足基部。体色多为黑色，有白色、红色或黄色的斑块或条带（图 3-107A）。"土蜂相爱贴地飞，掘洞产子蛴螬肥。丝状触角多刺足，百褶翅缘当花媒。粗壮多毛眼微凹，轭叶阔大痣窄。片状突盖中后足，白红黄斑黑战袍。"

钩土蜂总科 **Tiphioidea**：仅 1 科，钩土蜂科 Tiphiidae。前翅 7～9 个闭室，翅缘无褶皱，前胸背板发达，前胸背板与中胸有关节可活动，后方达翅基片；中胸侧板无蛛蜂科那样的斜沟。复眼圆，内缘不凹入，触角端部略膨大；翅痣发达椭圆形，后翅有扇叶和臀叶；中胸腹板常有板状突盖基节，两个后足靠近；腹柄稍细而短，雌性腹部 1～2 节常缢缩，雄性腹端有 1 刺（图 3-107B）。"钩土蜂对土蜂鉴，翅痣发达复眼圆。后翅双叶双内切，雄末一刺向上弯。触角略膨腹柄短，中足基节盖突板。后足靠近爪二叉，揉搓蛴螬巧放卵。"

蛛蜂总科 **Pompiloidea**：包括 4 科。

蛛蜂科 Pompilidae：全世界已知 125 属 4 855 种（Aguiar et al.，2013）。外观上容易与某些姬蜂相混，但有发达的前缘室；翅半透明，后翅有臀叶；中胸侧板具 1 斜沟；后足基节几乎与腹部第 1 节等长，如果短，则前足基节比中足基节长（图 3-107C）。"雌蜂触角常弯卷，横缝分开胸侧板。翅半透明泛虹彩，后翅臀叶基节显。爱捏泥丸为巢房，捉得蜘蛛存仔粮。也仿杜鹃懒捕猎，只把他乡当故乡。"

蚁蜂科 Mutillidae：蚁蜂科寄主范围广，寄生双翅目、鞘翅目、鳞翅目的蛹及地鳖蠊科的卵鞘、蜜蜂泥蜂的幼虫等。雄性有翅而雌性无翅，交配时，雄性抱着雌性，飞离地面，在植物上停息、交配，即携配。胸部纺锤形或方匣状，前胸背板与中胸愈合；腹背部多成行的密毛；

雄性腹部末端 1 或多根刺；雌性中足基节相互靠近；有翅的雄性前翅缘室远离翅端，1-M 脉不弯曲，后翅无扇叶和轭叶，翅痣很小，几乎不可见；触角细长（图 3-107D～E）。“胸部纺锤或匣方，背板多毛密成行。雄腹末刺一或多，雌性中足相依傍。前翅缘室远翅端，1-M 脉不弯。后翅无扇无轭叶，角细翅痣小不见。”“双翅鞘翅鳞翅蛹，地鳖蠊科卵鞘香。携雌交配秀恩爱，蜜蜂泥蜂幼虫伤。”

图 3-107　针尾部昆虫

A. 土蜂总科土蜂科巨长腹土蜂 *Megacampsomeris* sp.；B. 钩土蜂总科钩土蜂科；C. 蛛蜂总科蛛蜂科弯沟蛛蜂 *Cyphononyx* sp.；D. 蚁蜂科，♂；E. 同前，♀

节腹土蜂科 Myrmosidae：和蚁蜂相似，但翅痣大，基节背部有 1 个大的薄片；雄性腹部第 1 背板基部有 1 个小齿；前翅 2-SR 脉存在，形成典型的三角形第二亚缘室。后翅有轭叶。翅基片上满布刻点（图 3-108A）。“端缘室长轭叶显，后足基节大薄片，貌似蚁蜂翅痣大，多个三角室亚缘。全北东洋一小科，寡毛蚁蜂亲友团。”

寡毛土蜂科 Sapygidae：寄生蜜蜂科、切叶蜂科或者在地上筑巢的蜾蠃幼虫。主要在全北区分布的一个小科，但只有澳洲区尚未发现。Pilgrim 等（2008）认为该科与节腹土蜂科一起为蚁蜂科的姐妹群。复眼内缘凹陷；胸部腹板平，无向后延伸的三角形板状突；后足基节紧靠；前翅闭室 9 个以上，端缘室和亚缘室均较大，后翅的轭叶较小（图 3-108B）。“光裸复眼内缘凹，胸腹板平腹无矛。前翅封闭翅室多，后足基节紧挨着。端缘亚缘双室长，后翅轭叶相对小。科小广布全北区，澳洲区里无处找。”

图 3-108　针尾部昆虫

A. 节腹土蜂科；B. 寡毛土蜂科叉唇寡毛土蜂 *Sapyga coma* Yasumatsu *et* Sugihara, 1938, ♀

膨腹土蜂总科 **Thynnoidea**：包括 2 科（膨腹土蜂科 Thynnidae 和迟土蜂科 Chyphotidae）。

膨腹土蜂科 Thynnidae：额区在触角上方有 1 对突起，雌性高度退化或无翅；体表光滑少毛， 额区具隆突或触角间有叶状突起，或后翅具有一轭和叶一内切，前胸背板有领片。“角上龙王额头鼓，后翅一叶一切入。前胸背板领片在，中胸腹板无角突。上生殖板多变形，下生殖板一刺出。 携配双飞伟丈夫，寄生甲虫或蝼蛄。”

胡蜂总科 **Vespoidea** ***s.str.***：广义的胡蜂总科包括除青蜂总科和蜜蜂总科之外的所有类群，如蛛蜂、土蜂、蚁、胡蜂等，但根据 Branstetter 等（2018）的系统，狭义的胡蜂总科仅剩下胡蜂科 Vespidae 和刺角蜂科 Rhopalosomatidae。前胸背板侧面与翅基片相接，翅脉不伸达翅的外缘，后翅至少有 1 个闭室；雌性触角为 12 节，雄性触角则为 13 节。“前胸背突接翅基，后翅至少闭室一。翅脉不达翅外缘，触角十二或十三。”

胡蜂科 Vespidae：前翅通常第 1 盘室很长，超过翅前缘长度的 0.4 倍；下唇的侧唇舌和中唇舌端部骨化成小瓣；停息时，翅通常纵褶（图 3-109）。“第一盘室长出格。中唇舌、侧唇舌。末端骨化成小瓣。翅面休息爱纵褶。” 较为常见的胡蜂科蜾蠃亚科昆虫为营寄生生活。

迄今，全世界已知胡蜂科 5 210 种以上，包括独栖性经亚社会性过渡到真社会性的所有代表类群，是研究动物社会性起源的理想类群。近年来，有研究者提出了 8 亚科分类系统，即狭腹胡蜂亚科 Stenogastrinae （(盖胡蜂亚科 Gayellinae ＋ 犹胡蜂亚科 Euparagiinae）＋马萨胡蜂亚科 Masarinae）＋（蜾蠃亚科 Eumeninae＋（长腹胡蜂亚科 Zethinae＋（马蜂亚科 Polistinae＋胡蜂亚科 Vespidae)))），这个系统摒弃了传统的胡蜂科单向起源的观点，支持社会性双向起源的假说。盖胡蜂亚科和犹胡蜂亚科未在我国分布，我国最常见的有 3 个亚科：蜾蠃亚科、马蜂亚科和胡蜂亚科。

胡蜂科成虫捕猎育幼或为子代贮食，捕猎对象广泛，对害虫生物防治以及自然生态平衡有重要意义。然而，少部分真社会性种类因群体庞大，受惊扰群体防御，可能群袭伤人，一定程度上成了安全公害。近年来，胡蜂与植物的关系也得到研究者的关注。

图 3-109　针尾部胡蜂科昆虫

A. 胡蜂科狭腹胡蜂亚科丽真狭腹胡蜂 *Eustenogaster scitula*（Bingham, 1897）；B. 蜾蠃亚科镶黄蜾蠃 *Oreumenes decoratus*（Smith, 1852）；C. 马蜂亚科陆马蜂 *Polistes rothneyi* Cameron, 1900；D. 斯马蜂 *Polistes snelleni* de Saussure, 1862；E. 印度侧异胡蜂 *Parapolybia indica*（de Saussure, 1854），♀；F. 胡蜂亚科黄脚胡蜂 *Vespa velutina* Lepeletier, 1836；G. 树洞里的笛胡蜂 *Vespa dybowskii* Andre, 1884；H. 基胡蜂 *Vespa basalis* Smith, 1852 树上的大巢；I. 细黄胡蜂 *Vespula flaviceps*（Smith, 1870）取食鼩鼱尸体

刺角蜂科 Rhopalosomatidae：乍一看，外观近似胡蜂科马蜂亚科种类，是寄生蟋蟀的一个小科，夜出型，仅分布在美洲、印度和澳大利亚等地。刺角蜂以触角第 2，8 节端部各有 2 个刺而得名。其中，胸腹板向后延伸成三角形片状突，遮盖部分中足基节，足跗节细长，雌性跗节 2~5 节变宽，雄性腹部末端有 2 根刺。对比胡蜂，刺角蜂的前翅盘室高，翅痣小。其后翅 2 处内切，形成扇叶和轭叶。“触角七八节端刺，盘室高高小翅痣。腹板三角盖中足，跗节细长双叶翅。雌性宽跗二至五，雄性双刺在腹末。寄生蟋蟀一小科，夜行美洲印澳国。”

思考与回顾

1. 谈谈膜翅目对各种环境生活的适应性。
2. 试将收集的膜翅目针尾部昆虫分科。

19. 前翅平衡棒，后翅两扇扇——捻翅目 Strepsiptera

寄生昆虫捻翅目，雌无角眼缺翅足。
雄虫前翅平衡棒，后胸极大形特殊。（YJK）

捻翅虫很不常见，Kathiritamby（2009）揭示了捻翅虫（Myrmecolacidae）复杂的生活史。它的雌性寄生一种昆虫，而雄性则可能攻击另外一种。1 龄幼虫爬出母体自由生活；雄性幼虫会攻击蚂蚁，雌性幼虫则攻击直翅目、螳螂目昆虫；而后各自营内寄生生活，雄性羽化后，成功杀死寄主，飞出寄主寻找雌性交配，雌性则终生寄生，等待雄性前来交配。

形态特征：体小型，口器咀嚼式。雄性（图 3-110）：触角 4～7 节，栉齿状或鳃状；前翅退化为平衡棒，后翅膜质、扇形，纸捻状，翅脉极少；后胸部极大。雌性（图 3-111）：无翅，体形似幼虫；无眼、足和翅；头外露寄主体外；腹部袋状，终生寄生。

生物学：复变态。寄生性，多寄生于蚤蝼、叶蝉、飞虱、土蝽、胡蜂等体内。全世界已知约 400 种，中国已知 23 种以上。

图 3-110　捻翅虫，♂（张祺婧 画）

图 3-111　捻翅虫，♀

A. 捻翅虫，♀（红圈标记的部位）寄生于沟蜾蠃 *Ancistrocerus* sp. 体内；B. 捻翅虫寄生部位放大，侧面观；C. 同前，背面观

思考与回顾

1. 如何采集捻翅目昆虫？
2. 谈谈捻翅目与双翅目昆虫的区别。

20. 全身铠甲的昆虫——鞘翅目 Coleoptera

装甲护体鞘翅目，触角多变单眼无。

前胸发达小盾露，幼虫寡足或无足。（YJK）

通称甲虫（beetles），常见的有皮蠹（图 3-112）、锹甲、金龟子、天牛、吉丁甲、叩头甲、瓢甲、芫菁、萤火虫等。鞘翅目昆虫的前翅特化为皮革质，全副武装的甲虫可上天入地，几乎无所不能，堪称是昆虫中的王者。看似笨拙坚硬的鞘翅，其实是精巧的机械装置。为了躲避捕食者等危险，它们可以在 100 ms 内迅速展开两对翅去飞行。近年来，我国研究者利用高速相机观察、显微 CT 和扫描电镜观察以及数学模型计算等方法进行了一系列研究，研究结果揭示了七星瓢虫鞘翅榫卯结构吸能减震的机理，发现瓢虫在两侧榫卯结构内边缘的顶部各有一排均匀分布的刚毛，当鞘翅闭合时，刚毛被压弯。这些刚毛所储存的能量达到了鞘翅展开的初始阶段所需能量的 38.9%，在鞘翅展开的过程中发挥着重要作用。

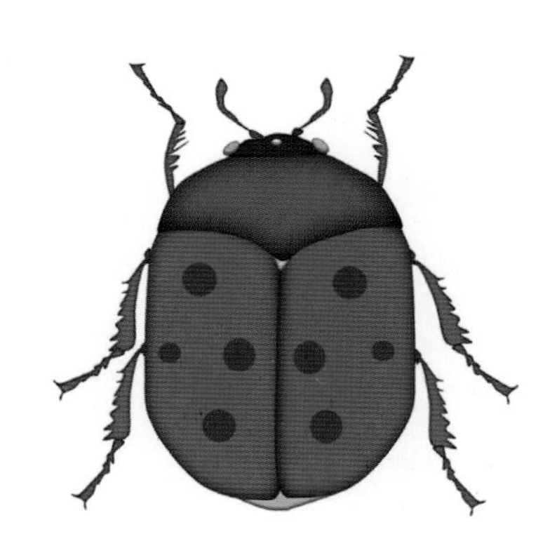

图 3-112　皮蠹

形态特征：体壁坚硬；口器咀嚼式；触角类型有丝状、栉齿状、鳃叶状、膝状等；前翅鞘翅，后翅膜质；前胸背板发达，中胸小盾片常外露。

生物学：全变态，分布甚广；幼虫有蛃型、蛴螬型等；有植食性、肉食性、寄生性和腐食性。目前全世界已知 48 万余种，占昆虫纲的 40%以上；中国已知 3.3 万余种，是昆虫纲中乃至动物界种类最多、分布最广的第一大目。鞘翅目种类繁多，分类系统也呈现多样化，即使是被普遍认可的系统也仍在研究中不断发生变化。杨星科（2008）在《秦岭昆虫志》里给出了 4 亚目 18 总科 193 科系统图。

常见科的识别

原鞘亚目 Archostemata：仅 1 总科——长扁甲总科 Cupedoidea，4 科，全世界仅 9 属 40 余种，中国有 8 种。其特点是前胸背板有背侧缝；后翅有一纵室；第一可见腹板未被分隔开；常见于树皮下或腐木中，灯诱可得（图 3-113A）。

藻食亚目 Myxophaga：该类群成虫和幼虫体型微小，大多小于 2 mm，触角棒状，后翅缨翅（图 3-113B～C）。除球甲为半水生外，其余均为水生昆虫，以附着在水中石头上的藻类、菌类为食。种类稀少，全世界共 86 种，分属 4 科：单跗甲 Lepiceridae（足跗节融合为 1 节）、淘甲科 Torridincolidae、球甲科 Sphaeriusidae（藻食亚目唯一能在干旱地区生活的类群，主要生活在溪流旁的细沙中，半水生）与水缨甲科 Hydroscaphidae（鞘翅末端平截，腹部末端数节外露，延长如尾状结构）。

肉食亚目 Adephaga：前胸背板有背侧缝，后翅有 1 纵室；6 个可见腹板，第 1～3 节愈合，后足基节固定在后胸腹板上，第 1 腹板被后足基节完全分隔开；幼虫蛃型（图 3-113D～E）。“前胸背侧缝，后翅小室纵。后足基节固后胸，完全分开第一腹。跗式五五五。”该亚目包括 12 科，仅介绍 4 科。

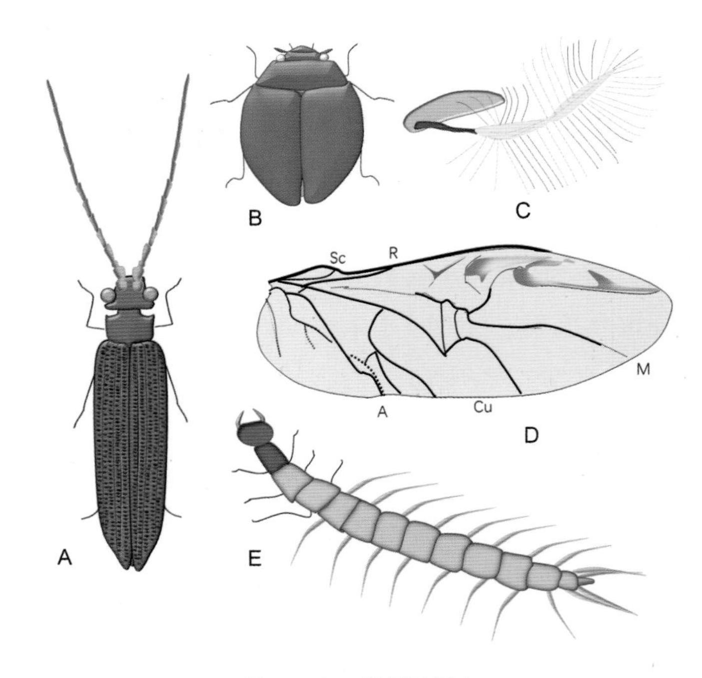

图 3-113　鞘翅目昆虫

A. 原鞘亚目长扁甲；B. 藻食亚目水缨甲；C. 水缨甲的后翅为缨翅；D. 肉食亚目后翅翅脉；E. 豉甲的幼虫

步甲科 Carabidae：全世界已知 3.4 万余种，中国已知 3 500 余种。头前口式，窄于前胸；下颚无能动的齿；鞘翅表面具纵沟或刻点行；后翅常退化，不能飞，仅能在地面行走；幼虫黑色，足长，活跃；第 9 节尾突发达；捕食性（图 3-114、图 3-115A～D）。“少数鲜艳多暗淡，头前口式没胸宽。后足转节叶膨大，步甲后翅常退化。”

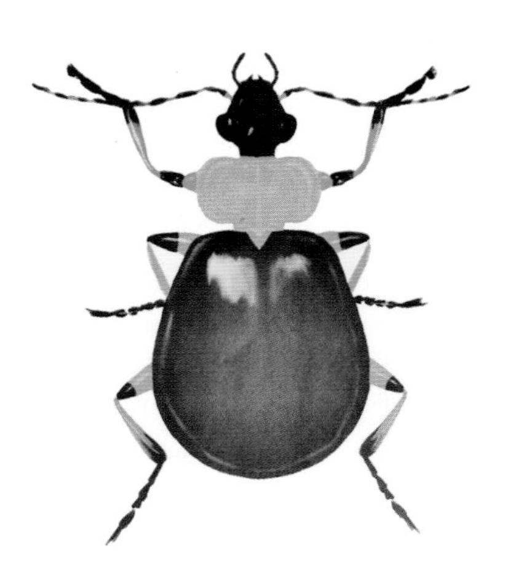

图 3-114　步甲科大盆步甲
（黄红雨 画）

虎甲科 Cicindelidae: 全世界已知 2 000 种，中国已知 120 余种。具金属光泽和鲜艳斑纹；头比前胸宽，下口式，下颚长，有 1 个能动的齿；鞘翅上无沟或刻点行；后翅发达，能飞行，又名引路虫。虎甲幼虫生活于土中隧道内，捕食小昆虫，头在隧道入口处，背钩可防止被猎物拖出，无尾突（图 3-115E～F）。常见有中华虎甲 *Cicindela chinensis* De Geer，1774 和杂色虎甲 *C. hybrida* Linnaeus，1758 等。“体常鲜艳金光闪，头下口式比胸宽。虎甲有名引路虫，后翅飞翔距离短。”

图 3-115　肉食亚目昆虫

A. 步甲科耶屁步甲 *Pheropsophus jessoensis* Morawitz, 1862；B. 大步甲亚科蛃型幼虫；C. 切鞘步甲 *Carabus pseudolatipennis* Deuve, 1991 成虫捕食蚯蚓；D. 步甲幼虫捕食蚯蚓；E. 虎甲科多型虎甲红翅亚种 *Cicindela coerulea nitida* Lichtenstein, 1796；F. 树栖虎甲 *Neocolyris* sp.

龙虱科 Dytiscidae：全世界已知 10 亚科 174 属 4 223 种，中国已知 6 亚科 44 属 335 种。水生，可捕食小鱼。体光滑，长卵圆形，后足为游泳足；后足基节很大，与后胸腹板占据腹面之大半；雄虫前足跗节膨大，抱握足（图 3-116A～C）。“虫体流线角丝状，后足最长形似桨。雄性前足抱握足，停息头下腹朝上。”

豉甲科 Gyrinidae：全世界已知 900 余种，中国已知 6 属 56 种。体呈船形；前足长，中、后足短扁，如桨，为游泳足；每侧复眼分上下两部分；气管呼吸，鞘翅下的储气囊潜水带气泡；幼虫腹部两侧具管状呼吸鳃，形似蜈蚣；捕吸式口器能在咬到猎物时，把毒素注入猎物体内，将猎物化成液体（图 3-116D～F）。“肉食豆瓣硬壳船，四眼豉甲疯跑圈。前足细长强又壮，中后足扁赛船桨。翅边沟缝如气囊，能游敢浅还趋光。幼虫管鳃似蜈蚣，毒牙猎食剩皮囊。”

多食亚目 Polyphaga：与肉食亚目的区别在于其后足基节不把腹部第一可见节分为两部分，具颈片。鞘翅目中种类最多的亚目，全世界已知种类超过 30 万种，约占所有已知甲虫的 90%。

牙甲总科 **Hydrophiloidea**：下颚须等于或长于触角，触角端部数节棒状具毛；幼虫下颚内外颚叶明显分离；包括水生（牙甲科 Hydrophilidae）或陆生（阎甲科 Histeridae）等。

牙甲科 Hydrophilidae：全世界已知 9 亚科 168 属 2 803 种，中国已知 43 属 252 种。水生，俗名牙甲、水龟虫。下颚须比触角长，触角端部不对称棍棒状；翅面刻点成列，部分种类胸部腹面长中脊突（剑突）；跗式 5-5-5，游泳足离中足较近（与龙虱相比）；腹部一般可见 5 节。分布广，水域或潮湿环境中；成虫腐食性，幼虫多为捕食者；成虫鞘翅下气泡或体毛形成的“气盾”呼吸，触角端锤或杯状节运送空气，幼虫通过气室气门或侧鳃呼吸；足交替运动凫水（图 3-116G～H）。“体似龙虱腹平扁，触角棍棒比须短。中腹剑突跗均五，后足游泳交替凫。”

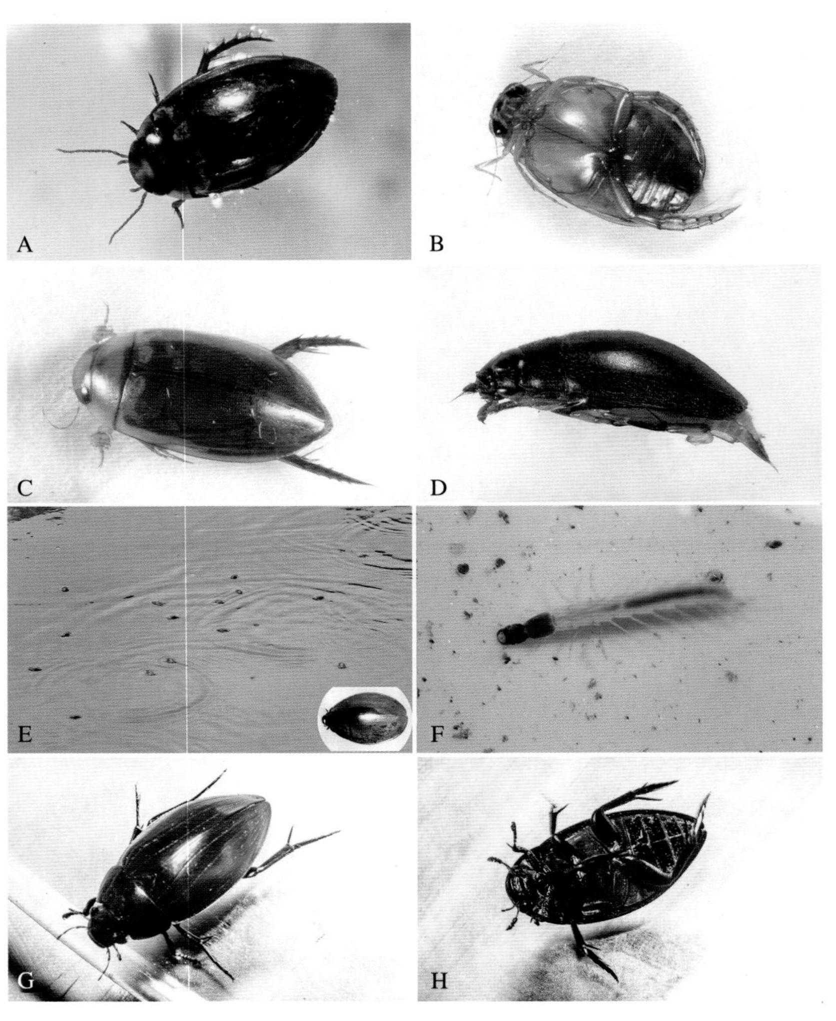

图 3-116　鞘翅目昆虫

A. 肉食亚目龙虱科斑龙虱 *Hydaticus* sp.，♀；B. 齿缘龙虱 *Eretes* sp.，腹面观，♀；C. 窄缘龙虱 *Lacconectus* sp.，♂，示前足胫节特化为吸盘状的抱握足；D. 豉甲科暗毛豉甲 *Orectochilus obscuriceps* Regimbat, 1907；E. 圆豉甲 *Dineutus* sp.（右下为放大图）游在水上；F. 豉甲幼虫 “水蜈蚣”；G. 多食亚目牙甲总科牙甲科牙甲 *Hydrophilus* sp.；H. 同前，腹面观，示长剑状突

隐翅甲总科 Staphylinoidea：鞘翅极短，末端横截，腹末数节外露；触角非膝状，下颚须短于触角；前足非开掘式；翅脉隐翅甲型，M，Cu 分离（图 3-117）。全世界已知约 4.5 万种，包括 11 科：平唇水龟科 Hydraenidae、缨甲科 Ptiliidae、觅葬甲科 Agyrtidae、球蕈甲科 Leiodidae、寄居甲科 Leptinidae、苔甲科 Scydmaenidae、毛蕈甲科 Dasyceridae、葬甲科 Silphidae、铠甲科 Micropeplidae、隐翅甲科 Staphylinidae、蚁甲科 Pselaphidae（图 3-118）。

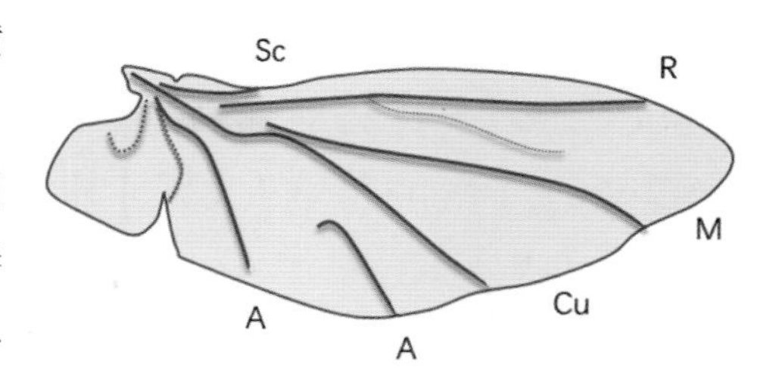

图 3-117　隐翅甲的后翅，示隐翅甲型翅脉

图 3-118　多食亚目隐翅甲总科昆虫

A. 隐翅甲科鸟粪隐翅虫 *Eucibdelus* sp.；B. 毒隐翅甲 *Paederus* sp.；C. 葬甲科黑冥葬甲 *Ptomascopus morio* Kraatz，1877；D. 尼覆葬甲 *Nicrophorus nepalensis* Hope，1831；E. 葬甲背上密密麻麻的螨虫；F. 蚁甲科野村氏长角蚁甲 *Pselaphodes nomurai* Yin，Li *et* Zhao，2010

隐翅甲科 Staphylinidae：全世界已知5.6万种。隐翅虫体细长，两侧平行；鞘翅极短，大部分腹节外露；后翅发达；多为腐食性，少数捕食性。毒隐翅虫属 *Paederus* 关节腔中分泌体液（含隐翅虫素）能引起隐翅虫皮炎。“体多细长两侧平，跗节多变隐翅虫。后翅发达叠鞘下，鞘翅极短后截平。”

葬甲科 Silphidae：全世界目前记载186种。体表多光滑无密毛；触角11节，端部棒状，末端3节常为橘黄色；鞘翅末端多数平截，腹末2～3背板常外露；跗式5-5-5，前足基节窝开放，中足基部远离；尸食性。“体表光滑常色暗，鞘翅平截露背板。跗节均五中足远，触角橘黄棍锤端。”

蚁甲科 Pselaphidae：全世界已知650属5 000余种。体小型，0.5～5.5mm；头后收缩成颈，触角端棒状；前胸背板窄于鞘翅或腹部，侧边不明显或无侧边；鞘翅短，末端平截，露出5个腹节背板；跗节多为3-3-3式，有时为2-2-2式；腹节相对固合，可见6节腹板。

金龟总科 Scarabaeoidea：全世界已知约3.1万种，包括12科约2 200属，中国已知9科约3 000种。触角鳃叶状，故又称鳃角类。幼虫为“蛴螬”，有的为常见地下害虫。尽管有些种类被认定是害虫，但金龟总科的不少种类幼虫取食腐木或者粪食，是大自然的分解者和清洁工。“这是奥锹甲的幼虫，不是黑蜣的幼虫，黑蜣的幼虫只有2对胸足。”甲虫专家仅靠幼虫图片就分辨出了大致类群。金龟总科中有不少种类个体大且威武霸气，是很多甲虫研究者和爱好者的养殖对象，也是昆虫绘画者最喜欢的绘画主题。有人把金龟的饲养和繁殖做成了产业，如锹甲、双叉犀金龟等，他们对养虫所需的饲料、朽木发酵、化蛹场所等都有诸多探究。该总科内高级阶元分类问题仍存争议，科与亚科的界限不十分清晰。包括粪金龟科 Geotrupidae、绒毛金龟科 Glaphyridae、锹甲科 Lucanidae、金龟科 Scarabaeidae、黑蜣科 Passalidae、皮金龟科 Trogidae、红金龟科 Ochodaeidae、拟锹甲科 Sinodendridae、驼金龟科 Hybosoridae（包括球金龟亚科 Ceratocanthinae）、毛金龟科 Pleocomidae、重口金龟科 Diphyllostomatidae、刺金龟科 Belohinidae、砂金龟科 Glaresidae（图3-119）。

锹甲科 Lucanidae：全世界已知5亚科95属1 250种。多数雌雄异型；触角膝状弯曲，第1节明显长于第2节和第3节长度之和，少于11节，鳃片部不紧密结合；前胸背板不窄于头或鞘翅宽。“体黑或褐较扁平，威武鞘甲性二型。头大前口角膝状，上颚角状斗称雄。跗式简单五五五，前胸宽方翅完整。”

图 3-119　多食亚目金龟总科昆虫

A. 黑蜣科黑蜣 *Aceraius* sp.; B. 绒毛金龟科长角绒毛金龟 *Amphicoma* sp.; C. 锹甲科斑股深山锹 *Lucanus maculifemoratus dybowskyi* Parry, 1873, ♂; D. 锹甲 *Lucanus* sp., ♀

粪金龟科 Geotrupidae：全世界已知 108 属 1 020 种，中国已知 13 属 114 种。触角 11 节，触角膝状弯曲；体表被毛（或触角非膝状弯曲，体表光裸）；前胸背板强烈隆起；中足基节相互靠近，后足有 1 对端距；小盾片裸露；第 8 气门位于背甲（图 3-120A）。"粪金龟科多迷惑，触角十一小盾裸。后足端距有一对，中足基节紧靠着。"

金龟科 Scarabaeidae：全世界已知 21 亚科 1 600 属 2.7 万种，占总科的 91%。体粗壮，卵圆形或长形，背凸；触角鳃叶状，末端第 3 或 4 节侧向膨大；前足胫节膨大，变扁，外侧具齿（图 3-120B～D）。"金龟角端成鳃瓣，前足胫节齿刺见。后足基节外侧面，第二腹节小骨片。"

蜣螂亚科 Scarabaeinae：全世界已知 235 属 5 700 余种，中国已知 30 属 345 种。体躯卵圆，背腹均隆拱；唇基铲状，口器和触角基节背面均不可见；臀板半露；各腹板从两侧向中央明显变窄，腹部中线长度短于后胸腹板；小盾片通常不可见；鞘翅有 7～8 条刻点沟；中足基节左右远离。"体多卵圆和背佝，铲头多齿式前口。中胸小盾不外露，鞘翅七八刻点沟。触角有节八或九，端部三节鳃片有。胫节端距仅一枚，中足基节远分手。"

图 3-120 多食亚目金龟总科昆虫

A. 粪金龟科奥粪金龟 *Odontotrypes* sp.；B. 金龟科蜣螂亚科粪蜣螂属 *Copris* sp.；C. 异粪蜣螂 *Paracopris* sp.；D. 犀金龟亚科橡胶木犀金龟 *Xylotrupes gideon*（Linneaus，1767）

犀金龟亚科 Dynastinae：全世界已知 1 670 种，中国已知 13 属 50 余种。触角基节背面不可见，上颚背面可见；前胸背板基部和鞘翅宽近相等；中、后足爪简单大小相等，且不可以独立活动，后足胫节 1 个端距；臀板完全裸露（图 3-121）。"头与前胸有角突，尤以雄虫最显著。上颚发达背可见，前后气门成折线。"

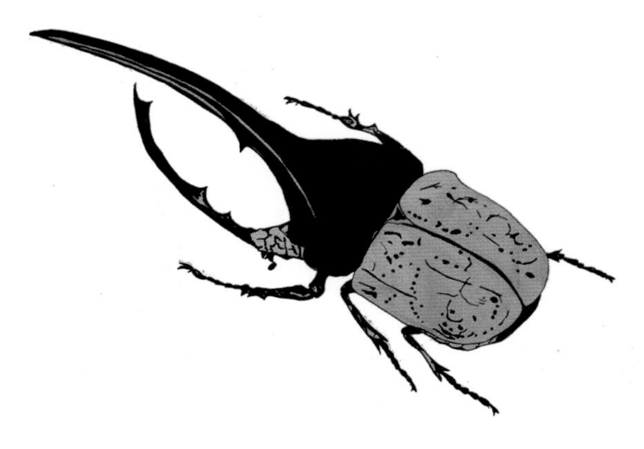

图 3-121 犀金龟亚科长戟大兜虫（李佳妮 画）

臂金龟亚科 Euchirinae：全世界已知 3 属 13 种，中国已知 2 属 4 种。雄性前足胫节极度延长，常与体长相当，胫节具 2 个长刺；爪末端分叉且相等；前胸背板两侧向后强烈延伸，侧缘具齿，后角钝具粗齿；气门列有折角，呈 2 列（图 3-122A～B）。"不见上颚头小点，三对气门露鞘边。最是雄性前足长，前胸背板锯齿缘。"

鳃金龟亚科 Melolonthinae：全世界已知 750 属 1.1 万种，中国已知 74 属 895 种。触角基节背面不可见，上颚背面可见；前胸背板基部明显窄于鞘翅；中、后足爪多分叉或具齿，后足胫节 1-2 个端距；前后气门成一列，臀板完全裸露（图 3-122C～D）。“前后气门成一线，腹末一对露外缘。后爪相等两分叉，触角鳃片三至八。”

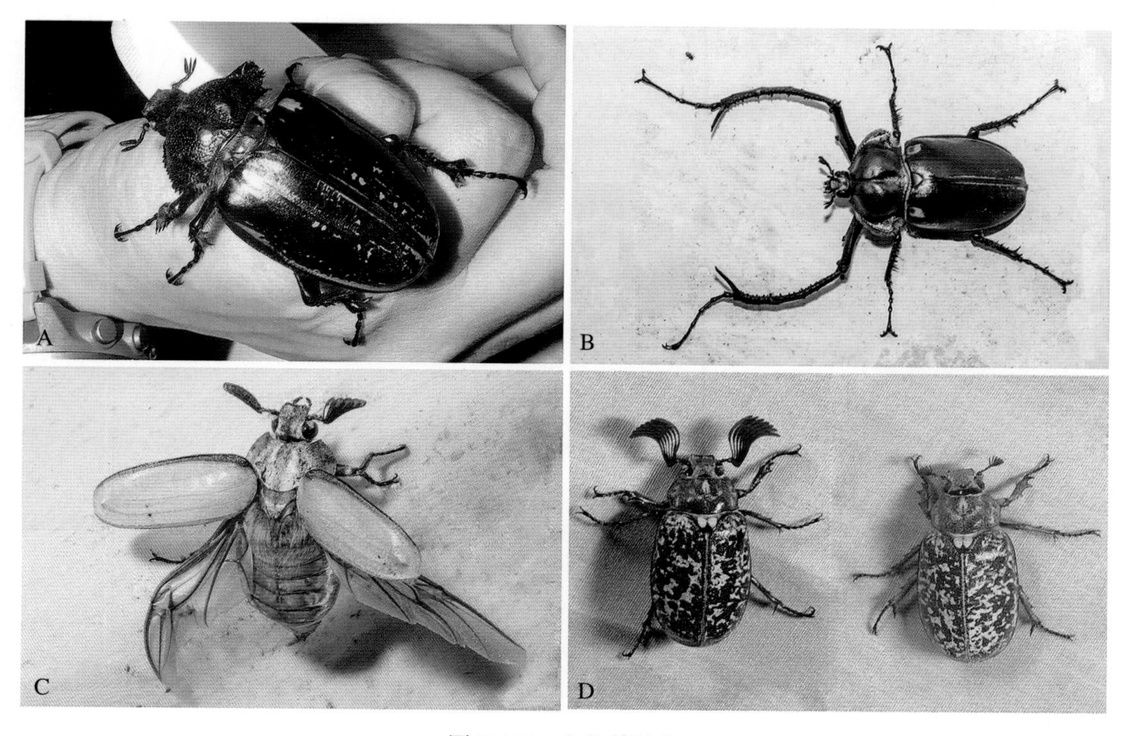

图 3-122　金龟科昆虫

A. 臂金龟亚科阳彩臂金龟 *Cheirotonus jansoni* (Jordan, 1898)，♀；B. 同前，♂；C. 鳃金龟亚科；D. 云斑鳃金龟 *Polyphylla laticollis* Lewis, 1887，♂（左）和♀（右）

丽金龟亚科 Rutelinae：全世界已知 200 属 4 100 种，中国已知 25 属 495 种。体椭圆形；触角基节背面不可见，上颚背面可见；前胸背板基部明显窄于鞘翅；中、后足爪大小不等且可独立活动；小盾片通常可见；臀板完全裸露（图 3-123A）。“前后气门成折线，后爪一对有长短。触角十节鳃片三，色彩艳丽体椭圆。”

花金龟亚科 Cetoniinae：全世界已知 509 属 3 600 余种，中国已知 69 属 413 余种。体椭圆形或长形，一般具鲜艳的金属光泽；触角基节背面可见；中胸腹板突向前伸出，椭圆形；鞘翅肩后缘向内弯凹；小盾片通常可见；臀板完全裸露（图 3-123B～D）。“体色艳丽有花斑，肩后略凹鞘外缘。后爪一对等长短，中胸腹板伸突圆。”

图 3-123 金龟科昆虫

A. 丽金龟亚科四纹弧丽金龟 *Popillia quadriguttata* Fabricius, 1787; B. 花金龟亚科纺星花金龟 *Protaetia fusca* (Herbst, 1790); C. 胫穗带花金龟 *Taeniodera garnieri* (Bourgoin, 1917); D. 光斑鹿花金龟 *Dicranocephalus dabryi* Ausaux, 1869, ♂

叩甲总科 Elateroidae：后胸背板无横缝，前胸可动，腹部背板骨化弱；后足基节具明显的完整腿盖，前足基节窝开式；跗式为 5-5-5；腹部可见 5 节。包括 17 科，仅介绍 4 科。

叩甲科 Elateridae：世界已知 1.2 万余种，中国已知 1 400 余种。叩甲科幼虫为金针虫（图 3-124），是主要的地下害虫之一。前胸腹板有一楔形突插入中胸腹板沟内，形成关键，为弹跳工具；前胸后角尖且突出；跗节 5 节（图 3-125A～B）。“体色黑褐长平扁，触角锯栉或丝纤。前胸背板后角尖，腹板无缝有关键。”

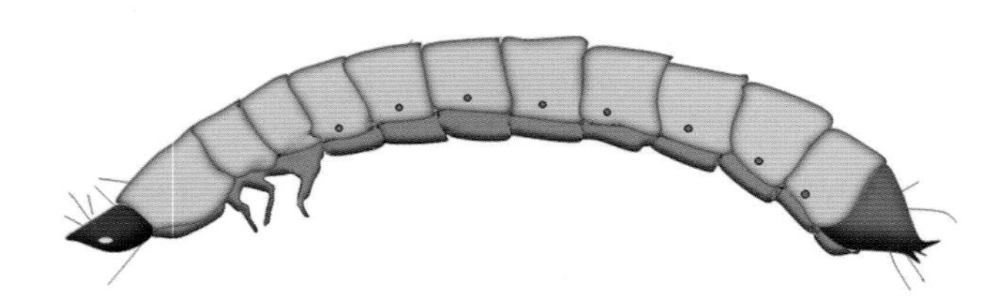

图 3-124 叩甲幼虫——金针虫

萤科 Lampyridae：头式为前口式，触角丝状或栉状；前胸背板近似三角形将头部背面完全遮住；具腿盖，后翅具臀室（区别于光萤科 Phengodidae）；腹面有发光器；跗节 5-5-5 式（图 3-125C～F）。“体壁鞘翅均柔软，雌雄二型腹光源。前胸发达盖头部，触角丝栉口在前。”

图 3-125　多食亚目叩甲总科昆虫

A. 叩甲科叩甲亚科双脊叩甲 *Ludioschema* sp.；B. 山叩甲亚科武当筛胸叩甲 *Athousius wudanganus* Kishii *et* Jiang, 1996；C. 萤科窗萤 *Lychnuris* sp.，腹面观；D. 同前，背面观；E. 窗萤 *Lychnuris* sp.，腹面观（左），背面观（右）；F. 窗萤幼虫

红萤科 Lycidae：全世界已知 4 900 种，中国已知 240 种。又称网翅甲虫（net-winged beetles），体常红色；前胸背板近似三角形，但未将头部背面完全遮住。与萤火虫不同，腹面没有发光器；后胸腹板后缘平直，足转节较长，跗节 5-5-5 式。幼虫侧叶型，类似奇特“三叶虫”，有些属存在幼态持续现象（图 3-126A～C）。“体多红色也黑黄，两侧平行不发光。三角前胸多网格，后胸缘直转节长。”

花萤科 Cantharidae：全世界已知 173 属 6 000 余种，中国已知 4 亚科 41 属 700 余种。头部背面可见；鞘翅柔软，前胸背板近方形，后胸腹板后缘波曲；足转节短，跗节 5-5-5 式（3-126D～F）。“体蓝黑黄鞘翅软，成幼捕食花草间。头部背面即可见，后胸波缘转节短。”

图 3-126 多食亚目叩甲总科昆虫

A. 红萤科硕红萤 *Macrolycus bocakorum* Kazantsev, 2001；B. 红萤幼虫，背面观（左）和腹面观（右）；C. 赤缘吻红萤 *Lycostomus porphyrophorus* (Solsky, 1870)；D. 花萤科中华圆胸花萤 *Prothemus chinensis* Wittmer, 1987；E. 丽花萤 *Themus* sp.；F. 黑斑丽花萤 *Themus stigmaticus* (Fairmaire, 1888)

吉丁甲总科 Buprestoidea：仅 1 科吉丁甲科 Buprestidae。全世界已知 12 亚科 1.4 万种，中国已知 9 亚科 670 余种。成虫咬食叶片造成缺刻。头部较小向下弯折；触角 11 节，多为短锯齿状；前胸与体后相接紧密，不可活动，前胸腹板发达，端部达及中足基节间；后胸腹板具横缝；鞘翅长，到端部逐渐收狭；跗节 5-5-5 式，第 4 节双叶状；腹部可见 5 节，第 1，2 节一般愈合。“铜绿蓝黑金光闪，触角十一常锯边。后胸腹板具横缝，前胸背板后角圆。”

吉丁甲幼虫体背腹扁平，头嵌入胸，前胸大，无足；蛀食枝干皮层，被害处有流胶，为害严重时树皮爆裂，故名“爆皮虫”，甚至造成整株枯死；为害时虫粪不外排，高度隐蔽（图 3-127、图 3-128A～B）。

图 3-127 吉丁甲幼虫及其为害状

长蠹总科 Bostrichoidea：前足基节突出，后足基节凹陷，跗式 5-5-5；腹部第 2 节一般不存在，第 8 气门正常。包括蛛甲科 Ptinidae、长蠹科 Bostrichidae、皮蠹科 Dermestidae 等。

皮蠹科 Dermestidae：鞘翅目中唯一有单眼的类群。成虫体小型，卵圆形，体表常具毛或鳞片；额上常有中单眼；前足基节窝开式；腹部只有 5 个骨化腹板（图 3-128C～D）。取食干的动植物材料，包括毛皮、标本、衣服、谷物、地毯、奶酪等。“体被绒毛或鳞片，红黑卵圆常有斑。触角棒状隐凹槽，具中单眼头下弯。”

蛛甲科 Ptinidae：分布于世界各地，全世界已知 230 属 2 200 余种。体长 0.9～10.5 mm，圆柱形到椭圆形，球状，强烈凸起，有时能滚动成球；头部通常向外弯曲，中度到强烈，插入前胸；触角通常 11 节，偶有 8 节、9 节或 10 节，丝状或锯齿状，有时部分节分支；足胫节纤细，跗式 5-5-5，跗爪简单；腹部可见 5 节；幼虫蛴螬型（图 3-128E）。包括蛛甲亚科 Ptininae 和窃蠹亚科 Anobiinae。

窃蠹亚科 Anobiinae：成虫体小型，卵圆形；触角 9～11 节，末端 3 节通常延长或膨大，头部被帽形的前胸背板覆盖背面不可见；前足基节球形，基节窝开放；后足基节板状，有沟可容纳腿节，陷在腹面的凹槽中；多以幼虫越冬；一般为害干燥的动物与植物组织，普遍发生的烟草甲是烟叶、香烟、雪茄的重要害虫，还危害人参等中药材。“半竖立毛体椭圆，前胸盖头帽形板。触角端三多膨大，后足基节凹槽陷。”

扁甲总科 **Cucujoidea**：前足基节窝开式，雌性足跗为 5-5-5 式，雄性则为 5-5-5 或 5-5-4 式（个别种类为 4-4-4），雌性上腹部第 8 节背板隐于第 7 节下，雄性第 10 节背板完全膜质；包括澳洲蕈甲科 Boganiidae、蜡斑甲科 Helotidae、露尾甲科 Nitidulidae、原扁甲科 Protocucujidae、姬蕈甲科 Sphindidae、方头甲科 Cybocephalidae、出尾扁甲科 Monotomidae、大蕈甲科 Erotylidae、霍巴特甲科 Hobartiidae、隐食甲科 Cryptophagidae、蚧蕈甲科 Agapythidae、皮蕈甲科 Priasilphidae、皮扁甲科 Phloeostichidae、澳洲扁甲科 Myraboliidae、锯谷盗科 Silvanidae、扁甲科 Cucujidae、鸟巢甲科 Cavognathidae、毛颚扁甲科 Lamingtoniidae、隐颚扁甲科 Passandridae、姬花甲科 Phalacridae、扁谷盗科 Laemophloeidae、伪角甲科 Tasmosalpingidae、伪姬花甲科 Cyclaxyridae、小露尾甲科 Kateretidae、短甲科 Smicripidae 等 25 科约 1.8 万种，种类繁多，且生物学习性多样（图 3-128F～H）。除最为普遍的菌食性外，还有许多类群的扁甲总科甲虫具有访花取食花粉的习性，如露尾甲科；研究者对琥珀化石研究后发现，澳洲蕈甲科甲虫是古老的苏铁传粉媒介，是地球上第一批访花昆虫；方头甲科捕食蚧壳虫；鸟巢甲科与鸟巢有一定关系。

瓢甲总科 **Coccinelloidea**：足跗 4-4-4 或 3-3-3 式；后翅臀脉退化，无封闭的小径室，后足基节间距大于基节宽度的三分之一。包括无翅薪甲科 Akalyptoischiidae、悍甲科 Alexiidae、变形甲科 Anamorphidae、长蕈甲科 Bothrideridae、皮坚甲科 Cerylonidae、拟球甲科 Corylophidae、瓢甲科 Coccinellidae、盘甲科 Discolomatidae、伪瓢虫科 Endomychidae、肖蕈甲科 Eupsilobiidae、卵光甲科 Euxestidae、薪甲科 Lathridiidae、邻坚甲科 Murmidiidae、拟小蕈甲科 Mycetaeidae、筒穴甲科 Teredidae 等 15 科 1 万余种（图 3-128I～L）。

图 3-128 多食亚目昆虫

A. 吉丁甲总科六星铜吉丁 *Chrysobothris affinis* Fabricius, 1794；B. 潜吉丁 *Trachys* sp.；C. 长蠹总科皮蠹科小圆花皮蠹 *Anthrenus verbasci* (Linnaeus, 1767)（徐鹏 摄）；D. 毛皮蠹 *Attagenus* sp.；E. 蛛甲科窃蠹亚科药材甲 *Stegobium paniceum* (Linnaeus, 1758)；F. 扁甲总科锯谷盗科锯谷盗 *Oryzaephilus surinamensis* Linnaeus, 1758；G. 大蕈甲科红斑蕈甲 *Episcapha* sp.；H. 露尾甲科；I. 瓢甲总科瓢甲科异色瓢虫 *Harmonia axyridis* (Pallas, 1773)；J. 六斑异瓢虫 *Aiolocaria hexaspilota* (Hope, 1831) 幼虫；K. 白条菌瓢虫 *Macroilleis hauseri* (Mader, 1930)；L. 伪瓢虫科

瓢甲科 Coccinellidae：全世界已知 400 属 6 000 余种，中国已知 92 属 974 种。体型和跗节是瓢甲的两个主要识别特征。体呈半球形，头小，嵌入前胸背板；触角 11 节，锤状或短棒状；下颚须斧状；足跗节为隐 4 节（或称拟 3 节：足跗节共 4 节，第 2 节双叶状，第 3 节小，位于其间）；第一腹板上有后基线。“体呈半球色彩艳，头小嵌入前胸板。颚须斧状触角锤，足跗隐四后基线。”

拟步甲总科 Tenebrionoidea：全世界已知约 4.8 万种。跗节 5-5-4，故称为异跗类 Heteromera；腹部前 3 腹板愈合。拟步甲科幼虫与叩头甲科相似，故称伪金针虫，如黄粉虫 Tenebrio molitor，已被广泛饲养，是常见高蛋白性饲料，俗称“面包虫”。包括拟步甲科 Tenebrionidae、树皮甲科 Pythidae、角甲科 Salpingidae、方胸甲科 Othiniida、长颈甲科 Cephaloidae、拟天牛科 Oedemeridae、缩腿甲科 Monommatidae、长朽木甲科 Melandryidae、三栉牛科 Trictenotomidae、盘胸甲科 Boridae、大花蚤科 Rhipiphoridae、花蚤科 Mordellidae、蚁形甲科 Anthicidae、赤翅甲科 Pyrochroidae、芫菁科 Meloidae 等。

拟步甲科 Tenebrionidae：全世界已知 9 亚科 2 300 属 2 万种，中国已知 7 亚科 254 属 1 900 余种。足跗 5-5-4 或 4-4-4 式，少数有叶状节；可见腹板 1～3 愈合，第 4，5 节可动（图 3-129）。“形似步甲跗节异，头小嵌胸显唇基。触角十一丝或珠，前足基节窝式闭。”

图 3-129　拟步甲总科昆虫

A. 拟步甲科拟步甲亚科 Tenebrioninae 琵甲 *Blaps* sp.；B. 树甲亚科 Stenochiinae 彩轴甲 *Falsocamaria* sp.；C. 朽木甲亚科 Alleculinae 杂色栉甲 *Cteniopinus hypocrita* (Marseul, 1876)；D. 伪叶甲亚科角伪叶甲 *Ceragria* sp.；E. 拟天牛科；F. 赤翅甲科赤翅甲 *Eupyrochroa insignita* Fairmaire, 1894

花蚤科 Mordellidae：全世界已知 3 亚科 115 属 2 308 种，中国已知 1 亚科 24 属 106 种。体呈流线型，末端楔形且有臀锥，末端尖锐；复眼大，明显分离；鞘翅密被刚毛，翅宽于头部（图 3-130A～B）。

芫菁科 Meloidae：全世界已知 4 亚科 127 属 3 000 种，中国已知 2 亚科 26 属 196 种。前口式，前胸背板比头窄，后头急缢如颈；鞘翅柔软，端部分歧；前足基节窝开式，足跗 5-5-4 式，爪裂为 2 叉。芫菁科成虫危害豆科、藜科等植物，幼虫捕食蝗卵或寄生于蜂巢，食蜂卵、蜂蜜、花粉等。芫菁是重要的药用昆虫，成虫含斑蝥素，可治疗癌症，但对皮肤有强烈刺激作用，能引起水肿（图 3-130C～E）。"葛上亭长斑蝥虫，头宽于胸或相同。开式基节爪两裂，异跗类足翅分歧。"

芫菁科昆虫为复变态（hypermetamorphosis），是全变态类最复杂的一种变态类型。1 龄幼虫活泼，蛃型，称为三爪蚴（图 3-130F），寻找蝗虫卵或蜂巢寄生；找到寄主后，蜕皮成为软体、短足的伪蠋式幼虫；第 3～5 龄胸足退化，成为蛴螬型；6 龄体壁坚韧，足失去功能，进入不动期，称为坚皮幼虫或拟蛹（图 3-131）。

图 3-130　多食亚目拟步甲总科昆虫

A. 花蚤科带花蚤 *Glipa* sp.；B. 姬花蚤 *Merdellistena* sp.；C. 芫菁科西北豆芫菁 *Epicauta sibirica* (Pallas, 1773)；D. 西北斑芫菁 *Mylabris sibirica* Fischer von Waldheim, 1823；E. 纤细短翅芫菁 *Meloe gracilior* Fairmaire, 1891；F. 芫菁 1 龄幼虫——三爪蚴，背面观（上）和腹面观（下）

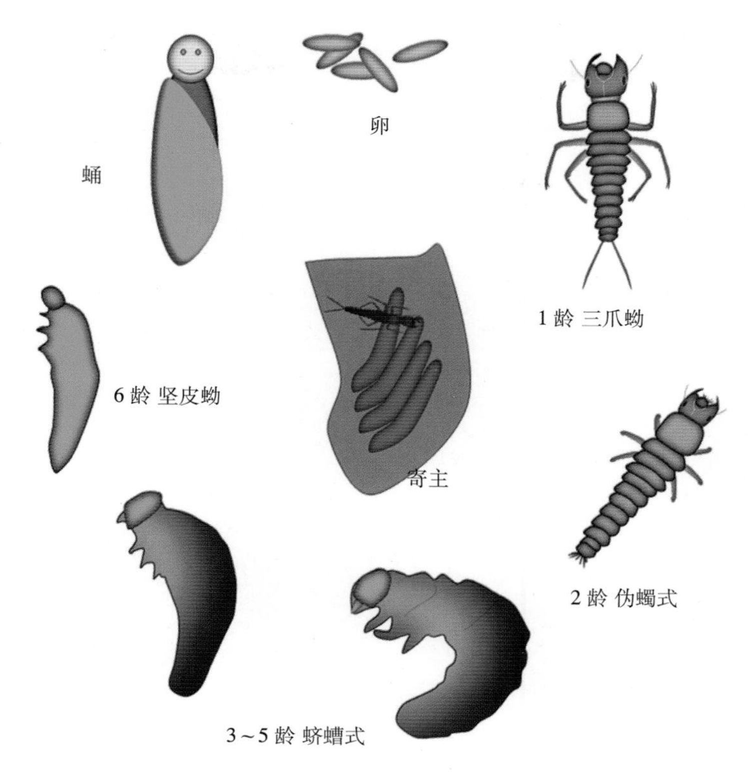

图 3-131　芫菁复变态过程示意图

叶甲总科 Chrysomeloidea：约 6.4 万种。跗节隐 5 节：共 5 节，第 4 节极小。包括距甲科 Megalopodidae、天牛科 Cerambycidae、叶甲科 Chrysomelidae 等。

叶甲科 Chrysomelidae：俗名金花虫。中国已知 12 亚科 3 900 余种。亚前口式，前唇基分明，额唇基前缘较平直；前足基节窝关闭或开放；幼虫不做囊；跗节隐 5 节（图 3-132A～B）。“叶甲又名金花虫，复眼卵圆色纷呈。跗节隐五触角短，不似天牛一节长。”

豆象亚科 Bruchinae：头向前延伸成短喙，但与象甲总科不同，有外咽片（图 3-132C）。历史上曾把它作为科，目前被放入叶甲科（参考 https: //bugguide.net）。“有外咽片体卵圆，复眼下缘 V 字陷。臀板外露鞘翅短，跗节隐五短喙延。”

肖叶甲亚科 Eumolpinae：中国目前记录约 550 种。头顶部分或大部分嵌入前胸，下口式；前唇基不明显，额唇基前缘凹入较深；前足基节窝关闭；幼虫常以粪便做囊匿居，负囊行走（图 3-132D～E）。

负泥虫亚科 Criocerinae：中到大型，表面光洁，带金属光泽；前口式或亚前口式，头部有“X”形沟；后头在眼后收窄成颈，复眼不与前胸背板前缘贴近；前胸背板两侧无边框（图 3-132F）。

图 3-132　多食亚目叶甲总科昆虫

A. 叶甲科萤叶甲亚科黄伪瓢萤叶甲 *Oides maculatus* (Olivier, 1807)；B. 四斑拟守瓜 *Paridea quadriplagiata* (Baly, 1874)；C. 豆象亚科紫穗槐豆象 *Acanthoscelides pallidipennis* (Motschulsky, 1874)；D. 肖叶甲亚科萝藦叶甲 *Chrysochus* sp.；E. 瘤叶甲 *Chlamisus* sp.；F. 负泥虫亚科紫茎甲 *Sagra femorata purpurea* (Lichtenstein, 1795)

铁甲亚科 Hispinae：包括龟甲和铁甲。头额向后扭，后口式，口器仅腹面可见；两个触角在着生处极端靠近；第 4，5 跗节愈合成 1 节，跗式 4-4-4（图 133A～B)。“跗节四五愈合全，头额后扭口难见。触角相近几相接，龟甲铁甲同科联。”

天牛科 Cerambycidae：复眼多为肾脏形，环绕触角基部；触角生在触角基瘤上，一般很长，可向后贴背曲折，第 2 节特别短，仅为第 1 节长度的五分之一；中胸背板具发音器；各足胫端具 2 刺，跗节隐 5 节；产卵管与腹部约等长。幼虫长圆柱形，头圆，缩入前胸；前胸粗大，胸足 2～4 节或退化；腹部前 6～7 节背、腹面常具步泡突，第 9 节具 1 对尾突（图 3-133C～F)。我国研究者是按照天牛类 4 科 8 亚科系统来分类的。“复眼内凹多肾形，触角十一长鞭翎。臀板不露鞘翅长，跗节隐五害木虫。”

象甲总科 Curculionoidea：鞘翅目种类最多的一个类群。全世界已知 5 800 属 6.2 万余种。体壁骨化强，头部延长成喙状，口器在端部；外咽片缺失，仅留外咽缝；触角多为膝状，端部 3 节膨大；跗节 5 节， 通常为拟 4 节；幼虫无足和尾突。包括三锥象科 Brentidae、长角象科

图 3-133　多食亚目叶甲总科昆虫

A. 铁甲亚科趾铁甲 *Dactylispa* sp.；B. 绿龟甲 *Cassida* sp.；C. 天牛科坡天牛 *Pterolophia* sp.；D. 艳虎天牛 *Rhaphuma* sp.；E. 桃红颈天牛 *Aromia bungii* (Faldermann, 1835)；F. 同前，幼虫

Anthribidae、卷象科 Attelabidae、象甲科 Curculionidae、小蠹科 Scolytidae 等（图 3-134）。

象甲科 Curculionidae：中国目前已知 439 属 2 500 种。体常被鳞片，触角呈膝状，棒节密实，节不愈合，节间环纹常明显；喙常显著，无上唇；转节不放长，基节与腿节至少部分接触。“象甲比三锥，头下延成喙。触角为膝状，着生喙中位。”栗象 *Curculio davidis* Fairmaire, 1878：8 月中旬至 9 月上旬在栗苞上钻孔产卵，成虫咬破栗苞和种皮，将卵产于栗实内。危害率通常达 25%～40%，甚至高达 70%。

小蠹亚科 Scolytinae：中国目前已知 71 属 402 种。体型较小，圆筒形或宽椭圆形；喙完全退化。胫节扁平，外缘有 1 列齿或 1 端距；喙极短，被毛鳞，触角膝状端成锤；外咽缝一无咽片，前胸覆盖头后半；侧具齿，胫节扁，多有齿突翅坡端，韧皮木质部内钻。

卷象科 Attelabidae：中国目前已知 39 属 294 种。上颚外缘多少有齿，无上唇；触角非肘状，3 节棒节松散；转节不放长，基节与腿节至少部分接触；腿节粗壮如墩，跗式 5-5-5，第 3 跗节双叶状，爪合生。“头喙前伸无上唇，触角非肘棒节分。鞘翅宽短前胸窄，五跗三双腿粗墩。”

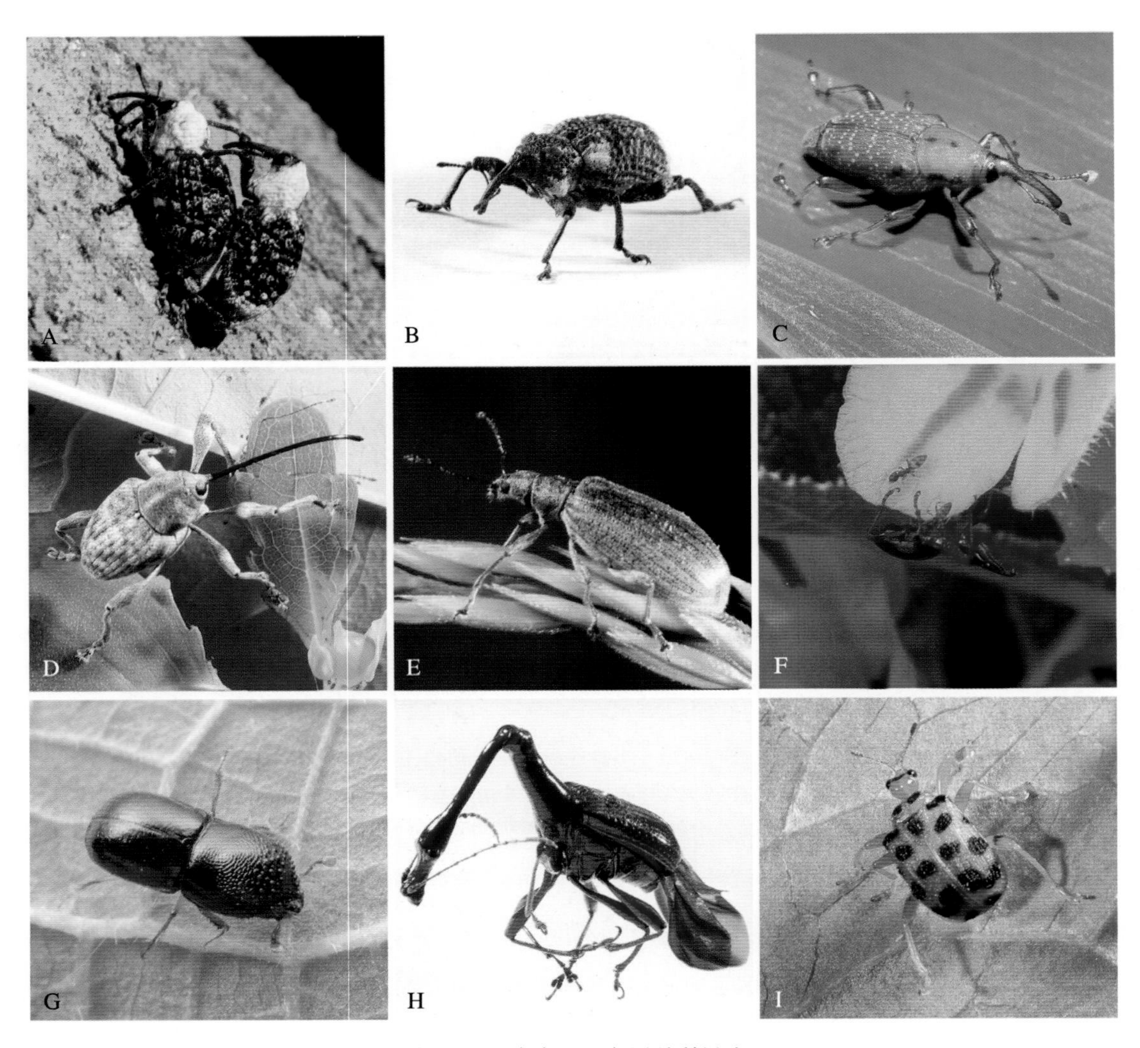

图 3-134　多食亚目象甲总科昆虫

A. 象甲科臭椿沟眶象 *Eucryptorrhynchus brandti* (Harold, 1881)；B. 沟眶象 *Eucryptorrhynchus scrobiculatus* (Motschulsky, 1853)；C. 隐颏象甲亚科独象 *Aplotes* sp.；D. 栗象 *Curculio davidi* Fairmaire, 1878；E. 短喙象亚科绿象 *Polydrusus* sp.；F. 三锥象科甘薯蚁象 *Cylas formicarius* (Fabricius, 1798)；G. 小蠹亚科（徐鹏 摄）；H. 卷象科栎长颈卷象 *Paracycnotrachelus longiceps* (Motschulsky, 1860)；I. 圆斑卷象 *Paroplapoderus* sp.

思考与回顾

1. 鞘翅目有哪些主要类群？
2. 谈谈鞘翅目对各种环境生活的适应性。
3. 如何区分鞘翅目与鳞翅目的幼虫？

21.“难得一见”的蛇蛉——蛇蛉目 Raphidioptera

头胸延长蛇蛉目，四翅透明翅痣乌。
雌具针状产卵器，幼虫树干捉小蠹。（YJK）

形态特征：体型较小；头后部缢缩，前口式；口器咀嚼式；前胸延长，呈颈状；翅膜质，翅脉网状；有翅痣；雌性产卵器细长（图 3-135）。

图 3-135　蛇蛉幼虫

生物学：又称骆驼虫。目前全世界已知 2 科 230 余种，中国已知 30 余种。完全变态。蛇蛉的特点用罕见形容并不为过，在环境条件好的保护区如秦岭腹地，白天采集，扫网扫到的几率不多，灯诱时，偶然可以看到蛇蛉。蛇蛉的分布范围较窄，幼虫多生活于树皮下，成、幼虫均为捕食性（图 3-136）。根据单眼的有无和翅痣内有无横脉，以及触角环节小型还是圆柱形，分为蛇蛉科 Raphidiidae 和盲蛇蛉科 Inocelliidae。

图 3-136　蛇蛉目昆虫

A. 蛇蛉科蒙蛇蛉属 *Mongoloraphidia* sp.；B. 蛇蛉科幼虫（B，曹亮明 摄）

思考与回顾

1. 简述蛇蛉目的特征。
2. 查阅资料，讨论蛇蛉科的化石与系统发育研究。

22. "大而威武"的广翅目 Megaloptera

前口咀嚼触角长，前胸方形翅网状。
边缘无叉臂区广，泥蛉齿蛉雄牙长。

形态特征：体大型；触角细长，前口式，口器咀嚼式，许多种类的雄虫上颚极长；前胸背板宽大，呈方形翅膜质，翅脉网状，边缘不分叉，后翅臀区扩大，休息时呈扇状折叠。常见的有齿蛉（图 3-137）或鱼蛉、泥蛉等。

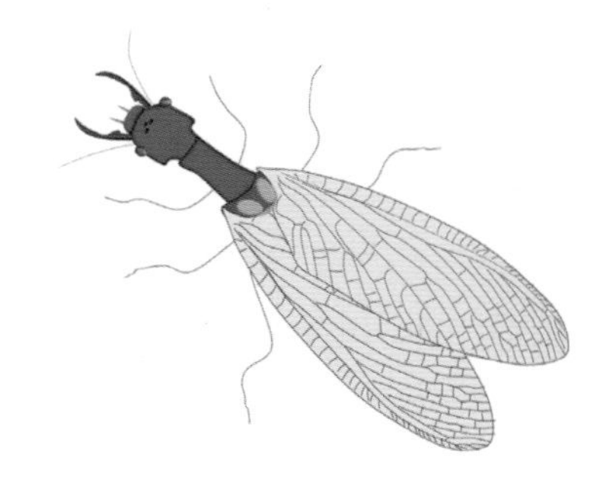

图 3-137　广翅目齿蛉

生物学：全变态；幼虫为水生，成、幼虫均为捕食性；可作为水生动物食物和水质检测。目前全世界已知 380 余种，中国已知 120 余种，如东方巨齿蛉 *Acathacorydalis orientalis*（MacLachlan，1899）。

齿蛉科 Corydalidae：通常称齿蛉或鱼蛉。世界已知 240 余种，中国有 60 余种。被用作钓鱼饵料，生活于水底石下，捕食水蚤、蜉蝣等，幼虫期为 2～3 年，在堤岸附近做室化蛹。单眼 3 个；第 4 跗节圆柱状。幼虫：体略背腹扁平，前口式；口器咀嚼式，发达，触角丝状多节；腹部细长，8 对呼吸鳃；末端有 1 对钩状臀足和 1 个长的中突，无尾丝（图 3-138）。

图 3-138　广翅目齿蛉科昆虫

A. 东方巨齿蛉 *Acanthacorydalis orientalis*（McLachlan，1899），♂；B. 同前，♀；C. 同前，幼虫；D. 尖突星齿蛉 *Protohermes acutatus* Liu，Hayashi *et* Yang，2007

泥蛉科 Sialidae：全世界已知约 9 属 60 余种。成虫：褐色或黑色，无单眼；第 4 跗节分为 2 瓣。幼虫：触角 4 节，腹部 1～7 节各有 1 对气管鳃（分 4～5 节）；腹部末端无臀足，有 1 根长尾丝（图 3-139）。

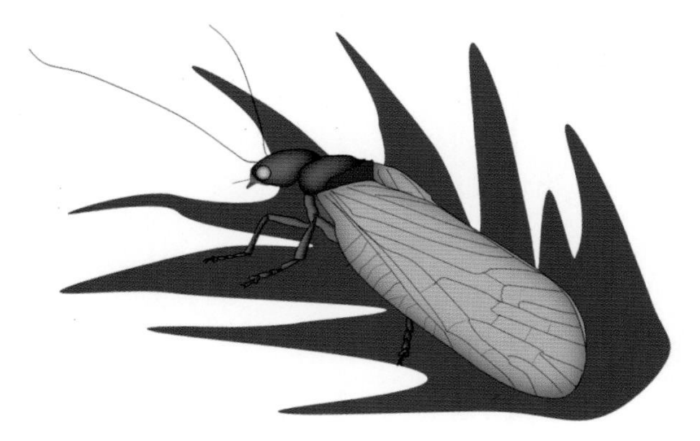

图 3-139　泥蛉

思考与回顾

1. 简述齿蛉科和泥蛉科的区别。
2. 到山间清澈的小溪边采集齿蛉幼虫，并认真识别其特征。

23.“心形合一”的益虫——脉翅目 Neuroptera

草蛉粉蛉脉翅目，外缘分叉脉特殊。
咀嚼口器下口式，捕食蚜蚧红蜘蛛。（YJK）

两对质透明的翅款款而飞，像蝴蝶、像蜻蜓，脉翅目昆虫有着美妙的虫姿，成、幼虫（图 3-140）均为捕食性，是重要的害虫天敌。

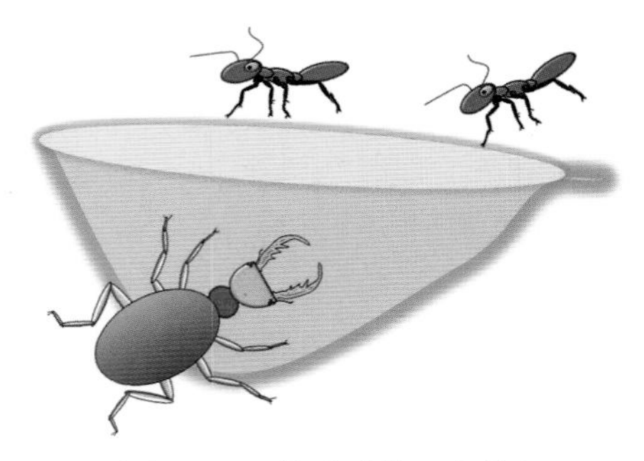

图 3-140　挖陷阱的“蚁蛳”

形态特征：口器咀嚼式；下口式；触角丝状、念珠状等；翅膜质，前后翅大小，形状相似，翅脉网状，在翅缘多分叉，少数种类脉少而简单。

生物学：目前全世界已知 4 500 余种，中国已知 640 余种。完全变态。包含草蛉（幼虫“蚜蛳”，捕食蚜虫）、蚁蛉（幼虫“蚁蛳”）、蝶角蛉、螳蛉、褐蛉、溪蛉、蝶蛉、粉蛉、水蛉、旌蛉、栉角蛉等。成、幼虫均为捕食性，多以蚜虫、蚧、叶蝉、叶螨为食，有的已用于生物防治。

常见科的识别

蚁蛉科 Myrmeleontidae：触角较短（短于翅长之半），端部膨大，呈棒状；翅痣下有个狭长的翅室。幼虫又名“倒退虫”，挖陷阱捕捉猎物（图 3-141A～E）。“棒角短体半，痣下翅室长。幼虫只倒退，沙坑陷阱张。”

和蚁蛉挖陷阱相似，双翅目穴虻科 Vermileonidae 幼虫（图 3-141F）也靠挖陷阱诱捕猎物，穴虻幼虫长条状，第 1 腹节具 1 对伪足，第 7 腹节背后具 1 排刺，它的陷阱靠身体在土里打转而成。

草蛉科 Chrysopidae：多为绿色，复眼金色；触角丝状，细长；翅前缘横脉不分叉，亚前缘脉 Sc 与第 1 径脉 R_1 在翅端不愈合；前胸背板矩形或梯形（图 3-142A～E）。“金眼虫草绿，丝角长等体。横脉不分叉，前胸矩或梯。”

草蛉的卵顶在一根根直立的丝上，如同默默开放的小花，被视为佛教圣物“优昙婆罗花”。幼虫善于伪装，把取食过的猎物的空壳负在背上，几乎完全遮盖了自己，类似书中记载的“蝜蝂”。

螳蛉科 Mantispidae：触角短；前足捕捉足；翅痣长而特殊，痣前翅前缘在翅痣前弧凸。幼虫寄生蜘蛛的卵囊，少数来自胡蜂巢（图 3-142F～I）。“体似螳螂前胸长，捕捉足儿生前方。痣前弧凸翅痣殊，幼虫钻囊害蜘蛛。”

图 3-141　脉翅目昆虫及与其习性相似的幼虫

A. 蚁蛉科中蒙蚁蛉 *Mongoleon modestus* Hölzel, 1970；B. 浅蚁蛉 *Myrmeleon immanis* Walker, 1853；C. 日白云蚁蛉 *Paraglenurus japonicus* (McLachlan, 1867)（上）及蚁蛉幼虫——“倒退虫、蚁蛳”，侧面观（下）；D.“蚁蛳”，正面观；E.“蚁蛳”的生境；F. 双翅目穴虻科幼虫

蝶角蛉科 Ascalaphidae：体大型，似蜻蜓，头胸多毛；触角长于翅长之半，端部膨大，呈棒状；翅痣下室短，长宽比小于 3；卵在枝干上成纵排。幼虫形似“蚁蛳”，但体侧突起显著，向前爬行，在植被上捕食小虫（图 3-143A ~ B）。“类蜻角长似球杆，头胸多毛纵排卵。翅痣下方翅室短，长宽之比小于三。”有新的研究认为该科应归为蚁蛉科。

溪蛉科 Osmylidae：体中至大型；单眼 3 个，触角丝状；翅着花纹，前翅大于后翅，翅前缘阔，密布横脉，仅少部分脉端部有分叉；径分脉 Rs 从径脉 R 近基部分出，又贴近 R_1 脉，Rs 脉分支多，翅中部多横脉，端部脉分叉；雄性多具香腺，开口于第 8，9 腹节间的背侧；幼虫水生（图 3-143C ~ D）。“丝角翅阔多横脉，花纹美丽三单眼。径脉基部分脉出，又贴主脉分支添。”

褐蛉科 Hemerobiidae：体常小型，褐色；触角念珠状，等于或大于翅长之半；缺单眼。前后翅形相似，缺翅痣，翅面有褐斑，脉上有毛；翅中部横脉少；前缘脉多分叉，径分脉至少有 2 支直接从 R 脉上分出（图 3-143E ~ F）。“体褐脉毛翅有斑，珠角无眼长翅半。前缘横脉有分叉，径分脉多出主干。”

图 3-142 脉翅目昆虫

A. 草蛉科丽草蛉 *Chrysopa formosa* Brauer, 1851；B. 巨意草蛉 *Italochrysa megista* Wang *et* Yang, 1992；C. 草蛉卵和初孵幼虫——“蚜蛳”；D.“蚜蛳”背着猎物的空壳作伪装；E.“蚜蛳”捕食蚜虫；F. 螳蛉科混沌螳蛉 *Mantispa aphavexelte* Aspöck *et* Aspöck, 1994；G. 汉优螳蛉 *Eumantispa harmandi*（Navás, 1909）；H. 日本亚螳蛉 *Mantispilla japonica*（McLachlan, 1875）；I. 眉斑简脉螳蛉 *Necyla shirozui*（Nakahara, 1961）

图 3-143　脉翅目昆虫

A. 蝶角蛉科原完眼蝶角蛉 ***Protidricerus*** sp.；B. 蝶角蛉幼虫；C. 溪蛉科溪蛉 ***Osmylus*** sp.；D. 卧龙异溪蛉 ***Heterosmylus wolonganus*** Yang，1992；E. 褐蛉科角纹脉褐蛉 ***Micromus angulatus*** (Stephens, 1836)；F. 脉褐蛉 ***Micromus*** sp.

思考与回顾

1. 简述蛇蛉目、脉翅目和广翅目的特征。
2. 简单说出草蛉、蚁蛉、蝶角蛉、螳蛉、褐蛉的特征。
3. 野外寻找一下动物界的貔貅——“蚁蛳”。
4. 野外观察草蛉和蚜狮对蚜虫的控制作用。

24. 翩翩起舞的鳞翅目 Lepidoptera

虹吸口器鳞翅目，四翅膜质鳞片多。
蝶舞花间蛾扑灯，幼虫多足害植物。（YJK）

形态特征：体小至大型；触角类型各异，丝状、栉齿状、球杆状等；口器通常为虹吸式；下唇须多发达（也有口器和下颚须退化的原始蛾类，如蝙蝠蛾科）；鳞翅，前翅大，后翅小或退化（有些尺蛾、蓑蛾的雌性退化或无两翅），颜色多变；复眼发达，蝶类常无单眼，蛾类常有单眼 2 个（有些原始蛾类的单眼退化或无，如蝙蝠蛾科）。

图 3-144　蓝尾翠凤蝶（杨傲霜 画）

生物学：通称蛾、蝶（图 3-144）。全变态；分布广，多为陆生；多数植食性，以幼虫危害农、林作物和药材等，有些夜蛾成虫刺吸水果和人畜血液，如壶夜蛾属 *Oraesia*、鹰夜蛾属 *Hypocala* 的种类。美丽的蝴蝶，扑灯的蛾子，昆虫中最为常见，也最好辨认的一个目要数鳞翅目了。鳞翅目是目前昆虫纲第二大目，全世界目前已记载近 16 万种，仅次于鞘翅目，其中蝶类仅占 7%，其余都是蛾类；我国已知 8 000 种，如小地老虎 *Agrotis ipsilon* （Hufnagel，1766）、家蚕蛾 *Bombyx mori* Linnaeus，1758 等（图 3-145A～B）。

鳞翅目昆虫最常见的采集方法是网捕法和灯诱法，夜晚，在山里采集时，诱虫灯下会聚集密密麻麻的扑棱蛾子，此时，我们才深深地体会到鳞翅目昆虫家族的庞大！

鳞翅目昆虫的口器是高度特化的虹吸式口器，这样的长喙管构造可以汲取深藏在花筒中的蜜露，不用时又可以像发条一样卷起来。由于吸收了大量的水分，蝴蝶和蛾子需要补充大量的盐分来保持体内渗透压的平衡，因此，有时候它们甚至会“不知死活”地站在动物或人的皮肤上汲取钠盐。曾有人拍到蛾子在溪流的岩石上一边汲水一边“排尿”，这是因为它在吸取石头上的营养物质时，吸入了过多的水分，当然，也有可能是蛾子在靠水的循环降温（图 3-145C）。

翩翩飞舞的蝴蝶和蛾子，翅的构造也与众不同，两对宽大的膜质薄翅上覆满了由刚毛特化成的鳞片，就像古代将军身上的千叶甲（图 3-145D）。鳞片由鳞片体和梗两部分组成，梗着生在毛窝中。鳞片分上下两层，下层基本光滑，而上层有复杂的网状脊纹。不同类群的蝶蛾，鳞片的颜色、形状和脊纹也有差异。鳞片的颜色取决于两个方面，一是鳞片自身含有的色素色，二是脊纹的物理结构对光的反射、干涉等作用。显微镜下观察蝴蝶翅上的鳞片，会发现其形状和颜色都有不同，美丽的大闪蝶，它的蓝色就是光在一定角度下反射的结果。

2018 年 1 月，美国 *Science Advances*（《科学进展》）杂志报道，古生物学家研究德国境内约 2 亿年前的钻心样本后发现，里面包裹着的昆虫翅的鳞片中，有不少是空心的。在过去，蝴蝶的起源一直是个未解的难题。很多科学家推测，蝴蝶的喙管主要用于吸食花蜜，那么，有喙蝴蝶的起源应该在显花植物出现以后，也就是白垩纪时期，那时候恐龙仍旧统治着地球。然而，这个发现刷新了科学家的认知！在鳞翅目中，最低等的蛾类口器是咀嚼式的，之后才特化成专门吸食液体的喙管。鳞片空心的蛾类都属于有喙的蛾类。那么，在 2 亿年前，地球上还未进化出显花植物时，有喙的蝴蝶已经存在了。科学家推测了喙的起源，由于当时环境极度缺水，恶劣的自然环境下，蝴蝶特化出了直接吸收植物汁液的喙。

鳞翅目的幼虫多数是植食性的，大多数取食植物的叶片，鳞翅目中很多是农林业的大害虫，如棉铃虫 *Helicoverpa armigera*（Hübner，1805）、烟青虫 *Helicoverpa assulta*（Guenée，1852），以及草地贪夜蛾 *Spodoptera frugiperda*（Smith，1797）等。木蠹蛾、透翅蛾等的幼虫会钻蛀茎秆；灯蛾吐丝结幕危害树木时，整棵树被啃得光秃，枝条上缀满密密麻麻的毛毛虫（图 3-145E～F）；也有一些仓储害虫，比如我们吃的粮食一过夏天会生出许多“肉肉的虫”，那是一种谷蛾。

图 3-145　鳞翅目昆虫

A. 家蚕蛾 *Bombyx mori* (Linnaeus, 1758)；B. 拟斑脉蛱蝶 *Hestina persimilis* (Westwood, 1850)；C. 蝴蝶聚集在溪流边汲水；D. 麝凤蝶 *Byasa* sp. 翅上的鳞片；E. 灯蛾幼虫结幕为害状；F. 灯蛾科幼虫

尽管鳞翅目昆虫是我们人类生存资源有力的竞争者，然而，吃素食的蝶和蛾位于食物链的底端，生存也着实不易。面对各种肉食天敌的捕食，在强大的环境压力下，蝶和蛾演化出了很多惊人的生存本领，走进鳞翅目，就走进了丰富的保护色、混隐色、警戒色、拟态的研究宝库。

动物普遍适应自然有 4 个策略：①保护色（camouflage）：也就是伪装，生物体表与周围环境颜色相似，以达到保护自己的目的；②混隐色（disruptive coloration）：体色断裂成几部分镶嵌在背景色中，起躲避捕食性天敌的作用；③警戒色（aposematic coloration）：某些有恶臭气味或毒刺的动物所具有的鲜艳色彩和斑纹；④拟态（mimicry）：指一种生物模拟另一种生物或模拟环境中的其他物体从而获得好处的现象。那么，我们来看看鳞翅目昆虫高超的生存本领。

猫头鹰蝶 *Caligo* sp. 的腹面有两个酷似猫头鹰的大眼，鸟儿看见它，还敢吃吗？“早起的鸟儿有虫吃”，鸟儿是昆虫最大的天敌，它们目光敏锐、体型庞大、飞行敏捷、食量惊人，一不小心，昆虫在顷刻间就会成为鸟儿的美餐，在大山雀的尖喙利爪下，蛾翅的鳞片四散飞扬。那么，如何躲避鸟的捕食，是植食性昆虫首先要思考的问题。

蛾子确实是“善隐于野”，袋蛾躲在自制的袋巢里，点缀枯叶碎屑伪装；有些蛾子的体色类似长满了苔藓地衣，这样的迷彩可使蛾子安全隐藏在深林里，即使好视力的鸟儿找着也费劲（图 3-146A～C）。蛾子翅上的条带有时候很乱，似乎没什么含义，但可使蛾子隐于周围环境，如大背天蛾 *Notonagemia anails*（Felder，1874）爬在树干上时，其条纹竟然与树干的纹路、颜色都吻合（图 3-146D）。

蛾子把保护色、拟态等策略运用到了极致。裳夜蛾的翅像落叶、像枯枝，还像眼睛，当它掀开前翅时，嚯，好一双吓人的眼睛！有的舟蛾头胸长满浓密的灰毛，很像一只潜伏的老鼠。蜂也是昆虫界常见的拟态对象，透翅蛾从颜色到体型，都和蜂类似（图 3-146E）。交兰夜蛾 *Lophonycta confusa*（Leech，1889）的背面似乎是一只白色的马蜂，在昏暗的夜晚，即使不够逼真，也足够有威慑力（图 3-146F）。这是笔者曾在广西灯诱时拍到的一幕：一只猎蝽悄悄地靠近一只金黄歧带尺蛾 *Trotocraspeda divaricata*（Moore，1888），迅速一击！可它却没有攻击到猎物的致命部位。金黄歧带尺蛾翅上的斑纹很像意象派画家画出的虫子（图 3-146G），显然这个画在翅端缘的“肥硕虫体”，指引蓄势已久的猎蝽找错了攻击部位，尺蛾成功逃过了一劫。可见，尺蛾翅上的图案多么逼真。

这种让天敌攻击位置产生偏差的策略引起了科学家的关注。Rubin 等（2018）研究发现，天蚕蛾旋转型的飘带尾突是完美的超声波干扰设备，后翅尾突较长的大蚕蛾能成功反射蝙蝠超声波，产生错误性的回声目标，引起蝙蝠的感官错觉，从而成功地转移蝙蝠的攻击位置。

有些类群的鳞翅目幼虫（如斑蝶、斑蛾、灯蛾、毒蛾等）取食有毒植物，会把有毒成分聚集在体内，成为对抗捕食天敌的一种武器，比如，鸟类误食之后会呕吐。通常这种含有毒性成分的昆虫体色较为鲜艳，用以警告其他生物“有毒勿食”，这就是“警戒色”的作用，接受“教训”的鸟类会不再捕食它。曾有人做实验，把黑黄相间的灯蛾投喂给鸭子，竟把鸭子吓退了。斑蛾也有醒目的颜色搭配，警示有毒。刺蛾科的幼虫，俗名洋辣子，中空的刺毛连着毒腺，扎到皮肤里的滋味真是不好受。很多人看到大毛毛虫都害怕，它有毒的刺毛让人“避之而唯恐不及”，化蛹的毛毛虫，螯毛会留在蛹茧上，碰到了效果也一样——疼（图 3-146H～L）。

图 3-146　鳞翅目昆虫

A. 大袋蛾 *Eumeta variegata*（Snellen, 1879）；B. 翠夜蛾 *Daseochaeta* sp.；C. 多棘梭舟蛾 *Netria multispinae* Schintlmeister, 2006；D. 大背天蛾 *Notonagemia analis*（Felder, 1874）；E. 透翅蛾科；F. 交兰纹夜蛾 *Lophonycta confusa*（Leech, 1889）；G. 金黄歧带尺蛾 *Trotocraspeda divaricata*（Moore, 1888）；H. 刺蛾 *Birthamula* sp. 幼虫；I. 刺蛾科幼虫；J. 带蛾科 Thaumetopoeidae 幼虫；K. 栗黄枯叶蛾 *Trabala vishnou*（Lefèbvre, 1827）的幼虫；L. 同前，茧

鬼脸天蛾 *Acherontia lachesis*（Fabricius，1798）背上有骷髅头的剧毒标志，它常取食蜂房里的蜂蜜，是我国南方常见侵袭蜂群的害虫（图 3-147A）。它惯用两个招数：其一，能模仿蜂王发出的“吱吱”声（用气流冲击喙管里的舌，类似吹哨），从而潜入蜂巢；其二，强势入侵，靠着自己庞大的体型，用翅拍打蜜蜂，强攻入巢破坏。

“鸟屎”是迷惑天敌的最佳题材。凤蝶把卵产在叶子的正面，幼虫孵化后就暴露在叶片上取食（图 3-147B），低龄时它会模拟鸟的粪便。

凤蝶的幼虫前胸有一对臭丫腺，像蛇的芯子，在受干扰时迅速伸出，惊吓对方（图 3-147C）。末龄时，幼虫个体胖大，无法再伪装成鸟粪，这时虫体胸部长出一对大眼斑，看起来像一条小蛇（图 3-147D）。蛇是鸟儿的宿敌，“白蛇吐芯”这招十分有效，这样的伪装能成功吓跑天敌。“恫吓”不仅是强者的警告，也是弱者的保命符！蝴蝶在蛹期不吃不动，通过高仿鸟粪贴在墙上确保自身安全（图 3-147E～H）。

君主斑蝶 *Danaus plexippus*（Linnaeus，1758）的幼虫因取食有毒植物马利筋 *Asclepias curassavica* 而有毒，它的前胸长着一对突起。突起是斑蝶幼虫（图 3-147I）的识别标志，无毒的枯球箩纹蛾 *Brahmaea Wallichii*（Gray，1833）幼虫也有类似的突起，将自己伪装成有毒似乎拜了君主斑蝶为师（图 3-147J）。

1862 年，Herry Walter Bates 在研究亚马逊的蝴蝶时，发现不少完全不相干的类群，翅的斑纹却极其相似，由此提出了贝氏拟态理论。美国国家自然历史博物馆展示的拟态对比中，无毒的粉蝶精确地模仿有毒的蛱蝶科袖蝶属 *Heliconius*，模仿者通过模仿保护自己。但是这对被模仿者来说却不是一件好事，鸟类吃了无毒的粉蝶，以为无毒，下次碰到有毒的袖蝶，则可能误判。

之后，德国动物学家 Fritz Müller 发现了另一种极端拟态的现象，即缪氏拟态（müllerian mimicry），两种有毒不可食用物种互相模仿，从而共同承担在捕食过程中遇到的风险。这种拟态现象在美洲袖蝶属中也存在。最近，科学家揭示了袖蝶属之间的基因交流是缪氏拟态的内在原因（Edelman et al.，2019）。

从普通行为学到基因溯源，科学工作者对昆虫的研究不断深入，更多秘密等待我们去探索和发现。

知识拓展：研究者分析鳞翅目代表性科的系统发育关系（图 3-148）发现，鳞翅目与毛翅目是姐妹群，从低等到高等，鳞翅目的大致演化顺序为：咀嚼式口器到有喙管的虹吸式口器，从实心的鳞片到空心鳞片，从前后翅翅脉相同的同脉类到前后翅翅脉不同的异脉类。尽管人们习惯将蝴蝶和蛾子区分开，但是，从系统发育关系上看，蝴蝶不过是白天活动的蛾子，二者之间没有明显的界线。

图 3-147　鳞翅目昆虫

A. 鬼脸天蛾 *Acherontia lachesis* (Fabricius, 1798)；B. 凤蝶的卵产在叶面上；C. 蓝凤蝶 *Papilio protenor* Cramer, 1775 的低龄幼虫拟态鸟粪，受惊露出臭丫腺；D. 同前，老龄幼虫拟态小蛇；E. 斑粉蝶 *Delias* sp. 的缢蛹拟态鸟粪；F. 灰绒麝凤蝶 *Byasa mencius* (C. *et* R. Felder, 1862) 的缢蛹；G. 苎麻珍蝶 *Acraea issoria* Hübner, 1819 化蛹；H. 金色的蝶蛹；I. 大绢斑蝶 *Parantica sita* (Kollar, 1844) 幼虫；J. 枯球箩纹蛾 *Brahmophthalma wallichii* (Gray, 1833) 的 4 龄幼虫

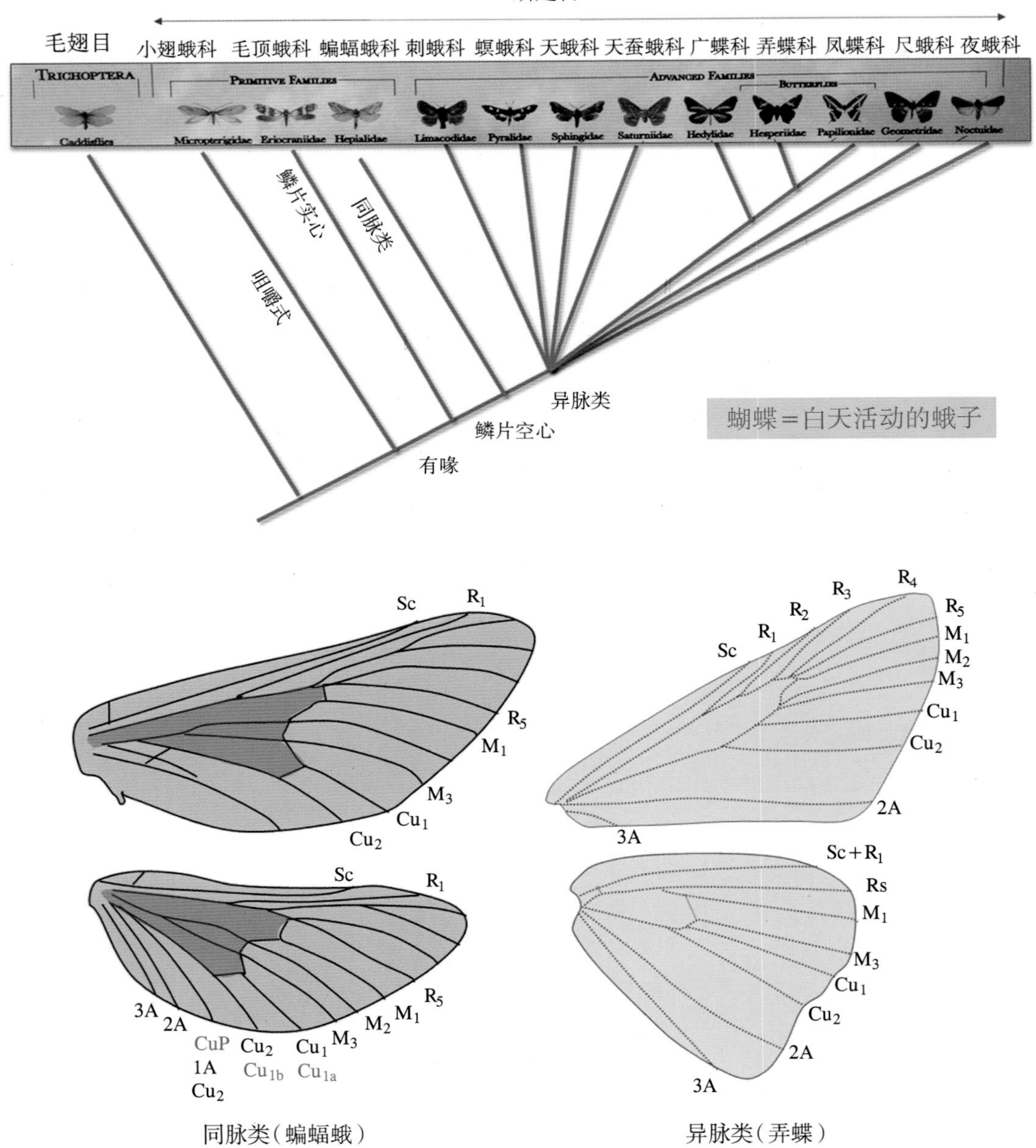

图 3-148　鳞翅目昆虫高级阶元的系统发育关系（上）和脉序（下）

目前，我国研究者采用的分类系统为 4 亚目分类系统，即轭翅亚目、无喙亚目、异蛾亚目和有喙亚目（表 3-2）。前 3 个亚目中，仅小翅蛾科 Micropterigidae 在我国有分布。

表 3-2　鳞翅目分亚目及其特征

亚目	头部	翅脉	翅连锁	幼虫	蛹茧	种类与分布
轭翅亚目 Zeugloptera	咀嚼式	同脉类	翅扣	8 对腹足	强颚离蛹，丝质茧	仅 1 科，小翅蛾科 Micropterigidae，世界共 190 种，中国 10 种
无喙亚目 Aglossata	咀嚼式无单眼和毛隆	同脉类	翅轭	无胸足和腹足	强颚离蛹	颚蛾科 Agathiphagidae 两种，分布于澳大利亚和斐济
异蛾亚目 Heterobathmiina	咀嚼式有单眼和毛隆	同脉类	翅轭	3 对胸足，无腹足	强颚离蛹上颚大而基部弯曲	仅 1 科，异蛾科 Heterobathmiidae，分布于南美洲
有喙亚目 Glossata	上颚退化，下颚外颚叶延成成喙	同脉异脉	贴合翅缰翅轭	蠋式	被蛹	全世界共 6 个次目

注：《秦岭小蛾类》虽有记录肌喙亚目 Myoglossata（从有喙亚目中分出），但没有具体明确特征。同脉类 Homoneura：低等类群，后翅 Rs 脉 4 分支，M 脉 3 分支，A 脉 3 条；异脉类 Heteroneura：高等类群，后翅 Rs 不分支，R_1 常与 Sc 愈合，1A 与 2A 合并。

有喙亚目分为 6 个次目：毛顶蛾次目 Dacnonypha、冠顶蛾次目 Lophocoronina（腔鳞类）、蛉蛾次目 Neopseustoidea（图 3-149A）、外孔次目 Exoporia、异脉次目 Heteroneura（图 3-149B）和双孔次目 Ditrysia。其中，双孔次目包括的种类最多，占所有鳞翅目种类的 98%。

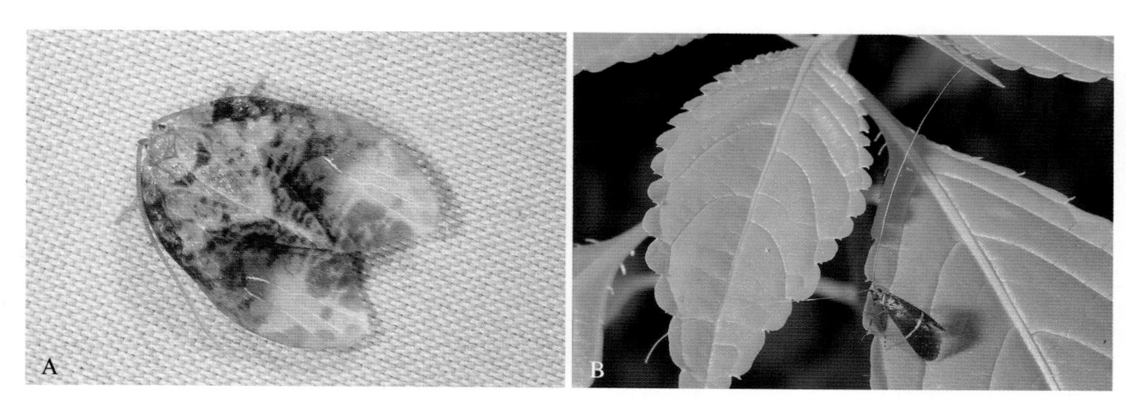

图 3-149　鳞翅目昆虫

A. 有喙亚目蛉蛾次目蛉蛾科 Neopseustidae；B. 异脉次目穿孔蛾总科 Incurvarioidea 长角蛾科 Adelidae 细白带长角蛾 *Nemophora aurifera* (Butler, 1881)

外孔次目 Exoporia：前、后翅脉序相似——同脉类；雌性外生殖器外孔式，交配孔和产卵孔分开，但位于同一体节；交配囊和生殖系统的其他部分无内部联系，二者以一沟相连，中输卵管位于交配囊背面，无副腺；喙短，常极度缩小；翅轭发达。包括 2 总科 6 科：扇鳞蛾科 Mnesarchaeidae、古蝠蛾科 Palaeosetidae、原蝠蛾科 Prototheoridae、新蝠蛾科 Neotheoridae、拟蝠蛾科 Anomosetidae、蝙蝠蛾科 Hepialidae。仅介绍 1 科。

蝙蝠蛾科 Hepialidae：体小至大型；触角短；喙退化；胫节完全无距；M 主干在中室内分叉。幼虫蛀茎或根；腹足趾钩多行缺环；蛹无臀棘。虫草蝙蝠蛾 *Hepialus armoricanus* Oberthür，1909 幼虫被虫草菌 *Cordyceps sinensis*（Barkely）寄生后产生的子实体是名贵中药材——冬虫夏草（图 3-150）。“触角短，喙退化，中脉主干内分叉。胫无距，虫草夏，多行趾钩缺口大。”

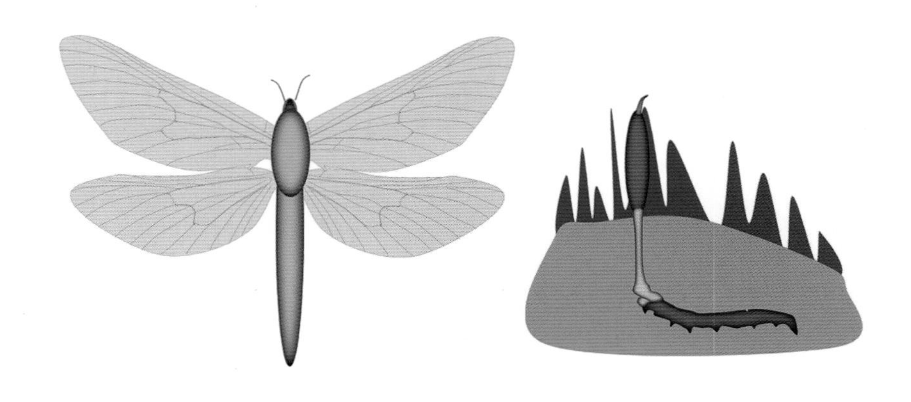

图 3-150　外孔次目蝙蝠蛾科蝙蝠蛾和冬虫夏草

双孔次目 Ditrysia：雌性具 2 个生殖孔，交配孔在 8 节，产卵孔在 9 节；交配囊和阴道间有导精管相连；异脉类，后翅 R_1 与 Sc 愈合，Rs 不分支；有翅缰连锁，或为贴合连锁；上颚退化，下颚内颚叶退化，下颚外颚叶形成喙管；幼虫腹足有趾钩；蛹为无颚被蛹，一般具发达的臀棘。本次目种类占鳞翅目的 95% 以上，包括大多数蛾子和全部蝴蝶，分为 17～29 总科。2019 年，基于 186 种现生种类的 2 098 个蛋白质编码基因序列对比结果，多位研究者认为凤蝶科的分化时间还要早于广蝶科。蝴蝶似乎只能归于一个凤蝶总科。为了方便识别，本文仍依据《秦岭昆虫志》的蝴蝶分类，2 总科 7 科系统。

常见蝶类的识别

凤蝶总科 Papilionoidea：触角细棒状；前翅 R 脉一或多支共柄或愈合；无翅缰；蛹为蝶蛹，裸露。该总科包括凤蝶科 Papilionidae、粉蝶科 Pieridae、灰蝶科 Lycaenidae 和蛱蝶科 Nymphalidae。

图 3-151　凤蝶科

凤蝶科 Papilionidae：全世界已知 600 余种，中国 130 余种。体大型或中型，色彩艳丽；前翅 R 脉有 4～5 条，R_4 和 R_5 共柄，2 条臀脉（A 脉），其中第 2 条很短；后翅 A 脉 1 条（图 3-151）；中室为闭室；前足正常，胫节 1 距，2 爪对称，爪垫和爪间突退化。包括 3 亚科：凤蝶亚科 Papilioninae、锯凤蝶亚科 Zerynthiinae 和绢蝶亚科 Parnassiinae。另外，《世界蝴蝶分类名录》中将锯凤蝶亚科 Zerynthiinae 并入绢蝶亚科 Parnassiinae，除了凤蝶亚科和绢蝶亚科外，还有一个宝凤蝶亚科 Baroniinae，仅包含一个单型属、唯一物种短角宝凤蝶 *Baronia brevicornis* Salvin, 1893，仅在中美洲分布，具有多型现象。

凤蝶亚科 Papilioninae：中国已知近 100 种。触角不被鳞片； M_1 脉着生点在 R 脉与 M_2 脉之间；前、后翅均为三角形；前翅 R 脉 5 支，有发达的基横脉 cu-a，后翅在 M_3 处有尾突或者边缘呈波状，肩横脉钩状，Sc 与 R 脉在基部形成 1 个小基室。凤蝶幼虫的生存策略有仿鸟屎、臭丫腺和眼斑（图 3-152A～G）。“凤蝶体大美不凡，二一臀脉一条短。中室臀脉有横桥，后小基室波状缘。”

锯凤蝶亚科 Zerynthiinae：中型蝶类。触角与足上无鳞，触角端部膨大不明显；下唇须很长；前翅 R 脉 5 分支，M_1 脉从中室分出，着生点接近 R 脉，远离 M_2 脉；Cu 脉与 A 脉之间无基横脉 cu-a 或只有遗迹；两翅斑纹多横向排列，后翅外缘波状，有齿突或尾突（图 3-152H～I）。该亚科的分类地位存在争议，有研究者认为该亚科应为绢蝶亚科的一族。“凤蝶波尾虎斑纹，角足无鳞唇须伸。中脉一近径脉五，中室臀脉无桥墩。”

绢蝶亚科 Parnassiinae：全世界已知 37 种，中国已知 33 种。体被密毛，触角较短，不被鳞片，长度约为翅长的四分之一；翅半透明，卵圆形，前翅 R 脉只有 4 条，无臀横脉 cu-a；后翅无尾突（图 3-152J）。“体被密毛须角短，翅半透明形近圆。 径脉四条无臀横，白或蜡黄爱高寒。”

图 3-152 鳞翅目蝶类凤蝶总科昆虫

A. 凤蝶科凤蝶亚科玉斑凤蝶 *Papilio helenus* Linnaeus, 1758; B. 碧凤蝶 *Papilio bianor* Cramer, 1777; C. 金裳凤蝶 Troides aeacus (C. *et* R. Felder, 1860); D. 同前，幼虫; E. 燕凤蝶 *Lamproptera curius* (Fabricius, 1787); F. 柑橘凤蝶 *Papilio xuthus* Linnaeus, 1767; G. 碎斑青凤蝶 *Graphium chironides* (Honrath, 1819); H. 锯凤蝶亚科丝带凤蝶 *Sericinus montelus* Grey, 1852, ♀; I. 同前，♂; J. 绢蝶亚科珍珠绢蝶 *Parnassius orleans* Oberthür, 1890

粉蝶科 Pieridae：全世界已知1200余种，中国已知150余种。色彩较素淡，多为白色、黄色或橙色调；前足正常；爪等长、二分叉或有齿；前翅径脉（R）3～5条，臀脉（A）脉1条，后翅A脉2条（图3-153A）。“粉蝶白黄橙色调，前R三五A一条。后翅臀脉有一对，前足正常分叉爪。”

蛱蝶科 Nymphalidae：全世界已知6 500余种，中国已知近700种。前足退化，短小无爪；前翅R脉5条，常共柄，臀脉（A）1条，后翅A脉2条。包括蛱蝶亚科、眼蝶亚科、斑蝶亚科、环蝶亚科、袖蛱蝶亚科、线蛱蝶亚科、螯蛱蝶亚科、喙蝶亚科、闪蛱蝶亚科等（图3-153B～L、图3-154A～E）。

喙蝶亚科 Libytheinae：中国已知3种，寄主为朴树。前翅顶角向外呈钩状突出，R脉5支，3支共柄；后翅略呈方形，外缘锯齿形，肩脉发达；下唇须与胸部等长，前伸；雄性前足退化，收缩不用，雌性前足则正常。“翅端弯钩唇须长，肩脉发达翅略方，五条径脉共柄仨，雌性前足反正常。”

眼蝶亚科 Satyrinae：我国已知近300种。触角不被鳞片，腹面有纵脊；至少后翅上有2个眼状斑；前翅第1～3条翅脉的基部加粗膨大；前足退化无爪，毛刷状。“眼蝶常有眼状斑，触角腹面纵脊显。多条纵脉基部大，前足退化有爪难。”

环蝶亚科 Amathusiinae：中国已知20余种。中到大型蝴蝶，因翅腹面有圆形眼斑而得名。前翅比后翅短，无尾突，后翅中室封闭；复眼有毛；雄性后翅有香鳞区。“飘飘环蝶眼斑圆，前翅略比后翅短。眼有毛、无尾突，后翅中室封闭严。”

袖蛱蝶亚科 Heliconiinae：两翅中室均为闭室；中室短，仅为翅长的三分之一到五分之二；前翅无短的2A脉（区别于斑蝶亚科），R_3从R_5脉近中室端三分之一处之后分出；后翅肩脉多从$Sc+R_1$脉基部分出，无肩室。

珍蝶族 Acraeaini：全世界已知183种，中国目前已知2种。前翅窄，明显长过后翅 ；后翅肩脉向翅端部弯曲，中室由很细的横脉封闭；下唇须圆柱形，爪不对称（区别于美洲的袖蝶）。“珍蝶前翅明显长，肩脉弯曲翅端向。中室封闭脉络细，爪不对称须圆桩。”

蛱蝶亚科 Nymphalinae：中国已知300余种。触角上常有鳞片，腹面有3条纵脊；前翅中室被极细条纹而非翅脉封闭，R脉5条，常共柄，臀脉（A）1条；后翅中室开放，后翅A脉2条。“蛱蝶色斑最美丽，角有鳞片腹纵脊。前足退化常无爪，臀脉后二前翅一。”

斑蝶亚科 Danainae：中国已知30余种，常见寄主为萝藦科植物、夹竹桃等。复眼无毛，触角端部较细，被有鳞片；前翅比后翅长，后翅中室封闭；翅色鲜艳，无眼斑，A脉2条，其中1条很短；后翅肩脉发达，A脉2条；有发香鳞；雄性腹末有毛丛（图3-154F）。“角被鳞片腹有脊，端部略细足不齐。臀脉均二前一短，后翅肩脉发香区。”

图 3-153 鳞翅目凤蝶总科昆虫

A. 粉蝶科大翅绢粉蝶 *Aporia largeteaui* (Oberthür, 1881)；B. 蛱蝶科螯蛱蝶亚科大二尾蛱蝶 *Polyura eudamippus* (Doubleday, 1843)；C. 喙蝶亚科朴喙蝶 *Libythea celtis* (Laicharting, 1782)；D. 眼蝶亚科白带黛眼蝶 *Lethe confusa* (Aurivillius, 1897)；E. 长纹黛眼蝶 *Lethe europa* (Fabricius, 1775)；F. 蛇眼蝶 *Minois dryas* (Scopoli, 1763)；G. 环蝶亚科猫头鹰环蝶 *Caligo* sp.；H~I. 华西箭环蝶 *Stichophthalma suffusa* Leech, 1892；J. 袖蛱蝶亚科绿豹蛱蝶 *Argynnis paphia* (Linnaeus, 1758)；K. 苎麻珍蝶 *Acraea issoria* Hübner, 1819；L. 线蛱蝶亚科锦瑟蛱蝶 *Seokia pratti* (Leech, 1890)

图 3-154　鳞翅目蝶类昆虫

A. 凤蝶总科蛱蝶科线蛱蝶亚科扬眉线蛱蝶 *Limenitis helmanni* Lederer, 1853；B. 闪蛱蝶亚科白斑迷蛱蝶 *Mimathyma schrenckii* (Ménétriès, 1859)；C. 白裳猫蛱蝶 *Timelaea albescens* (Oberthür, 1886)；D. 蛱蝶亚科大红蛱蝶 *Vanessa indica* (Herbst, 1794)；E. 翠兰眼蛱蝶 *Junonia orithya* (Linnaeus, 1758)；F. 斑蝶亚科金斑蝶 *Danaus chrysippus* (Linnaeus, 1758)

灰蝶科 Lycaenidae：中国已知 530 余种。多为小型蝶类，触角各节有白色环，复眼相互接近，与触角接触处凹缺，周围一圈白鳞毛；雌性前足正常，爪发达，而雄性前足缩短，跗节愈合（图 3-155A～C）。

灰蝶亚科 Lycaeninae：中国已知 500 余种。后翅肩角不加厚，通常无肩脉；常有尾状突。“灰蝶触角有白环，复眼侧凹白鳞片。后翅常无肩横脉，后缘尾突一或三。”

蚬蝶亚科 Riodininae：后翅肩角加厚，肩脉发达；通常无尾突。“角如灰蝶白色环，复眼接处也凹陷。后翅蚬蝶肩脉厚，尾突常无好分辨。”

弄蝶总科 Hesperioidea：触角基部远离，末端弯曲呈钩状；前翅三角形，5 条径脉 R 均单独从中室伸出。该总科包括弄蝶科 Hesperiidae、大弄蝶科 Megathymidae 和缰蝶科 Euschemonidae。

弄蝶科 Hesperiidae：英文名 skippers。体小，头大，宽于或等于胸宽；触角末端弯而尖；后足胫节 2 个距（图 3-155D～F）。“头部常比前胸宽，两角远离端钩尖。径脉皆从中室出，后胫双距体灰暗。”

图 3-155　鳞翅目蝶类昆虫

A. 灰蝶科线灰蝶亚科银线灰蝶 *Spindasis lohita* (Horsfield, 1829); B. 蚬蝶亚科无尾蚬蝶 *Dodona durga* (Kollar, 1844); C. 波蚬蝶 *Zemeros flegyas* (Cramer, 1780); D. 弄蝶总科弄蝶科赭弄蝶 *Ochlodes* sp.; E. 宽袖弄蝶 *Notocrypta feisthamelii* (Boisduval, 1832); F. 毛脉弄蝶 *Mooreana trichoneura* (C.*et* R. Felder, 1860)

思考与回顾

1. 鳞翅目昆虫有何生态意义？（食物链：多种鸟类和昆虫的主要食物来源。生态链：消耗大量植物，抑制作用；开花植物授粉；生态指示类群。）

2. 为什么有些蝴蝶数量稀少？该如何保护它们？

3. 自学蝴蝶翅脉的命名系统，试分类。

常见蛾类的识别

羽蛾总科 Pterophoroidea：翅常裂成羽状，前翅纵裂为2片，后翅3片，后翅卷褶，体和翅呈十字；腹部2～3节细长，足细长；幼虫取食花和叶片，有时卷叶、蛀茎。"羽蛾翅裂二三片，后翅卷褶十字站。腹颀二、三细长足，卷叶为害蛀茎干。"仅1科——羽蛾科 Pterophoridae，如甘薯异羽蛾 *Emmelina monodactylus*（Linnaeus，1758）（图3-156A）。

斑蛾总科 Zygaenoidea：口器通常退化；原始异脉型，前后翅 CuP（或称1A脉、Cu_2脉）均存在，中室有 M 主干；幼虫短粗，有次生毛丛，有时螯刺发达。包括12科：蝉寄蛾科 Epipyropidae、蚁巢蛾科 Cyclotornidae、带翅蛾科 Himantopteridae、缰蛾科 Anomoeotidae、绒蛾科 Megalopygidae、短体蛾科 Somabrachyidae、艾蛾科 Aididae、斑蛾科 Zygaenidae、刺蛾科 Limacodidae、亮蛾科 Dalceridae、拟斑蛾科 Lacturidae、拟蓑蛾科 Heterogynidae。

斑蛾科 Zygaenidae：日出行，色彩鲜艳；翅被稀疏鳞片，前翅 R_5 脉独立；后翅 $Sc+R_1$ 与 Rs 愈合至中室中部或近端部（图3-156B～F）。"日出而作色彩艳，翅面单薄少鳞片。前翅 R_5 闹独立，后翅愈合中室半。"

刺蛾科 Limacodidae：体粗壮被毛，触角双栉状；翅短、阔、圆，中室有 M 主干，但不分叉；前翅 R_3，R_4 和 R_5 共柄或合并；后翅 $Sc+R_1$ 与 Rs 从基部分开或短距离愈合；幼虫短粗，蛞蝓状，头缩入胸，长有毛疣或枝刺，腹足由吸盘代替（图3-156G）。"刺蛾体壮又多毛，喙管退化双栉角。中脉室内不分叉，臀脉三支两并交。前翅径脉三共柄，后翅基部就扬镳。无足缩头洋辣子，毛疣枝翅小毒枭。"

螟蛾总科 Pyraloidea：包括2科，草螟科 Crambidae 和螟蛾科 Pyralidae。全世界已知1.5万余种，是鳞翅目最大总科之一。通常有下唇须，喙若有，则基部有鳞片；腹部具鼓膜器，鼓膜器由第2腹节腹面成对的鼓膜室组成，鼓膜室支持着鼓膜与节间膜；前翅 R_3 和 R_4 脉共柄，后翅 $Sc+R_1$ 与 Rs 在中室外极靠近或短距离愈合；1A（CuP）在前翅退化或消失，在后翅存在。"腹有听器喙鳞片，1A 仅在后翅见。亚缘合径径分脉，相近相愈中室外。"

草螟科 Crambidae：前翅 R_5 与 R_{3+4} 脉完全分离；1A，2A 脉基部有卵形硬斑；鼓膜与节间膜成钝角，鼓膜室开放，有鼓膜瓣，有听器间突（praecinctorium），后足基节后方有副鼓膜器；雄性外生殖器无爪形突臂（图3-156H～J）。"前翅 R_5 脉独立，有硬卵斑臀脉基。鼓膜节间成钝角，有突有瓣室不闭。"

螟蛾科 Pyralidae：前翅 R_5 与 R_{3+4} 脉共柄/合并；1A，2A 脉基部无卵形硬斑；鼓膜与节间膜位于同一平面，鼓膜室关闭，无听器间突，缺鼓膜瓣，后足基节后方无副鼓膜器；雄性外生殖器有爪形突臂（图3-156K～L）。"前翅 R_5 不独立，无硬卵斑臀脉基。鼓膜节间共平面，无突缺瓣室关闭。"

图 3-156　鳞翅目蛾类昆虫

A. 羽蛾总科羽蛾科甘薯异羽蛾 *Emmelina monodactylus* (Linnaeus, 1758)；B. 斑蛾总科斑蛾科约丹杜鹃斑蛾 *Rhodopsona jordani* Oberthür, 1910；C. 斑蛾科；D. 红五点斑蛾 *Zygaena niphona* Butler, 1877；E. 旭锦斑蛾 *Campylotes* sp.；F. 海南锦斑蛾 *Chalcosia suffusa* Leech, 1898；G. 刺蛾科迹斑绿刺蛾 *Parasa pastoralis* Butler, 1880；H. 螟蛾总科草螟科旱柳原野螟 *Euclasta stoetzneri* (Caradja, 1927) 成虫和幼虫；I. 桃蛀野螟 *Conogethes punctiferalis* (Guenée, 1854)；J. 尖锥额野螟 *Sitochroa verticalis* (Linnaeus, 1758)；K. 螟蛾科蜂巢螟蛾 *Hypsopygia mauritialis* (Boisduval, 1833)；L. 艳双点螟 *Orybina regalis* Leech, 1889

木蠹蛾总科 Cossoidea：喙极短或消失；翅脉接近完全异脉型，前、后翅中室内 M 主干常分叉，1A（CuP）发达；幼虫钻蛀植物茎干、枝条、根等。分 4 科，木蠹蛾科 Cossidae、拟木蠹蛾科 Metarbelidae、缺缰蠹蛾科 Ratardidae 和银斑蠹蛾科 Dudgeoneidae。

木蠹蛾科 Cossidae：腹部长，体粗壮；喙非常短或缺；翅脉几乎完整，中脉强，常在中室分叉；后翅径分脉 Rs 和中脉 M_1 脉基部共柄，3 条臀脉（图 3-157A）。“木蠹蛾科喙退短，雄角双栉翅斑点。径分中脉一共柄，中室叉干臀脉三。”

谷蛾总科 Tineoidea：喙短无鳞片；下唇须前伸，第 2 节有侧鬃，第 3 节短小；翅较窄，边缘有长毛，中室内常有 M 主干；幼虫隐蔽取食，生活在可携带巢或丝质管内。“唇须侧鬃显，窄翅长毛缘。有干中室闭，幼虫隐巢管。”含 3 科：谷蛾科 Tineidae、蓑蛾科 Psychidae 和绵蛾科 Eriocottidae。

蓑蛾科 Psychidae：雌性无翅，结枝叶为袋藏身；雄性中室内有分叉的 M 脉的主干，前翅 3 条臀脉合并（图 3-157B）。“雌虫无翅体肥胖，叠结枝叶袋内藏。雄翅中室脉分叉，前三臀脉合一方。”

谷蛾科 Tineidae：全世界已知 2 400 余种。头顶有稀疏的竖起毛或鳞片触角柄节常有栉毛；下唇须第二节常有侧鬃；触角比翅短；前翅前缘和后缘平行，翅端渐成圆顶状，12 条翅脉各自分离，后翅窄；后足胫节被长毛；幼虫取食干的植物、动物材料或真菌，造巢或隧道；多数为仓库害虫（图 3-157C）。谷蛾 *Nemapogon granella*（Linnaeus，1758）危害贮粮。“谷蛾头颜生竖鳞，颚须侧鬃向前伸。中室主干脉自分，柄节胫节毛森森”。

卷蛾总科 Tortricoidea：体小型，喙无鳞片；翅阔，缨毛短于翅宽；前、后翅 1A 脉（有的称 CuP 或 Cu_2）均存在。中室无 M 中干。包括 1 科，卷蛾科 Tortricidae（别称：细卷蛾科 Phaloniidae、小卷蛾科 Olethreutidae、澳卷蛾科 Chlidanotidae）。

卷蛾科 Tortricidae：前翅略呈长方形，Cu_2 从中室中室下缘中部发出；前后翅 R 脉各分支均从中室发出，不合并，后翅 M_1 不与 Rs 共柄；幼虫隐蔽生活，可卷叶、潜叶、蛀茎、造瘿等（图 3-157D）。“卷蛾方翅如吊钟，前后 R 脉柄不重。二三中脉相靠近，肘脉分出室下中。”

麦蛾总科 Gelechioidea：分科比较混乱，包括 18～21 科。喙基部有鳞片；中室内无 M 主干，1A（CuP）脉弱或消失；前翅 2A 脉与 3A 脉长距离合并（图 3-157E）。

麦蛾科 Gelechiidae：喙基部有鳞片，触角丝状，唇须向上翘起，伸过头顶，末端尖细，呈象鼻状；前翅广披针形；后翅外缘略尖并向后弯曲，如菜刀形，径分脉 Rs 和中脉 M_1 基部共柄或接近（图 3-157F）。“麦蛾喙鳞体型小，前翅披针后菜刀。长须上翘丝状角，径分中脉柄紧靠。”

细蛾总科 Gracillarioidea：包括 4 科，仅介绍 1 科。

细蛾科 Gracillariidae：静息时，呈蹲坐姿势；无单眼，喙发达，下唇须上举，第 2 节无侧鬃，第 3 节短小；前翅窄，端部尖，中室直长，约为翅长的三分之二到四分之三，R 脉各分支不合并（图 3-157G）。“潜而卷叶细蛾科，蹲坐举须翼光泽。翅窄端尖缘毛长，中室直长五 R 隔。”

巢蛾总科 Yponomeutoidea：喙管光裸，下唇须第 3 节细长；触角线状，触角柄节常有栉毛；翅窄，翅脉接近完全异脉型，前翅径脉 R_5 常达外缘。“前翅径脉止外缘，中室无有中脉干。唇须细长柄栉毛，翅窄异脉裸喙管。”包括 7～11 科，介绍 3 科。

巢蛾科 Yponomeutidae：成虫静息时呈筒状，翅面多小斑点；丝状触角，长度达翅的三分之二；无眼罩，无单眼；前后翅主脉各自分离，前翅径脉 R_5 脉止于翅外缘，2A 脉和 3A 脉几乎完全合并；腹部背面各节多短刺；幼虫吐丝结网，聚集为害（图 3-157H～I）。“幼虫结网联，成虫像卷筒。翅面多斑点，丝角过翅半。主脉各分离，臀脉并蒂莲。径脉止外缘，无罩无单眼。”

菜蛾科 Plutellidae：触角柄节有栉毛，停息时，触角前伸；下唇须第 3 节尖而光滑，上举；前后翅缘毛发达，休息时突出如鸡尾状；脉序与巢蛾近似，但后翅 M_1、M_2 脉常靠近或共柄（图 3-157J）。“前翅细长后长毛，触角前伸菜蛾小。中脉一二常共柄，径分中脉不相交。”

小菜蛾 *Plutella xylostella*（Linnaeus，1758）英文 Diamond-Back Moth，简称 DBM，是常见的十字花科蔬菜害虫。它的 1 龄幼虫在叶片中潜食，后期幼虫钻出啃食叶片，仅留下主脉。小菜蛾年发生世代多，繁殖力强，许多国家每周需数次喷药防治，这也导致小菜蛾对大多数杀虫剂都有抗性，而杀虫剂又会同时杀灭小菜蛾天敌，因此，小菜蛾已成为专家重点研究的害虫之一。

潜蛾科 Lyonetiidae：头顶常有直立鳞毛，触角第 1 节宽，下面凹入，盖住部分复眼，叫眼罩；前翅披针形，顶端常有 2 条或 2 条以上的 R 脉分支基部合并的脉 1 支；后翅线形，有长缘毛（图 3-158A～B）。“鳞毛立顶有眼罩，前翅披针后长毛。中室细长径脉并，为害叶片钻隧道。”

蚕蛾总科 Bombycoidea：无毛隆，无鼓膜听器；下颚须极小，退化或消失；M 主干在前/后翅中室弱或消失；前翅径脉完全，R_2，R_3 脉常共柄；后翅 $Sc+R_1$ 通常与中室和 Rs 脉分离，仅以一横脉与中室相连。翅阔，后翅肩区扩大，翅缰常退化或无。包括 10～11 科，介绍 4 科。

天蛾科 Sphingidae：体粗壮纺锤形，两端尖削；喙极长；触角向端部膨大，末端尖，呈钩状；翅缰强大，前翅窄长，外缘斜直；后翅 $Sc+R_1$ 通常与中室一横脉相连（图 3-158C～E）。“天蛾粗壮纺锤悬，善飞长喙角末弯。前翅狭长后缘凹，亚径中室横脉连。”

大蚕蛾科 Saturniidae：也叫天蚕蛾科。喙退化；翅缰很弱或消失，后翅肩区扩大；翅中室常有透明斑；前翅中脉 M_2 靠近 M_1 脉；后翅 $Sc+R_1$ 与中室分离（图 3-158F～I）。“肩角发达肩脉无，斑常透明径脉疏。中脉一二常靠近，高贵美丽天蚕服。”

图3-157　鳞翅目蛾类昆虫

A. 木蠹蛾总科木蠹蛾科豹蠹蛾 *Zeuzera* sp.；B. 谷蛾总科蓑蛾科（徐鹏 摄）；C. 谷蛾科刺槐谷蛾 *Dasyses barbata* (Christoph, 1882)；D. 卷蛾总科卷蛾科褐带卷蛾 *Adoxophyes* sp.；E. 麦蛾总科尖蛾科 Cosmopterygidae；F. 麦蛾科甘薯麦蛾 *Helcystogramma triannulella* (Herrich-Schäffer, 1854)（虞国跃 摄）；G. 细蛾总科细蛾科；H. 巢蛾总科巢蛾科彩巢蛾 *Atteva* sp.；I. 巢蛾科；J. 菜蛾科小菜蛾 *Plutella xylostella* (Linnaeus, 1758)

图 3-158　鳞翅目蛾类昆虫

A. 巢蛾总科潜蛾科桃潜蛾 *Lyonetia clerkella* (Linnaeus, 1758)；B. 同前，潜道；C. 蚕蛾总科天蛾科法罗长喙天蛾 *Macroglossum faro* (Cramer, 1780)；D. 条背天蛾 *Cechenena lineosa* (Walker, 1856)；E. 雀纹天蛾 *Theretra japonica* (Boisduval, 1869) 幼虫；F. 天蚕蛾科乌桕大蚕蛾 *Attacus atlas* (Linnaeus, 1758)；G. 华尾大蚕蛾 *Actias sinensis* (Walker, 1913)；H. 微目豹大蚕蛾 *Loepa microocellata* (Naumann *et* Kishida, 2001)；I. 藏珠大蚕蛾 *Saturnia thibeta* (Westwood, 1853)，幼虫（A，B，虞国跃 摄）

蚕蛾科 Bombycidae：中型蛾，触角双栉状，喙退化；前翅顶角常呈钩状，5 条 R 脉常基部共柄，至少 R_3，R_4 和 R_5 脉基部共柄；后翅 Sc+R_1 与中室由一横脉相连。家蚕 *Bombyx mori* (Linnaeus, 1758) 是重要的资源昆虫（图 3-159A）。“触角双栉喙退化，径脉五条共柄仨。顶角弯钩翅缰小，蚕娘美名满天下。”

箩纹蛾科 Brahmaeidae：翅宽，色浓厚，有许多箩筐状纹或波状纹，亚缘有 1 列眼斑；喙发达；触角双栉状；翅缰很弱或消失，至少 1 对翅 Cu 脉三叉式；后翅 Sc+R_1 与中室端半部接近，在中室外与 Rs 靠近，而后分开；后翅中室短宽，内有弱的 M 中干（图 3-159B）。“箩筐条纹蛾水蜡，触角双栉喙发达。中室短宽弱脉干，一翅肘脉有三叉。”

枯叶蛾总科 Lasiocampoidea：包括 1 科。

枯叶蛾科 Lasiocampidae：体粗壮被密毛，停息时像枯叶；喙退化或缺；触角双栉状；前翅 R_5 通常与 M_1 共柄，后翅肩区发达，上有 2 条或多条肩脉，无翅缰（图 3-159C～D）。“触角双栉体粗壮，肩角扩大肩脉双。单眼和喙均退化，松毛天幕害林荒。”

图 3-159　鳞翅目蛾类昆虫

A. 蚕蛾总科蚕蛾科钩翅藏蚕蛾 *Mustillia falcipennis* Walker, 1865；B. 箩纹蛾科枯球箩纹蛾 *Brahmophthalma wallichii* (Gray, 1831)；C. 枯叶蛾总科枯叶蛾科栎枯叶蛾 *Paralebeda femorata* (Ménétriés, 1858)；D. 松毛虫 *Dendrolimus* sp.

透翅蛾总科 Sesioidea：包括 5 科，介绍 1 科。

透翅蛾科 Sesiidae：外形像蜂，前翅狭长，基半部变窄，翅大部分或局部透明；前翅无臀脉 A，后翅 3 条 A 脉；后翅 $Sc+R_1$ 脉藏在前缘褶内，前后翅连锁类似蜂类的机制；腹部末端常有扇状鳞簇（图 3-160A～B）。

尺蛾总科 Geometroidea：分 3～4 科，因凤蛾科是归于本科还是钩蛾总科 Derpanoidea 而有所差异。介绍 1 科——尺蛾科 Geometridae：体纤弱，翅阔；第一腹节腹面有 1 对鼓膜听器；前翅 R 脉后 4 条在基部共柄，后翅 $Sc+R_1$ 在近基部靠近 Rs，造成 1 个小基室。幼虫细长，拟似植物枝条。通常仅第 6 和第 10 腹节具腹足，行动时一曲一伸，故称尺蠖（geometers）、步曲或造桥虫（图 3-160C～I）。"翅面薄宽无单眼，尺蛾听器在腹前。亚缘合径弯基室，径脉后四共柄先。"

图 3-160　鳞翅目蛾类昆虫

A. 透翅蛾总科透翅蛾科毛足透翅蛾 *Mellitia* sp.；B. 准透翅蛾 *Parnthrene* sp.；C. 尺蛾总科尺蛾科郁尾尺蛾 *Tristrophis venetia* (Butler, 1878)；D. 海南艳青尺蛾 *Agathia hilarata hainanensis* Prout, 1896；E. 粗榧尺蛾 *Ourapteryx nigrociliaria* Leech, 1897 幼虫；F. 埃尺蛾 *Ectropis* sp. 幼虫拟态枯树枝；G. 桑褶尺蛾 *Apochima excavata* (Dyar, 1905) 幼虫；H. 凤蛾科浅翅凤蛾 *Epicopeia hainesii sinicaria* Leech, 1897；I. 榆凤蛾 *Epicopeia mencia* Moore, 1874，幼虫

夜蛾总科 **Noctuoidea**：成虫后胸有鼓膜听器；幼虫腹足趾钩成单序中带。该总科是鳞翅目最大的总科，全世界已知 4 200 属 4.24 万种以上。Zahiri 等（2011）基于分子数据系统发育研究结果，提出夜蛾总科六科系统：澳舟蛾科 Oenosandridae（4 属 8 种，仅在澳洲分布）+ [舟蛾科 Notodontidae（704 属 3 800 种）+ [瘤蛾科 Nolidae（186 属 1 738 种以上）+ [目夜蛾科 Erebidae（1 760 属 24 569 种）+ [尾夜蛾科 Euteliidae（29 属 520 种）+夜蛾科 Noctuidae（1 089 属约 11 772 种)]]]]。这个系统与传统分类相比，出现了较大变动：传统的夜蛾科被细分为目夜蛾科、尾夜蛾科、瘤蛾科和夜蛾科等 4 科，原属于夜蛾科的皮夜蛾亚科 Sarrothripinae 和丽夜蛾亚科 Chloephorinae 连同瘤蛾亚科 Nolinae 一起组成了瘤蛾科；小夜蛾科 Micronoctuidae 降为族，并入目夜蛾科拟髯须夜蛾亚科 Hypenodinae；拟灯蛾科 Aganaidae、灯蛾科 Arctiidae、毒蛾科 Lymantriidae 降为亚科归于目夜蛾科。这些变化导致目夜蛾科的科级形态识别特征模糊。《秦岭昆虫志・第 8 卷》中写道，"夜蛾科的分类系统近年来发生了巨大变化，由于该类群过于庞大繁杂，本志暂未采用这个系统，仅对夜蛾科部分属的亚科地位进行了调整"。近年来，尽管尚存争议（如作为明显的单系群，不少研究者对灯蛾和毒蛾仍按科对待），新的系统逐渐被学者沿用。本文遵循新系统，但目前新系统的形态识别受限，在夜蛾科的识别中也提及传统分类。

尾夜蛾科 Euteliidae：包括尾夜蛾亚科 Euteliinae（臀毛簇发达，前翅无竖鳞丛）和蕊翅夜蛾亚科 Stictopterinae（臀毛簇正常，前翅有竖鳞丛）。复眼表面无毛，后翅翅脉四叉形（即 M_2，M_3，Cu_1，Cu_2 等脉均由中室下顶角发出），后翅 M_2 脉基部与 M_1 脉接近，雌蛾翅缰 1 根（图 3-161A）。

夜蛾科 Noctuidae：传统的夜蛾科是鳞翅目最大的科，不少种类为重要害虫。传统的夜蛾科有较为清晰的科征，体粗壮，小、中或大型，色暗，喙发达，有单眼；前翅窄、中等宽或宽大，后翅多宽圆，R_3 和 R_4 脉常共柄，Cu 脉四叉式；有副室；后翅中室与 $Sc+R_1$ 脉在中室约四分之一处相接或靠近后又分开，形成 1 个小基室；成虫后胸有鼓膜听器（图 3-161B）。"夜蛾粗壮害虫多，胸有听器后翅阔。前翅径脉看共柄，后翅基室一小格。"

然而，细分之后的夜蛾科，将传统夜蛾科中三叉形（后翅翅脉三叉形，M_2 脉弱或退化）的类群全部保留，但也包含了部分后翅翅脉四叉形的类群，科征模糊。与目夜蛾科相比，新系统的夜蛾科颜色以灰褐色为主，斑纹朴素，停歇时翅多收束于背上；幼虫多为 5 对腹足。主要包括三叉形的夜蛾亚科 Noctuinae(图 3-161C～D)、实夜蛾亚科 Heliothinae、冬夜蛾亚科 Cuculliinae、杂夜蛾亚科 Amphipyrinae、剑纹夜蛾亚科 Acronictinae、虎蛾亚科 Agaristinae 和苔藓夜蛾亚科 Bryophilinae，也包括后翅翅脉四叉形，后翅 M_2 脉与 M_1 脉接近，雌蛾翅缰多根，翅缰钩非棒状，中足胫节无刺的金翅夜蛾亚科 Plusiinae（复眼常有睫毛，前翅多有金斑，如图 3-161E～K），毛夜蛾亚科 Pantheinae（复眼表面有毛，后翅翅脉四叉形）等，共 20 个亚科。

图 3-161　鳞翅目夜蛾总科昆虫

A. 尾夜蛾科尾夜蛾亚科殿尾夜蛾 *Anuga* sp.；B. 夜蛾科虎蛾亚科葡萄修虎蛾 *Sarbanissa subflava* (Moore, 1877)；C. 夜蛾亚科盗夜蛾族分泌夜蛾（黏虫）*Mythimna* (*Pseudaletia*) *separata* (Walker, 1865)；D. 日月明夜蛾 *Sphragifera biplagiata* (Walker, 1865)；E. 目夜蛾科金翅夜蛾亚科台湾锞纹夜蛾 *Chrysodeixis taiwani* Dufay, 1974；F. 庸肖毛翅夜蛾 *Thyas juno* (Dalman, 1823)；G. 白线尖须夜蛾 *Bleptina albolinealis* Leech, 1900；H. 中带三角夜蛾 *Grammodes geometrica* (Fabricius, 1775)；I. 木叶夜蛾 *Xylophylla punctifascia* (Leech, 1900)；J. 古妃夜蛾 *Drasteria tenera* (Staudinger, 1877)；K. 绕环夜蛾 *Spirama helicina* Hübner, 1827

夜蛾科棉铃虫 *Helicoverpa armigera*（Hübner，1805）是棉花的主要害虫，幼虫取食叶片并钻食“棉铃”，除初龄幼虫外，其他所有幼虫似乎都对农药有很强的天然抵抗力。棉铃虫也是世界上被施杀虫剂加以防治最多的害虫。如果不进行虫害控制，棉花产量的 50%将被摧毁。

目夜蛾科 Erebidae：目前国内对本科的中文种名称有“裳夜蛾科”和“裳蛾科”，但科名 Erebidae 源于亚科名 Erebinae Leach，[1815]，模式属为目夜蛾属 Erebus Latreille，1810，因此将本科中文科名确定为目夜蛾科更合理（韩辉林，2019）。该科目前尚无明晰的科征，大体为体型多变，翅色多艳丽或古怪，翅型复杂多变，在停歇时翅或分散展开于身体两侧，或呈脊状，或重叠。幼虫多为 3 对腹足，身体比例细长，很多种类行走方式近似于尺蠖幼虫。多为寡食性，少数类群为广食性。包括传统裳夜蛾亚科 Catocalinae [主要特征：复眼表面无毛，后翅翅脉四叉型，后翅 M_2 脉与 M_1 脉接近，雌蛾翅缰多根，翅缰钩非棒状，中足胫节具刺。现拆分为目夜蛾亚科 Erebinae（包括旧裳夜蛾亚科大部分种类）、影夜蛾亚科 Toxocampinae（后翅 5 脉发达，前翅外缘平缓）、亭夜蛾亚科 Tinoliinae、真鳞夜蛾亚科 Eulepidotinae 和鹰夜蛾亚科 Hypocalinae 等 5 个亚科]；也包括后翅翅脉四叉形，M_2 脉与 M_1 脉平行，下颚须发达的长须夜蛾亚科 Herminninae 和髯须夜蛾亚科 Hypeninae；以及中足胫节无刺的菌夜蛾亚科 Boletobiinae（后翅 5 脉弱）、棘翅夜蛾亚科 Scoliopteryginae（后翅 5 脉发达，前翅外缘锯齿形），还包括拟灯蛾亚科 Aganainae、灯蛾亚科 Arctiinae、拟髯须夜蛾亚科 Hypenodinae、毒蛾亚科 Lymantriinae 以及谷夜蛾亚科 Anobinae、壶夜蛾亚科 Calphinae、眉夜蛾亚科 Pangraptinae、涓夜蛾亚科 Rivulinae、线夜蛾亚科 Scolecocampinae 等 18 亚科。

灯蛾亚科 Arctiinae：喙退化，有单眼；前翅无竖鳞簇，中脉 M_2 和 M_3 相互靠近，从而肘脉看似四叉式；后翅 $Sc+R_1$ 与中室愈合近半；腹部第 1 节气门前有反鼓膜巾；雄性外生殖器肛瓣上具 1 对可翻转的性腺（图 3-162A～C）。美国白蛾 *Hyphantria cunea*（Drury，1773）是灯蛾科昆虫，幼虫吐丝结幕为害。“灯蛾体纹红橙黑，多有单眼退化喙。愈合中室儿近半，中脉二三相来归。曾记白蛾入侵后，吐丝结幕万木悲。”

苔蛾族 Lithosiini：依最新系统，原来的苔蛾亚科降为灯蛾亚科下的一个族。和灯蛾科相似，但无单眼；后翅 Sc 基部变粗，通常与 Rs 有一段愈合（图 3-162D～F）。

鹿蛾族 Syntominini：依最新系统，原来的鹿蛾亚科降为灯蛾亚科下的一个族。体小至中型；外形像斑蛾或蜂；翅面缺鳞片，形成透明窗状；前翅中室为翅长的一半以上，后翅小；Cu 脉看似四叉式；后翅 $Sc+R_1$ 与 Rs 合并（图 3-162G～H）。“或似斑蛾或似蜂，翅缺鳞片窗斑明。中室长长过翅半，后翅太小笨飞行。”

毒蛾亚科 Lymantriinae：喙极其退化或消失，触角通常双栉状，无单眼；中室与 $Sc+R_1$ 脉在中室约五分之二处相接或靠近后又分开，形成一个基室（图 3-162I～K）。“触角双栉无单眼，毒蛾唇须喙不全。中室相接五分二，多毛前足伸向前。”

图 3-162 鳞翅目夜蛾总科昆虫

A. 灯蛾亚科雪灯蛾 *Spilosoma* sp.；B. 同前，腹面观；C. 大丽灯蛾 *Aglaomorpha histrio* Walker, 1855；D. 苔蛾族昏苔蛾 *Nudaria* sp.；E. 土苔蛾 *Eilema* sp.；F. 雪苔蛾 *Cyana* sp.；G. 鹿蛾族鹿蛾 *Amata* sp.；H. 伊贝鹿蛾 *Syntomoides imaon* (Cramer, 1779)；I. 毒蛾亚科杨雪毒蛾 *Stilprotia salicis* (Linnaeus, 1758)；J. 黑褐盗毒蛾 *Nygmia atereta* (Collenette, 1932)；K. 白毒蛾 *Arctornis l-nigrum* (Müller, 1764)，♀；L. 瘤蛾科旋夜蛾 *Eligma narcissus* (Cramer, [1775])

瘤蛾科 Nolidae：触角通常丝状，无单眼；前翅中室基部及端部有瘤状竖鳞；静止时翅呈屋脊状平置于体上；后翅翅脉三叉式，通常无复杂的彩斑；雄蛾翅缰钩棒状（图 3-162L）。

舟蛾科 Notodontidae：雌性触角丝状，雄性双栉状；前翅 $Sc+R_1$ 与中室愈合三分之二；M_2 脉居中，Cu 脉看似三叉型。停息时，背面很难看到头部，翅缘常波状。头部具毛簇，胸部被厚毛和鳞片，多有竖立纵行的脊形毛簇，或称冠形毛簇；鼓膜位于胸腹面一个小凹窝，内膜向下，区别于夜蛾科（图 3-163）。“舟蛾丝角厚毛鳞，喙长前翅细横纹。愈合中室三分二，缩头常竖毛簇身。”

图 3-163　鳞翅目夜蛾总科舟蛾科昆虫

A. 壮掌舟蛾 *Phalera hadrian* (Schintlmeister, 1989)；B. 掌舟蛾 *Phalera* sp.；C. 黑蕊尾舟蛾 *Dudusa sphingiformis* (Moore, 1872)；D. 灰舟蛾 *Cnethodonta grisescens* Staudinger, 1887

思考与回顾

1. 谈谈鳞翅目蛾类常见科昆虫的“气质”。
2. 组织一次灯诱采集，统计一下幕布上的蛾子的类型。
3. 讨论养蚕，观察蚕的吐丝器。
4. 根据常见蛾子的翅脉图，试探讨一下蛾类的演化。
5. 观察蛾类的虹吸式口器以及夜蛾的鼓膜听器。

附：鳞翅目常见 11 总科的分类检索表

1. 触角棒状……………………………………………………………………………………………………… 2
   触角其他形状……………………………………………………………………………………………… 3
2. 触角末端有钩，基部远离；翅脉均从中室出、不共柄……………………………… 弄蝶总科
   触角末无钩，基部接近；前翅 R 和 M 脉 1 或多支共柄……………………………… 凤蝶总科
3. 翅通常裂为 2 至多片………………………………………………………………………… 羽蛾总科
   翅完整………………………………………………………………………………………………………4
4. 后翅 $Sc+R_1$ 与 Rs 在中室外靠近或部分愈合（第 1 腹板 有 1 对鼓膜听器，喙基部被鳞片，后翅 A 脉 3 条）………………………………………………………………………………螟蛾总科
   后翅 $Sc+R_1$ 与 Rs 在中室外分离…………………………………………………………………… 5
5. 有鼓膜听器 …………………………………………………………………………………………… 6
   无鼓膜听器………………………………………………………………………………………………7
6. 听器在后胸…………………………………………………………………………………………夜蛾总科
   听器在腹部…………………………………………………………………………………………尺蛾总科
7. 喙基部被鳞片（翅窄或中等宽，中室常无 M 脉中干）………………………………… 麦蛾总科
   喙基部无鳞片 ………………………………………………………………………………………………8
8. 前后翅中室内 M 脉中干在一翅或两翅中弱或消失，下颚须退化或消失（有毛隆，翅缰发达，常有单眼，前翅外缘平直，后翅 A 脉 3 根）…………………………………………… 卷蛾总科
   前后翅中室内M脉中干中等或十分发达，如果在一翅或两翅中弱或消失，则下颚须发达…… 9
9. 小型蛾子，下颚须发达，触角柄常扩大成眼罩或有栉毛（颜面及头顶具竖鳞，下颚须前伸，第 2 节有侧鬃）………………………………………………………………………………… 谷蛾总科
   中大型蛾，下颚须短或消失，口器常退化………………………………………………………… 10
10. 中室内 M 脉主干常分叉…………………………………………………………………… 木蠹蛾总科
    中室内 M 脉主干不分叉……………………………………………………………………………斑蛾总科

25. 蛾子的前世——毛翅目 Trichoptera

石蛾似蛾毛翅目，四翅膜质波毛覆。
口器咀嚼足生距，幼虫水生住小屋。（YJK）

形态特征：体与翅面多被毛，形似蛾，俗称石蛾。停息时，翅折叠于体，呈屋脊状。触角丝状、细长多节，常前伸；口器退化、咀嚼式，下口式；翅狭长，毛翅（被毛或鳞），翅脉纵脉多而横脉少，接近模式脉序；足细长，跗节 5 节，胫节和跗节多生有距（可以活动的刺状或片状突起），腹部 10 节，尾须 1～2 节；雌性无特殊的产卵器，雄性外生殖器裸露（图 3-164）。

图 3-164　毛翅目瘤石蛾科 Goeridae 瘤石蛾 *Goera* sp.

幼虫为蛃型或亚蠋型，头壳和前胸背板体躯前部几丁化，着色较深。口器咀嚼式，下唇有丝腺开口；胸足 3 对，5 节，爪 1 对；腹部仅有一对具有钩的臀足；常多数甚至全部腹节具气管鳃，可位于背面、侧面或腹面；腹末 1 对臀足，末端具臀钩。

生物学：全变态。幼虫水生，称为石蚕。生活于各类清洁的淡水水体，如清泉、溪流、泥塘、沼泽或较大的湖泊、河流等，是水生昆虫中最大的类群之一。许多种类对水质污染敏感，是重要的水质生物监测指示生物。吐丝缀沙石、枯枝等做成筒状巢或庇护所，将身体藏匿其中。多以藻类、腐殖质或水生高等植物为食，也有食肉性，捕食水中小虫如小型甲壳类、蚊、蚋等幼虫，是淡水养殖饲料。目前全世界已知 52 科 1.6 万余种，中国已知 28 科 116 属 1 200 余种（Yang et al.，2016；Ge et al.，2022）。

知识拓展：毛翅目的分类根据下颚须第 5 节是否再分节，是否可挠，幼虫蛃型还是亚蠋型，分 2 个亚目，即环须亚目 Annulipalpia 和完须亚目 Integripalpia。常见的有纹石蛾科 Hydropsychidae、角石蛾科 Stenopsychidae、沼石蛾科 Limnephilidae、鳞石蛾科 Lepidostomatidae、石蛾科 Phryganeidae、齿角石蛾科 Odontoceridae 和长角石蛾科 Leptoceridae 等（图 3-165）。

思考与回顾

1. 观察石蛾足上的距，谈谈石蛾与蛾子的区别与联系。
2. 画一个石蛾的翅脉图，并与模式脉序和鳞翅目脉序相比较。

图 3-165　毛翅目昆虫

A. 齿角石蛾科幼虫筑管状巢；B. 鳞石蛾科鳞石蛾 *Lepidostoma* sp. 亚蠋幼虫；C. 鳞石蛾 *Lepidostoma* sp.；D. 角石蛾科角石蛾 *Stenopsyche* sp.，蛃型幼虫；E. 角石蛾 *Stenopsyche* sp.；F. 沼石蛾科沼石蛾 *Limnephilus* sp.；G. 石蛾科褐纹石蛾 *Eubasilissa* sp.；H. 纹石蛾科横带长角纹石蛾 *Macrostemum fastosum* (Walker, 1852)

26. “看似柔弱，实则王者”——双翅目 Diptera

蚊蠓虻蝇双翅目，后翅平衡五节跗。
口器刺吸或舔吸，幼虫无足头有无。（YJK）

双翅目昆虫虽有一双看似弱不禁风的膜翅，但它们的适应性极强。在高原高山苦寒之地，大多数昆虫都难觅踪影，但依然能看到蚊类或蝇类在顽强地生存。双翅目昆虫与人类关系密切，有些是重要的农林害虫、畜牧害虫，也有些是传粉昆虫和天敌昆虫，部分种类是臭名昭著的卫生害虫，可传播疾病、引发瘟疫，严重危害人畜健康。其中，果蝇是重要的遗传学实验材料（图 3-166）。

图 3-166　双翅目果蝇

形态特征：复眼发达，单眼 3 个；触角有丝状、具芒状等；下唇演化为喙；口器舐吸式、刺舐式、刺吸式，部分口器退化；无下唇须；头下口式；只有 1 对飞行翅，前翅翅脉简单，后翅特化成平衡棒；前、后胸均小，中胸发达，三者愈合为一体不能自由转动；腹部可见 3～5 节，侧膜发达；6～8 节常缩于体，能伸展；雄虫缺第 8 腹气门，雌性无特化的产卵瓣，无尾须；幼虫无足。

生物学：全世界已知 180 余科 15.3 万余种，中国已知 5 000 余种，是昆虫纲四大目之一，是极为进化且特化的一个类群。完全变态；行孤雌生殖、幼体生殖等；食性复杂，有植食性、腐食性、寄生性和捕食性等，有的嗜食人血或动物血，有的刺激植物产生虫瘿；幼虫与成虫食性和生活环境不一致，为陆栖或水栖。主要包括蝇、虻、蚊、蠓、蚋类等。

双翅目的分类系统一直存在着二亚目系统（长角亚目包括广义的蚊类；短角亚目包括虻类和蝇类）和三亚目（长角亚目包括广义的蚊类；短角亚目也称直裂亚目，包括虻类；芒角亚目也称环裂亚目，包括蝇类）系统。由于虻类中的高等类群舞虻总科与蝇类界限模糊，近年来国际上倾向于二亚目系统。

（1）长角亚目 Nematocera

成虫触角 6 节以上，多的可达 40 节，一般长于头胸部之和，下颚须 4～5 节。幼虫全头型（一般无足、蠕虫状，上颚能左右活动）；裸蛹，羽化时直裂；多生活于水中或潮湿生境。包括大蚊、沼大蚊、蚊、网蚊、瘿蚊、蚋、蠓、蛾蠓、摇蚊、毛蚊、眼蕈蚊、菌蚊等。“长角六节多，多过头胸和。口器常刺吸，蚊蠓蚋虫多。幼虫显头蛹直裂，颚须四五节。”

瘿蚊科 Cecidomyiidae：全世界已知 700 属 6 000 余种，中国已知 70 余属 100 余种。成虫体型小，体长一般为 0.5～5 mm，纤弱；触角念珠状或结状，复眼接眼或几乎在头顶相接，无单眼；翅面宽阔、翅最多 2～4 条脉伸达翅缘，前缘脉 C 终止于翅顶角，径分脉 Rs 不分支；足细长、胫节无距。幼虫色彩鲜艳，多为红、黄色；纺锤形，头小；老熟幼虫前胸腹板常有“Y”或“T”形胸骨片。“珠或结状角，翅宽纵脉少。足细胫无距，缘脉达顶角。”

麦红吸浆虫 *Sitodiplosis mosellana*（Géhin, 1857）分布很广，为小麦重要害虫，以幼虫为害小麦花器和吸食正在灌浆的小麦籽粒的浆液，造成瘪粒而减产，受害严重时可造成绝收。雌虫在早晨或傍晚飞到抽穗而未飞扬花的麦穗上产卵（图 3-167），以护颖内、外颖背面为多。其卵期为 3～7 天，幼虫孵化后钻入麦壳内为害，共 3 龄，以老熟幼虫结成圆茧在土中越夏越冬。

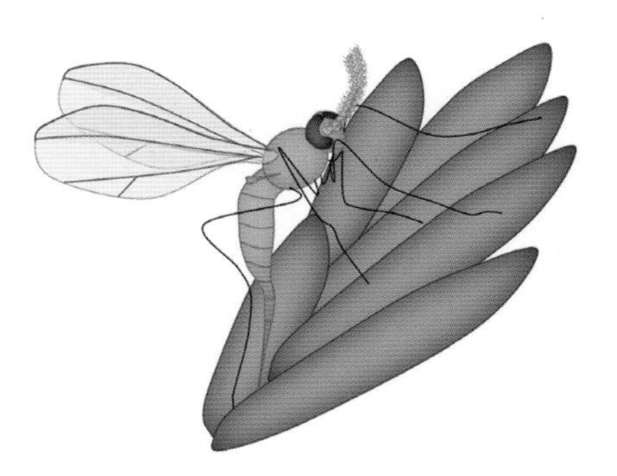
图 3-167 瘿蚊科吸浆虫

大蚊科 Tipulidae：全世界已知 38 属 4 500 种，中国已知 18 属近 500 种。体小至大型；头延长成喙，末端背中央常有鼻突，唇瓣位于喙的末端，下颚须 4 节，末节长于其余各节之和；复眼明显分开，无单眼；前胸背板较发达，中胸背板有“V”形沟；翅狭长（个别种类翅退化），基部较窄、柄状，径分脉 Rs 3 个分支，2 条臀脉（A_1，A_2）达翅缘；翅基室长过翅长之半；足细长。幼虫大多腐食性，部分种类取食植株地下部分，少数种类捕食性，成虫基本不取食，飞行较慢（图 3-168A～C）。“头喙口器短，长角无单眼。足长细易折，V 形背盾间。基室长，过翅半，脉多十二到翅缘。”

蚊科 Culicidae：多数体型较小。成虫喙细长，口器刺吸式，无单眼；触角 15 节，第 1 节窄小，第 2 节膨大；中胸背板无“V”形沟；翅脉和翅后缘具鳞，翅有 10～11 条脉伸达翅缘；前缘脉环绕翅缘，亚前缘脉止于前缘脉近翅端约三分之一处；幼虫“孑孓”，头胸腹各部分分明，腹末有呼吸管；蛹类似逗号，腹末 1 对扁平的尾鳍（图 3-168D～E）。“体翅被鳞片，触角多毛环。翅长顶角圆，缘毛围半圈。口器刺吸式，蚊虫害人间。”

摇蚊科 Chironomidae： 体不具鳞片，头部相对较小，无单眼；触角丝状，雌雄二型，雄性鞭节各节轮状长毛，毛刷状，雌性鞭节则无轮毛；口器退化；C 脉终止于翅顶角，Sc 脉微弱，后盾片常有 1 条纵中脊或中缝（图 3-168F）。“口器退化无单眼，触角丝状雄毛环。前足颀长爱摇摆，中缝纵走后盾片。翅狭长，无鳞片，C 脉止于顶角端。”

该科世界已知 11 亚科 405 属 6 200 余种，中国已知 140 余属 1 000 余种。该科昆虫十分常见，是耐受性极强的水生昆虫，在各类水体中均有广泛分布。成虫有群飞交配（婚飞）习性。幼虫体内有血红素，故通常为红色，又名血虫。闭合式无气门型，通过体壁（及肛鳃）在水中呼吸。长翅目昆虫不仅是许多经济鱼类的天然饵料，还是水体营养类型、环境监测和水质评价的指示生物，同时对污水自净有一定作用。

图 3-168　双翅目长角亚目昆虫

A. 大蚊科变色棘膝大蚊 *Holorusia brobdignagia*（Westwood，1876）；B. 奇栉大蚊 *Tanyptera* sp.，♀；C. 大蚊幼虫；D. 蚊科伊蚊 *Aedes* sp.（左下），孑孓（右上）；E. 库蚊 *Culex* sp.，右上示翅脉被鳞；F. 摇蚊科倒毛摇蚊 *Microtendipes* sp.

眼蕈蚊科 Sciaridae：全世界已知 78 属 3 200 余种，中国已知 33 属 400 余种。头部复眼背面尖突，背面相接，有单眼；下颚须 1～3 节；触角 16 节，爪垫和中垫无或退化（图 3-169A）。幼虫危害蔬菜、花卉、食用菌。部分种类如兰花 *Lepanthes glicensteinii* Luer，1987 只选择迟眼蕈蚊 *Bradysia floribunda*（Mohrig，2003）为授粉媒介。

毛蚊科 Bibionidae：体粗壮多毛，黑褐色杂部分红色或橙色；触角多短小，雄性复眼大而相接，雌性头延长，复眼小而远离，有单眼；翅前缘脉 C 止于径脉末端，常近于翅尖，径脉不多于 3 条，无中盘室（dm），翅基室（br 与 bm）分开，足端中垫和爪垫一样发达，呈三垫式（图 3-169B～C）。“毛体黑褐点红橙，离接复眼辨雌雄。翅无盘室径脉少，触角短小三垫行。”

蛾蚋科 Psychodidae：又称蛾蠓。头小略扁、复眼左右远离，无单眼；触角长等于或大于头胸长，12～16 节，轮生长毛；喙短；胸部背隆；足胫节无端距。翅大致呈梭形，基部窄，端部或尖或圆，常呈梭形；翅缘和脉上密生细毛，少数被鳞，纵脉多而明显，至少有 9～11 条纵脉伸达翅缘，基室短小（图 3-169D）。“翅宽两头尖，蛾蠓基室短。体多毛鳞片，多脉达翅缘。”

幼虫全头型，无足，两端气门式或后气门式；多为腐食性或粪食性，生活在朽木烂草及土中或下水道中，羽化后常见于室内。与卫生害虫白蛉子为不同的科。白蛉科 Phlebotomidae 与蛾蠓相似，但口器约与头等长，刺吸喙。对人不仅可以叮咬吸血，还是传染黑热病、白蛉热、东方疖的媒介。中华白蛉 *Phlebotomus chinensis* Newstead, 1916 是中国黑热病的主要传播媒介。

网蚊科 Blephariceridae：成虫形似大蚊，悬挂停息；复眼分上下两部分；翅透明无毛，臀角指状突出；中胸背板无“V”状突起；前足亚基部侧向延伸（图 3-169E～F）。幼虫在湍急河流底栖；头、胸和腹部第 1 节愈合成一体，腹面 6 个“C”形吸盘；取食附石藻类。蛹背腹扁平，成群贴石免被急流冲走。全世界已知 300 余种，分布广泛，但不常见。可作为生态指示昆虫。

图 3-169　双翅目长角亚目昆虫

A. 眼蕈蚊科迟眼蕈蚊 *Bradysia* sp.；B. 毛蚊科毛蚊 *Bibio* sp.；C. 毛蚊幼虫（谷传忠 摄）；D. 蛾蚋科白斑蛾蚋 *Telmatoscopus albipunctata* （Williston, 1893)；E～F. 网蚊科

（2）短角亚目 Brachycera

成虫触角 5 节以下，下颚须 1～2 节；幼虫半头型或无头型。包括直裂类（裸蛹，羽化时直裂）和环裂类（围蛹，羽化时环裂）。

①**直裂类 Orthorrhapha**：虻类。触角共 3 节，鞭节不明显分节或具端刺或触角芒，下颚须 1～2 节，口器舐吸式或刺舐式（又称切吸式，在舐吸前要先刺破寄主组织）。翅端缘（顶角之后）5 个翅室，裸蛹（多数种类为离蛹，但水虻则为围蛹）羽化时直裂，孔“T”形，幼虫半头型（上颚发达，下颚较大，无下唇，无足）。雄性第 9 背板非马鞍形，下生殖板板非“U”形。“颚须一两节，口器吸或切。裸蛹 T 形裂，尖角亚分节，幼虫头半足全缺。”

虻科 Tabanidae：俗称牛虻、马蝇。全世界已知虻类约 3 800 种，中国约 380 种。中到大型，粗壮，多毛；头部半球状，触角鞭节延长，牛角状，无触角芒；复眼大，常有金属光泽；口器刺舐式，唇基强烈隆突；后胸气门后有鳞形片，雌性尾突 1 节；翅脉 R_4 由 R_5 分出，分别到达翅端，“V”形包围顶角，中脉 2 分支。足跗节 5 节，爪垫和爪间突垫状（图 3-170A～B）。“头半球，牛角鞭。复眼大，金光闪。唇基突出爪间垫，R_4，R_5 包顶角，中脉有二不为三。”

水虻科 Stratiomyidae：全世界已知 12 亚科 3 000 余种，世界性分布，中国已知约 350 种触角鞭节 5～8 节，口器舐吸式，唇基较平；翅脉位置前移，具五边形小盘室。翅臀室近翅端缘处封闭；前胸腹板与侧板愈合形成基前桥；雄性为接眼，雌性复眼远离，后足胫节无距，爪间突垫状；R_{4+5} 末端未到顶角，中脉通常有 3 根（图 3-170C）。“唇平腹宽扁，五至八节鞭。翅端小盘室，臀室近缘关。雄性接眼雌远离，足常无距爪间垫。”

盗虻科 Asilidae：又名食虫虻科。全世界已知 5 000 余种，中国已知 200 余种。体长形，略呈锥状，多毛；头顶在复眼间向下凹陷，口器刺舐式；触角 3 节，末端具 1 端刺；喙角状，坚硬；足长，爪间突刺状。捕食时，在飞行中抱持猎物摔倒在地，喙刺入猎物体内（图 3-170D～F）。“喙硬毛多无光闪，头顶凹陷离复眼。抱摔能手食虫虻，爪间突刺如角端。”

蜂虻科 Bombyliidae：蜂虻体型变化大，小至大型。很多种类模拟熊蜂、胡蜂或姬蜂的外形而得名。喙通常很长，触角鞭节分亚节，翅上有斑纹，爪间突刺状或缺如（图 3-170G～I）。“似蜂花上忙，爪间刺喙长。”

长足虻科 Dolichopodidae：体小，头半球形，似牛虻，蓝绿色金属光泽，通常中脉 M_1，M_2 愈合成 1 条，R 脉分 3 支即 R_1，R_{2+3} 和 R_{4+5}，一般直达翅缘（图 3-170J）。“体小头半球，中脉一根留。长足绿金甲，径脉三直走。”

舞虻科 Empididae：体小至中型，1～15 mm；头小而圆，触角鞭节基 1 节粗，端部具刺或芒；胸部背拱如驼背，腹部；足有时为捕捉足；通常喙长，径中横脉 r-m 在基部四分之一后，臀室常短于第 2 基室；盘室通常形状明显（图 3-170K～L）。

图 3-170　双翅目短角亚目虻类

A. 虻科虻 *Tabanus* sp.；B. 虻 *Tabanus* sp.；C. 水虻科瘦腹水虻 *Sargus* sp.；D. 食虫虻科食虫虻 *Tolmerus* sp.；E. 食虫虻捕食食蚜蝇；F. 细腹食虫虻 *Leptogaster* sp.；G. 蜂虻科姬蜂虻 *Systropus* sp.；H. 雏蜂虻 *Anastoechus* sp.，I. 北京斑翅蜂虻 *Hemipenthes beijingensis* Gang, Yang *et* Evenhuis, 2008；J. 长足虻科雅长足虻 *Amblypsilopus* sp.；K. 舞虻科驼舞虻 *Hybos* sp.；L. 舞虻

②**环裂类 Cyclorrhapha**：蝇类。多为舐吸式口器，触角仅 3 节，第 3 节较粗大，背面具触角芒；R 脉 3 分支，顶角后，翅端的缘室 2 个；雄性第 9 背板马鞍形，下生殖板板“U”形；幼虫无头型（只有 1 对能伸缩的骨化口钩），围蛹、羽化时环裂。“体粗壮，触角芒。翅端缘室仅一双，幼虫无头也无足，围蛹环裂蝇舐吸。口钩上下移。”根据有无额囊缝，分为无缝组 Aschiza 和有缝组 Schizophora。

a. **无缝组**：无额囊缝。

头蝇科 Pipunculidae：头极大，似球形；复眼大，接眼。翅臀室为闭室，中室与第 2 基室几乎等长（图 3-171A）。“体黑头红，无额囊缝。眼大相接，头似球形。臀室关闭无伪脉，基室中室约等长。”

食蚜蝇科 Syrphidae：拟态蜂类，R 与 M 脉间有一根游离的伪脉是该科最明显的特征，翅端部通常有横脉，与翅缘平行（图 3-171B～C）。“伪脉游离，无额囊缝，追逐阳光，花上悬停。常黄黑似蜂，端横脉与翅缘平。”食蚜蝇经常出现在花上，幼虫捕食蚜虫，部分为腐食性。

b. **有缝组无瓣类**：有瓣类的触角第 2 节无纵缝，有额囊缝无腋瓣，中胸无盾横沟。

秆蝇科 Chloropidae：头呈三角形，单眼三角区很大；触角第 2 节背面外侧无纵缝，触角芒光裸或羽状；口鬃退化或消失；前缘脉 C 仅在亚前缘脉 Sc 末端折断，亚前缘脉止于翅前缘近中点，中脉 M 分 2 支，第 2 基室与中室愈合，无小臀室；前翅无下腋瓣；中胸盾横沟不明显。幼虫蛀食禾谷茎秆，少数为寄生性或捕食性（图 3-171D）。“有额囊缝无腋瓣，三角头顶单眼三，亚前缘脉止翅中，前缘脉上一切点。无小臀室秆蝇科，中盾横沟不明显。”

实蝇科 Tephritidae：实蝇和秆蝇相似，但实蝇翅常雾状斑，前缘脉在翅前中缘有色彩鲜艳，翅上有特殊的斑或带； C 脉在 Sc 末端处折断，2 个翅切；Sc 脉在亚端部几呈直角折向前缘；臀室末端呈锐角（图 3-171E）。幼虫蛀果，是坚果、柑橘、蔬菜和菊科等植物的重要害虫。“实蝇秆蝇，存异三点。体色鲜艳，翅常雾斑。缘脉两切半翅前，臀室锐角在末端。”

潜蝇科 Agromyzidae：体微小，黄色或褐色；头宽或圆球形，后顶鬃分歧，有口鬃；翅面通常有雾状的褐色斑带；雌性腹末端长而突出，扁平而硬，分 3 节。潜蝇与实蝇特征相似，但潜蝇的翅亚前缘脉 Sc 末端变弱或与 R 脉相愈合，前缘脉一个折切，有一个小臀室，雌性腹末端长，不能收缩。幼虫潜食叶肉，形成各种形状的蛀道。如美洲斑潜蝇 *Liriomyza sativae* Blanchard, 1938（图 3-171F）。“潜蝇实蝇吻征多，Sc 弱或 R 合。前缘一折臀室在，雌腹末长不能缩”。

果蝇科 Drosophilidae：体小，黄色；果蝇有额囊缝无腋瓣，触角芒羽状；后顶鬃会合；C 脉在肩横脉 h 和径脉 R_1 处 2 次折断，亚前缘脉 Sc 退化，臀室小而完整（图 3-171G）。“鞭角椭圆芒羽状，亚缘退化缘折双。中胸背板多毛列，有缝无瓣臀室常。”

甲蝇科 Celyphidae：体小，触角芒着生的鞭节粗扁呈叶状，中胸小盾片发达遮盖腹部，像甲虫；前缘脉完整，腹部易弯曲（图 3-171H）。“形似甲虫，小盾发达竟遮腹，C 脉完整，角芒粗扁叶形殊。”

突眼蝇科 Diopsidae：头延长成柄状，复眼和触角着生在柄的端部；中胸背板有 2 对刺突，前缘脉无翅切，腹部末端膨大（图 3-171I）。“头延成柄，复眼触角柄端生。翅斑常褐，刺突两对背中胸。C 脉无切，前腿粗大腹端膨。”

图 3-171　双翅目短角亚目蝇类昆虫

A. 头蝇科；B. 食蚜蝇科长尾管蚜蝇 *Eristalis tenax* (Linnaeus, 1758)；C. 羽芒宽盾蚜蝇 *Phytomia zonata* (Fabricius, 1787)；D. 秆蝇科宽芒麦秆蝇 *Elachiptera insignis* Thomson, 1869；E. 实蝇科南瓜实蝇 *Bactrocera tau* (Walker, 1849)；F. 潜蝇科美洲斑潜蝇 *Liriomyza sativae* Blanchard, 1938；G. 果蝇科黑腹果蝇 *Drosophila melanogaster* (Meigen, 1830)；H. 甲蝇科；I. 突眼蝇科（D，F，虞国跃 摄）

缟蝇科 Lauxaniidae：体色多为黄色，少数为黑色；前胸和后胸退化，中胸发达，头后顶鬃会聚或交叉；翅翼大而薄，臀室短小，臀脉短，不达翅缘（图 3-172A）。“体色少黑多数黄，前胸退化中胸庞。翼大而薄顶鬃会，臀室短小脉不长。”

鼓翅蝇科 Sepsidae：体小，喜欢张开双翅在叶面上疾走；腹基部窄，腹部光滑有光泽。后顶鬃分歧（图 3-172B）。“鼓翅蝇科个体小，双翅张开叶面跑。腹部光亮基部窄，后顶鬃毛道扬镳”。

广口蝇科 Platystomatidae：广口蝇翅多有艳丽色彩和斑纹，触角第 3 节末端尖锐，触角沟明显；翅上有 3 根鬃毛，径脉 R 上多毛（图 3-172C～D）。“纹翅鬃有三，喙粗口孔宽。R 脉常多毛，沟显角端尖。”

水蝇科 Ephydridae：颜面突出，喙短，有明显触角芒，后顶鬃分歧；翅无下腋瓣，前缘脉不完整，有 2 个折切；亚前缘脉不完整，不终止于翅前缘，端部不直角前弯；无臀室（图 3-172E）。该科昆虫的适应力极强如石油赫水蝇 *Helaeomyia petrolei*（Coguillett，1899）在原油池中生产并繁殖，取食落入池中的昆虫。美国西部的莫诺湖高盐高碱，却滋生了大量碱水蝇 *Ephydra hians* Say，1830，印第安人曾收集其幼虫为食。少数种类的幼虫潜叶生活。“硫黄温泉原油井，盐碱池里能沐风。绒毛疏水包水膜，食菌食腐把虫捉。颜面凸出口大型，R_1 不到翅当中。亚前缘脉已退化，前缘双切臀室空。”

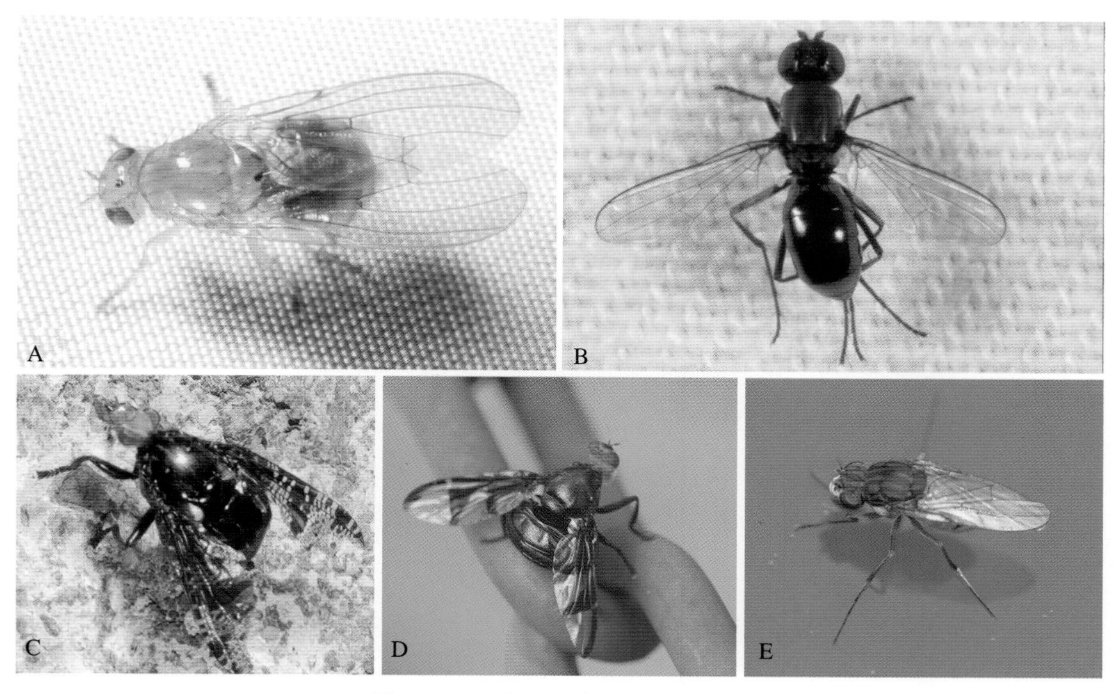

图 3-172　双翅目短角亚目蝇类昆虫

A. 缟蝇科双鬃缟蝇 *Sapromyza* sp.；B. 鼓翅蝇科青铜十鬃鼓翅蝇 *Decachaetophora aeneipes* (de Meijere, 1913)；C. 广口蝇科前毛广口蝇 *Prosthiochaeta* sp.；D. 肘角广口蝇 *Loxoneura* sp.；E. 水蝇科

C. **有缝组有瓣类**：触角第 2 节有一纵贯全长裂缝，有额囊缝，下腋瓣一般明显大于上腋瓣（粪蝇科除外）；胸部有盾横沟完整，极少中断。

花蝇科 Anthomyiidae：体中小型，与家蝇很相似；体型瘦长，多毛；复眼大，触角芒光裸、有毛或羽状；中胸侧板有成列的鬃，下侧片无鬃；翅脉几乎全是直的，直达翅的边缘；小盾片下方有毛（图 3-173A～B）。“花蝇角芒尖，脉直达翅缘。小盾侧毛细，无鬃下侧片。”

蝇科 Muscidae：鬃毛少，胸背具黑色纵条纹。触角芒羽状。下侧片鬃不成行，腹侧片鬃 1 根在前、2 根在后；小盾侧面无细毛；亚前缘脉 Sc 端半向前缘弯曲，第二臀脉 A_2 不向前弯曲，向末端离第一臀脉 A_1 越来越远，如果延长，在翅面上末端不与第一臀脉 A_1 脉交叉；中脉（M）向前弯，前肘脉 CuA_1 不到翅缘；后足胫节近中部有 1 根背前鬃；多生活在住宅区或厕所内，部分成虫吸血，危害人畜健康，传播病菌。幼虫生活在粪便和腐烂的有机物上（图 3-173C）。“蝇科角羽芒，下鬃不成行。中脉向前弯，臀一翅脉短。厕厩逐腐朽，总招世人嫌。”

厕蝇科 Fannidae：与蝇科相似，但亚前缘脉端半平直，A_2 通常向前弯曲，如果延长，末端将与 A_1 脉交叉；后足胫节近中部有一根鬃（图 3-173D）。

寄蝇科 Tachinidae：触角芒通常裸，部分种类触角芒羽状或被短毛状；中胸后小盾片发达；下侧鬃和翅侧鬃发达；腹部有许多粗大的鬃，各节腹板被背板两侧缘盖住；幼虫多寄生于鳞翅目幼虫、鞘翅目幼虫和成虫、叶蜂等（图 3-173E～F）。“角芒裸，具细毛。后小盾，甚明了。中脉弯直角，体多粗鬃腹被包。”

丽蝇科 Calliphoridae：常有蓝、绿金属光泽；触角芒全长羽状；背侧鬃 2 根；中脉 M_{1+2} 直角弯向翅端部。腐食性；成虫常污染食物，传播病菌；幼虫生活于动物尸体、腐肉或粪便中（图 3-173G）。“体蓝绿铜金，角芒羽毛新。中脉直角弯，背侧鬃两根。”

鼻蝇科 Rhiniidae：曾为丽蝇科下的一个亚科。缘脉下方被毛仅到肩脉 h 折点，之后光裸；后头沟背上半部光裸无毛，头脸下缘明显向前突出（图 3-173H）。

麻蝇科 Sarcophagidae：也叫肉蝇。黑色，胸背具灰色纵条纹，无金属光泽；多毛和鬃，有粉被；触角芒裸或仅基半部羽毛状；背侧鬃 4 根；蚴生型，雌蝇产蛆，幼虫食腐败动植物或粪便（图 3-173I）。“肉蝇体灰无光黑纵纹，角芒半羽或裸针。中脉直角弯向前，细数背侧鬃四根。”

注：翅脉是有瓣类分科的依据，尤其是花蝇科、蝇科、厕蝇科和丽蝇科。如蝇科和厕蝇科之间，A_2 在翅面上末端能否与 A_1 脉支叉是最关键的区分点。花蝇科区分于蝇科则看 A_1 和 A_2 脉是否都到达翅缘。

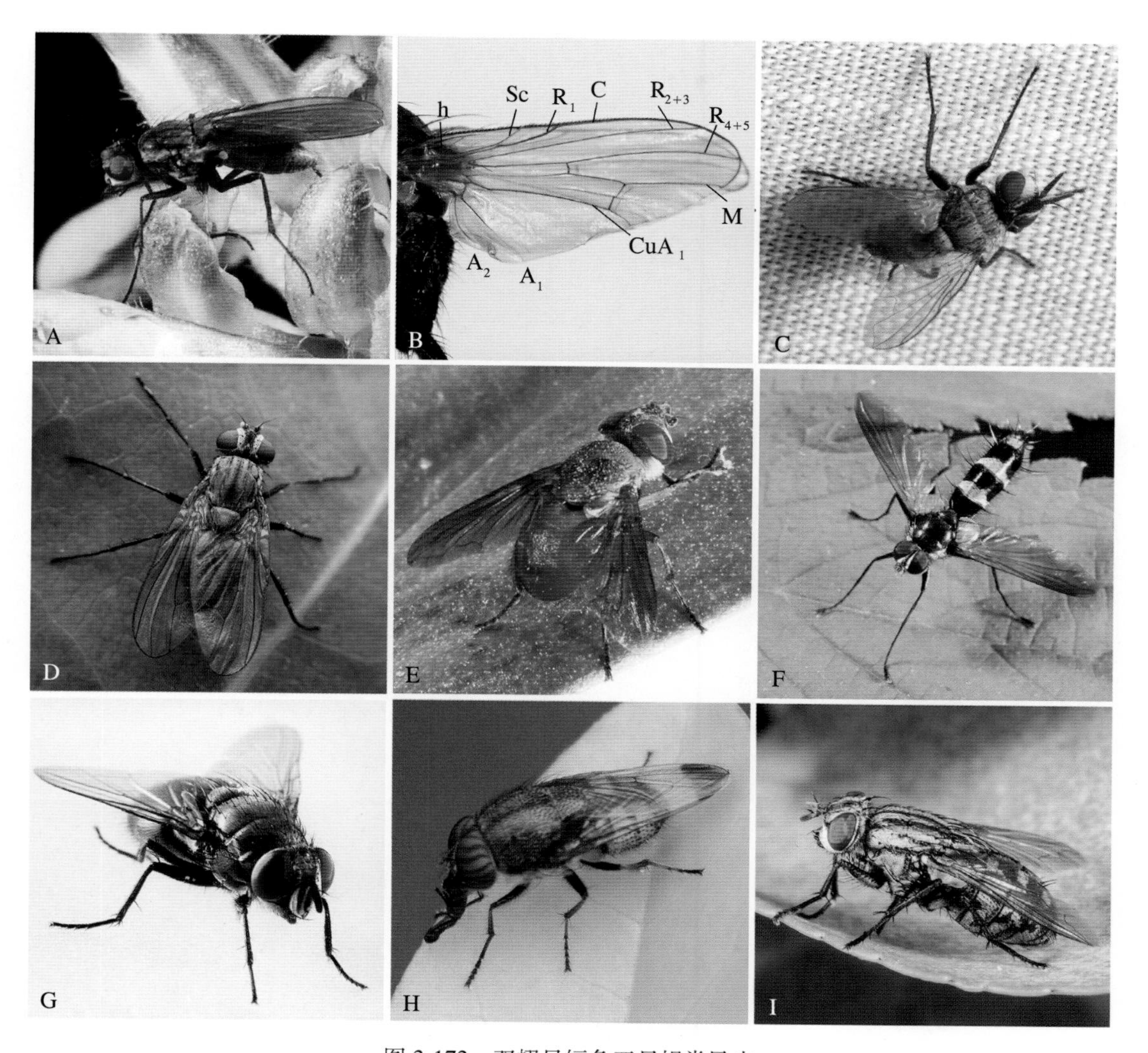

图 3-173　双翅目短角亚目蝇类昆虫

A. 花蝇科；B. 花蝇脉序；C. 蝇科秽蝇族 Coenosiini；D. 厕蝇科夏厕蝇 *Fannia cannicularis* Linnaeus, 1761（徐鹏 摄）；E. 寄蝇科异颜寄蝇 *Ectophasia* sp.；F. 瘦腹寄蝇 *Sumpigaster* sp.；G. 丽蝇科丝光绿蝇 *Lusilia sericata*（Meigen, 1926）；H. 鼻蝇科不显口鼻蝇 *Stomorhina obsoleta*（Wiedemann, 1830）；I. 麻蝇科棕尾别麻蝇 *Boettcherisca peregrina*（Robineau-Desvoidy, 1830）

思考与回顾

1. 收集周围所见的双翅目昆虫并分科，了解部分不常见的双翅目昆虫（图 3-174）。
2. 讨论双翅目的益害及应用。

图 3-174　双翅目部分不常见的昆虫

A. 水虻科短角水虻 *Odontomyia* sp.；B. 臭虻科 Coenomyiidae；C. 剑虻科 Therevidae；D. 木虻科 Xylomyidae；E. 鹬虻科 Rhagionidae 金鹬虻属 *Chrysopilus* sp.；F. 刺股蝇科 Megamerinidae；G～H. 蜣蝇科 Pyrgotidae；I. 狂蝇科 Oestridae

27. "嗜血虫魔"——蚤目 Siphonaptera

侧扁跳蚤为蚤目，头胸密接跳跃足。
口能吸血多传病，幼虫如蛆尘埃住。（YJK）

形态特征：体小，长度 1~3 mm，左右侧扁，体壁坚韧，多鬃毛；无复眼，单眼有 0~2 个；触角较短小，棒状；口器刺吸式；后足跳跃式；次生无翅。

生物学：俗称蚤、跳蚤（图 3-175）。完全变态；成虫外寄生鸟类和哺乳类动物体上，吸血传病。因为嗜血传病，人们研究它的主要动力在于如何杀灭它。二战时，臭名昭著的日本军队用跳蚤传播致命病菌，跳蚤因此成为了"杀人狂魔"。

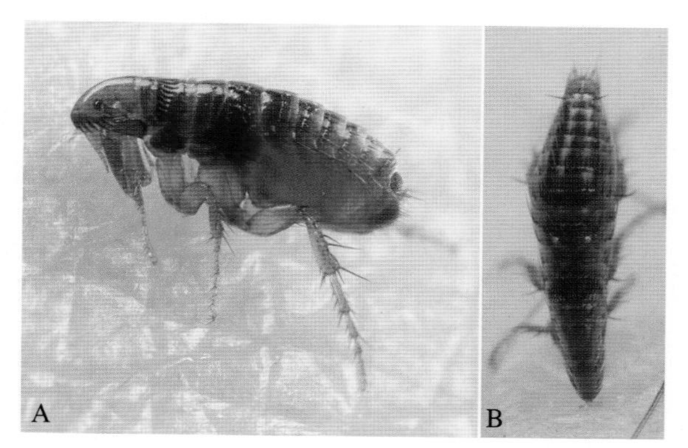

图 3-175 蚤目猫栉首蚤 *Ctenocephalides felis* (Bouche, 1835)
A. 整体侧面观；B. 吸食人血时背面观

知识拓展：跳蚤与其他昆虫目之间的亲缘关系一直困惑着研究者。20 世纪中后期，Willi Hennig 认为跳蚤与长翅目、双翅目三者共同构成吸吻类。21 世纪以来，基于分子生物学证据的系统分析表明，跳蚤与长翅目的雪蝎蛉科 Boreidae 构成姐妹群。2012 年，我国古生物专家在辽宁和内蒙古发现化石中的巨型跳蚤具有很长的刺吸式口器。2020 年，我国研究者发现白垩纪缅甸琥珀中具长喙的阿纽蝎蛉化石 Aneuretopsychidae，认为中生代的阿纽蝎蛉恰好填补了小蝎蛉科向跳蚤过渡的演化缺失环节，跳蚤从吸食植物花蜜的长翅目祖先演化而来，最终成为如今吸食脊椎动物血液的寄生虫，进而提出蚤目起源于具长喙的长翅目，而与雪蝎蛉关系较远。之后，研究者根据现生生物数据，构建了包括 29 个物种的线粒体基因组与多个基因联合的数据矩阵进行系统发育分析，结果支持吸吻类的单系性，并证明蚤目位于长翅目的内部，与现生的小蝎蛉科 Nannochoristidae 构成姐妹群的关系，再次否定了跳蚤与雪蝎蛉科或与双翅目之间的姐妹群关系，提出蚤目应降级为蚤次目，隶属于长翅目。

思考与回顾

1. 简述蚤目的特征，理解次生无翅的概念。
2. 查阅资料，讨论蚤目、双翅目以及长翅目之间的进化关系。

28. “蝎形萌宠”——长翅目 Mecoptera

头呈喙状长翅目，四翅狭长腹特殊。
蝎蛉雄虫如蝎尾，蚊蛉细长似蚊足。

形态特征：头延长呈喙状，下口式，咀嚼式口器；触角丝状；翅膜质、较狭长，翅脉接近原始脉序；前胸小，中、后胸发达，雄性外生殖器膨大，末端常上举如蝎尾状。

生物学：全世界各大地理区都有分布，多分布于亚热带、温带地区。全变态；成虫杂食性，主要取食小昆虫，但也取食花蜜、花粉、花瓣、果实、苔藓等作为补充；交配前有“献礼”行为；幼虫伪蠋式，腐食性。目前全世界已知 9 科 650 余种，中国已知 3 科 280 种，如扁蚊蝎蛉 *Bittacus planus* Cheng，1949（图 3-176）。

长翅目在昆虫系统发育的研究中占重要地位。化石记录显示，长翅目昆虫最早出现在下二叠纪地层，而且当时该类群还很繁盛，是全变态类昆虫中最古老的类群之一。蚊蝎蛉的幼虫同时具有单眼和复眼，显示出不完全变态向完全变态过渡的特征。近些年的研究显示，长翅目的一些类群与双翅目、蚤目的前缘关系近。长翅目昆虫飞行能力不强，常局限于一定的生境，需要较高的湿度和郁蔽度，多分布在人为活动较少的山区林地，是一类重要的生态指示昆虫（图 3-177）。

图 3-176　扁蚊蝎蛉 *Bittacus planus* Cheng, 1949（姚懿芳、贾睿雯 画）

图 3-177　长翅目昆虫

A. 蝎蛉科淡色蝎蛉 *Panorpa decolorata* Chou *et* Wang, 1981，♀；B. 南宫山华蝎蛉 *Sinopanorpa nangongshana* Cai *et* Hua, 2008，♂；C. 弯曲单角蝎蛉 *Cerapanorpa sinuata* Gao, Ma *et* Hua, 2016 在取食；D. 蚊蝎蛉科扁蚊蝎蛉 *Bittacus planus* Cheng, 1949，雌性后足跗节抓着猎物；E. 扁蚊蝎蛉；F. 拟蝎蛉科宽甸拟蝎蛉 *Panorpodes kuandianensis* Zhong et al., 2011，♂；G. 同前，♂；H. 雪蝎蛉科雪蝎蛉 *Boreus hyemalis* (Linnaeus, 1767)，采自荷兰（F～G，姜碌 摄）

蝎蛉科 Panorpidae：长翅目中蝎蛉科最为常见，为第一大科。头部向下延伸明显呈长喙状，喙末端为咀嚼式口器，较短；3 对步行足，常停息在低矮的灌木或草叶上，前后翅上下平叠，左右收拢如三角形，平展于背上；雄性生殖肢膨大呈球形，腹部末端数节明显变细且延长，侧面观长明显大于宽，向上弯翘成明显的蝎尾状；幼虫伪蠋式，各腹节在背部各有 1 对细长突起，密被环状排列的毛。“头延成喙状，口器并不长。雄性蝎尾翘，无毒威名扬。触角常丝状，叶上晾翅忙。唾液为彩礼，雌性选新郎。”

蚊蝎蛉科 Bittacidae：长翅目第二大科。身体细长，具 2 对膜质窄长的翅，尤其是飞行时形似大蚊。头部向下延伸，咀嚼式口器，喙状延长，上颚窄长，能剪刀状交叉；三对足均为捕捉足，常以前足悬挂于叶片下或枝条上，翅合拢成屋脊状头部略微下延，口器延长如喙；蚊蝎蛉雌雄面对面交配，雄性腹部第 9 背板特化为形状多样的铗状上生殖瓣，用于在交配时夹持雌性下生殖板，故而在交配时腹面扭转 180°。雄性生殖肢基部膨大如球状，端刺通常短小；阳茎侧叶形状多样，阳茎丝如发条状盘卷；有一发达的载肛突。幼虫伪蠋式，各体节在背、侧、亚腹部共 6 个明显的肉质枝状突起。“口器成喙状，咀嚼刀片长。细足似大蚊，膜翅两对翔。前足挂叶下，其余似网张。各足均捕捉，铡刀跗节上。求偶先献礼，猎物送新娘。交配面对面，雄腹扭麻糖。”

拟蝎蛉科 Panorpodidae：头部为短喙状，3 对步行足，前跗节 2 爪；雄性生殖肢膨大呈球形，但近末端数节不明显延长，侧面观宽大于长，向前向上弯翘后，不明显呈蝎尾状。幼虫近蛴螬型，无复眼、无腹足，从第 2～8 腹节的腹面各有一个类似腹足的明显突起，沿腹中线成一列。幼虫的食性迄今尚不清楚。我国仅报道 3 种。“喙无蝎蛉长，尾比蝎蛉短。雄似蝎尾翘，罕见赛国宝。”

思考与回顾

1. 简述长翅目的特征。
2. 试述蝎蛉与蚊蝎蛉的区别。
3. 讨论蚤目与长翅目之间的联系。

第 4 章　昆虫标本的采集与制作

4.1　昆虫标本的采集

4.1.1　采集原因

标本是科学研究的第一手材料。20 世纪 80 年代，美国昆虫学家 Terry L. Erwin 博士在巴拿马热带雨林中，采用树冠层喷雾法对一个树种 *Luehea seemannii* 上鞘翅目昆虫的物种数量进行统计，并以此估计全球的物种数量。他将这项研究结果汇总为一篇长度不及 2 页的论文并发表，至今已被引用超过 1 300 次。这被认为是对“生物多样性研究的革新”，也为人们探索树冠层的生物世界提供了新的思路。

1983 年 11 月，日本商人指控我国北京大华衬衫总厂出口的衬衫纸盒中夹有活蚂蚁。这关乎国家信誉，可不是一件小事！大华总厂负责人请来了我国当时的蚂蚁分类专家唐觉教授，唐老师拿到日本人提供的蚂蚁样本，用 3 天时间就把问题解决了。原来，样本经鉴定确认是伊氏臭蚁 *Iridomyrmex itoi* Forel, 1990（图 4-1），在我国北方根本没有分布，包装中的蚂蚁只能是在日本进入的！标本是某地存在某种生物的直接证据，是种类鉴定的重要依据。若要成为一个真正的昆虫分类学者，从事昆虫区系和系统分类学的研究，首先要成为一个好的昆虫采集者。昆虫新种的发现，就来自一次次细致的采集和大量昆虫标本的积累，没有好的标本收集基础，根本谈不上分类研究。

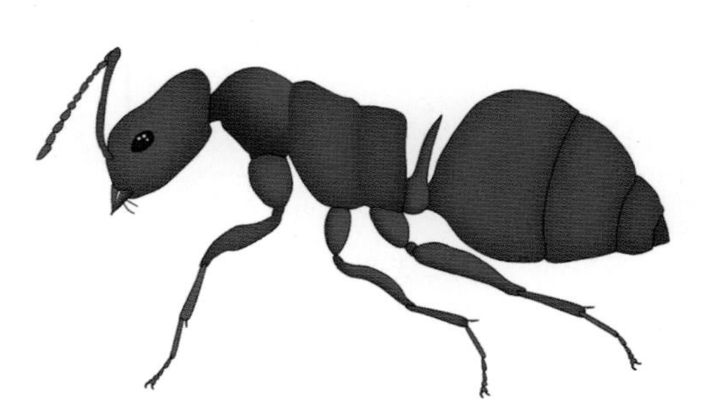

图 4-1　伊氏臭蚁

采集还能弥补书本知识的不足，通过活的虫子，能了解其栖息地、习性、行为等，这些信息在确定昆虫分类地位与形态特征时同等重要。其他昆虫相关的研究，如生物学、遗传学、生态学、生理学、解剖学、细胞组织学、遗传学、生物化学等，还有应用昆虫学的研究，如害虫防治、预测预报、天敌利用、动植物检疫等，也都离不开昆虫标本的采集。

采集和研究昆虫是很有趣的，能给人提供在野外的满足感，还能学到第一手知识。世界上不少国家的自然历史博物馆、研究单位都收藏着丰富的昆虫标本，以备科研、教学、展览之需。美丽的昆虫也是艺术家们创作的源泉，如剪纸、绘画和虫体创意，每一件作品都可谓独具匠心。

昆虫是动物界最繁盛的类群，而且还有大量的种类尚未被人类描述或发现。野外实习时，学生们所能见到的绝大多数动物都是昆虫，昆虫采集是动物学野外实习的第一课。

4.1.2 采集时间、地点的选取

1. 何时采集

不同昆虫的发生时间也不同，所以要根据具体类群，制订采集计划。对于常年发生的昆虫，不仅要常年采集，还要了解当地的昆虫区系。一般来说，夏季昆虫最多，所以采集时间大都选择在夏季。由于不同的昆虫在一天的活动时间也不一样，有昼出性，有夜出性，所以要在一天的所有时间来采集。如果出现下雨前的闷热天气，虫子就会格外多。

2. 何地采集

因为许多昆虫取食植物或会在植物上活动、停息，所以植物是采集昆虫的最好场所之一。采集时应仔细观察植物的各个部位，如叶片上方、背部、叶梗、树干等，都可能有昆虫停留。不同种类的昆虫取食植物的不同部位，所以还需要检查植物的叶片、花朵、茎、树皮、果实等部位。花不仅为昆虫提供花蜜、花粉，吸引昆虫前来传粉，而且也是昆虫的栖息场所，因此，在花上也会发现很多昆虫！膜翅目研究者采集褶翅蜂、冠蜂、褶翅小蜂、青蜂、蜾蠃等不常见的类群时，会刻意留意野胡萝卜花等伞形花科植物或者乌敛莓、爬墙虎等的花，以及农户堆砌的柴薪堆；采集马蜂则会留意农家的土墙和瓦屋檐。

还有如地面碎屑、落叶、石头下、真菌、苔藓内、腐烂物质、动物尸体、粪便等，原尾虫、双尾虫这些无翅的类群就在这些腐殖质层里栖息。森林里枯干的腐木往往是昆虫的乐园，在这里能采集到寄生蜂、天牛、吉丁甲、朽木甲、独角仙等类群，在云南发现的缺翅虫，就是昆虫研究者在徒步行走途中偶然剥开翘起的树皮发现的。采集要留意不同的生境，如水体的水面、水中、水底、土壤。

4.1.3　采集准备

采集不同的昆虫类群需要使用不同的采集工具。采集土壤昆虫则需要专业的筛土工具、分离漏斗和烤灯；采集朽木里的甲虫需要锋利的斧头；采集洞穴昆虫时使用强光手电筒会让漆黑的洞穴亮如白昼。

常用的采集工具：捕虫网、毒瓶（自制）、镊子、小剪刀、螺丝刀、刀片、注射用针管（用于杀死鳞翅目等昆虫）、暂存昆虫标本用的小盒、小管或小瓶（部分装好酒精）、三角纸包以及装三角纸包的硬盒子（如一次性饭盒）、采集袋、吸虫管、小诱罐、黄盘（备水瓶和少量洗衣液）。当刮树干或撬树皮、剖枯树干、挖粪蜣螂时还会用到刀子、小斧头或小铲子等。

诱蜂巢管和架设马氏网：蜂巢管（由绑扎成束的竹管或芦苇管预先准备好）、马氏网（malaise trap）、接收头、酒精、捆扎带、胶带、绳子、细铁丝、标签。

灯诱：诱虫灯、电线、灯诱帐篷幕布。

采集土壤昆虫：土筛（专用）、吸虫管、小镊子、小管或小瓶（部分提前装好酒精）。除此之外，还需要烤灯和分离漏斗。利用昆虫的避热性，烤灯的炙热迫使昆虫向下逃避，如此一来，分离漏斗内的土壤昆虫会被分离到漏斗下方的酒精瓶中。

常用试剂：乙酸乙酯（用于制作毒瓶）、酒精（用于保本的收集和暂存）、自制诱虫液（高度啤酒、虫粉、肉糜、糖醋液等）。

野外着装：野外作业要戴帽子，穿长袖、长裤以及适合野外活动的鞋子。

常备药品：用于治疗普通蚊虫叮咬的红霉素软膏、风油精、999 皮炎平、芦荟膏等。另外可携带小肥皂、蛇药片、手术刀片以备不时之需。如是高度过敏体质，则需要携带氯雷他定、复方地塞米松片、氢化可的松等医生指导下使用的抗过敏药物。

4.1.4　采集方法

采集需要有“不入虎穴，焉得虎子”的勇气才能得到别人没有的“珍奇”！如在漆黑的溶洞里。洞穴里的昆虫，眼（如洞穴步甲、灶马）不发达，但触角很长，它们的颜色多为单调的黄褐色，即使是多足类的洞穴马陆和洞外的马陆也不同，体色甚至有些白化。

标本的采集要做到全面，不论大小、美丑的虫子都要采。常用的采集方法有下面几种（图 4-2）。

图 4-2　常见采集法及所用工具

A. 灯诱法，深山里的灯诱帐篷；B. 马氏网；C. 筛土法，布袋式漏斗筛；D. 小马氏网式收集袋；E. 水采法，水网；F. 扫网法用的扫网，采集者用镊子夹取腐烂野兽尸体里的昆虫；G. 飞行阻隔器

1. 夹镊法

多数情况下，徒手抓虫并不是正确的操作方法。对于有毒的昆虫，徒手抓是一种危险行为，如栎黄枯叶蛾幼虫和蛹茧有螫毛，刺进皮肤会感觉又痒又痛。尽量避免徒手抓昆虫其实还有一个重要原因：徒手可能会毁坏标本的完整性。

用镊子挑拣昆虫十分便捷，可谓是延长的手指，例如挑取野生动物尸体上的甲虫时，一把长镊子是必备的工具。用蘸酒精的镊子粘小型寄生蜂类的小虫是采集常用的方法，对于有毒的毛毛虫，中空透气的毒虫夹可以将它毫发无损地移放进养虫盒里。其实，用瓶子扣住或塑料袋套住昆虫也是经实践检验的有效办法，要点就是眼疾手快！

2. 扫网法

很多昆虫行动迅速、所在的生境特殊，需要借助专用工具才能把它们捉住，如空网、扫网、水网等。其中常用的扫网由网圈、网杆和网兜三部分组成。根据采集的对象，虫网的大小和长短也有不同，比如采集蝴蝶，一般会使用直径 50 cm 的大网圈，以增加在空中捕捉的准确率；调查树冠层的昆虫，则需要 6～15 m 的超长、超轻网杆，网圈直径可达 70 cm 左右。最常见的扫网网杆一般可以伸缩 1～2.8 m，网圈直径 30～40 cm，捕捉飞行或停息在植物上的个体小、善于隐蔽的昆虫非常有效。采集水生昆虫则需要有专业的水网，网圈要厚实，耐防水底砂石磕碰剐蹭。

目前采集常用的是空网，使用时在空中扫网，网袋的材料使用尼龙纱，网圈直径为 30～40 cm，网杆多用可以伸缩的合金杆制成。空网的网圈相对较细，挥网时上下轻扫，尽量不要网圈碰到硬物，以免损坏纱网，网圈端部连接处使用的胶见水后容易失去黏性，所以不能当作水网使用。

对于具有假死性的甲虫，研究者利用棍棒敲击振落法采集，用一块白布在下面接着。这块布由一对交叉的杆子撑开，叫振布。研究者为了使用方便，经常改进自己的捕虫装备，有人还利用雨伞来代替振布，仅持捕虫网的研究者，还用网圈振击树枝让昆虫直接掉进网中，这也是扫网的创新用法。

3. 吸虫管法

对付数量多、个体较小、爬行或弹跳迅速的隐翅甲、跳甲、叶蝉、飞虱，甚至蜘蛛，吸虫管最有效。吸虫管也是昆虫研究者经多次实践而改进的捕虫器具。简易吸虫管可以用实验室中 50 mL 的冷冻塑料管和胶管制成，吸虫端为防止昆虫逃逸加了一个塑料阀门装置，吸气管基部需加上滤网，为使用时防止虫子吸入口腔。

4. 埋诱罐

对于地面上快速爬行的昆虫（如虎甲、步甲等），埋诱罐设陷阱的方法十分有效，如果再加些肉、水果、啤酒液等作为诱饵，更是收获满满。所谓的陷阱，制作十分简单，用喝水的一次性杯子作诱罐即可。有人为了预防雨水或落叶，还会在罐口上方设计 1 个小棚。将一次性杯子或废酸奶杯（每组 10 个）沿线埋入地下，杯口与地面平齐，有条件时可用 PVC 管作杯托，在上面加 1 个小棚做成防雨盖，侧面挡 1 个篱墙；杯中倒入适量（1/3 杯）的诱液（如糖醋液、浓度较高的啤酒，啤酒里面加些虫粉、水果等），隔天查看收集情况。

5. 黄盘或蓝盘诱集法

很多昆虫会受色彩或水的吸引，因此，采集小型膜翅目昆虫如小蜂常使用黄盘或蓝盘诱集法。选取合适的采集地点放置黄盘，倒入适量水，加入少量洗衣粉、肥皂液或盐水，每日查看收集情况。天气好的时候，短期内就会有大量收获。有人在设计中还结合了飞阻的原理，在黄盘中放上玻璃屏风，拦截一些好奇心强或者飞行中路过的“倒霉虫”。

6. 飞行拦截网法

采集昆虫是一项有技巧的劳动，研究者根据昆虫的习性制作了多种捕虫工具。马氏网最早是由一名叫雷内马莱斯的军人发明的，他因发现很多昆虫向帐篷顶上爬而受到启发。马氏网主要靠拦截飞行中的昆虫，并引导其向上爬入收集瓶来完成采集。马氏网在昆虫调查中优势明显，可以长期不间断监测，昆虫直接掉入酒精中，不仅保证标本干净，还可以节省大量人力。多年来，马氏网经过很多人的改进和创新，成为了采集日出性和部分夜出性昆虫（尤其是膜翅目和双翅目）最重要的工具之一。

目前使用的飞行拦截网多为马氏网，是根据不少昆虫受到阻碍后有向光、向上爬的习性制作而成的。后来，马氏网经过多处改良，其材质、造型以及颜色等均有变化。笔者与研究组发明的马氏网接收头，用 PVC 三通管改造设计而成，材料价廉，效果显著。马氏网可以常年悬挂收集，对于目的地区昆虫多样性的调查作用很大，尤其是膜翅目昆虫的研究，马氏网的贡献非凡。

飞行中的昆虫受到阻隔会跌落，尤其是具有假死性的甲虫。研究者据此设计出了飞行阻隔器。杨星科教授课题组设计的飞行拦截器，使飞行中的昆虫撞上光滑的塑料透明屏幕后掉落到下面设置的水槽里，水槽中盛放着盐水或洗衣粉水，虫子无法逃脱。“飞阻”也被广泛应用于昆虫多样性调查中，对甲虫的采集效果优于马氏网。田间调查常用的灯光诱捕器就是利用了昆虫趋光性和飞行阻截的原理，昆虫受灯光的吸引扑向围着灯架设的交叉阻隔面而掉入下面的漏斗中。

7. 灯诱法

夜出性的昆虫大多具有趋光性，夜晚捕虫可用灯诱法。昆虫感受光波长的范围与人类不同，而且种类间也有差异。灯诱多选用高压汞灯，也有人使用黑光灯，诱虫效果都很理想，而现在照明用的 LED 灯，其诱虫效果较差。夜晚上灯的昆虫种类很多，有蜉蝣、蛾类、甲虫、寄生蜂、蚊蝇、叶蝉、飞虱、齿蛉、蝶角蛉、蛇蛉等，因此，灯诱法是采集很多昆虫，尤其是鳞翅目昆虫的必选方法。

夜晚不同时间段会有不同类群的昆虫上灯，精力允许的情况下可整晚灯诱。具体步骤如下：

①撑挂帐篷式幕布，幕布选择白色，要防风。

②拉电线，挂灯泡。灯泡悬在幕布上方，距离幕布约 1 尺，以免烧到幕布。

③接通电源，在傍晚约 7:30，天色昏暗即可开灯。

④用毒瓶在幕布上收集昆虫时应注意，不同类群应使用不同的毒瓶，以免标本破损。毒死的昆虫及时移出毒瓶，放在铺有棉层的盒子里暂存，棉层里可滴加一些乙酸乙酯。此时可直接

展翅，新鲜标本展翅效果好。

⑤对于大型昆虫（如天蛾、夜蛾、齿蛉等），可用针管在其腹部节间膜处注射酒精将其杀死，剪刀沿一侧气门下方剪开，除去内脏，塞入脱脂棉，以防日久生虫。

⑥用手电筒在周围地面寻找，往往可以收获大型甲虫。

4.1.5　标本的临时保存方法

采集到的标本首先要做好记录，记录采集环境、时间、寄主、天气、昆虫习性、危害状等信息，然后临时保存，带回实验室进一步处理。不同的昆虫，临时保存的方法也不同，有三角纸包、棉花包或棉花盒及酒精浸渍等方法。

1. 三角纸包和棉花包的折叠

长方形的纸折成三角包，可以暂时包装和保存昆虫标本。采集脉翅目、蜻蜓目和毛翅目，尤其是鳞翅目昆虫时，常用到三角纸包。三角纸包的纸通常采用半透明、表面光滑的硫酸纸，这样不容易蹭掉虫翅上的鳞粉；三角纸包的大小由虫子的大小决定，常见规格是一张 A4 纸分成 4 等份，预先折叠好备用，三角纸包折叠步骤如图 4-3（上）所示。

放置标本时，用手指轻捏标本胸部两侧，用力一挤，破坏其胸肌，使其无法活动，标本的腹部沿三角形长边、翅折叠于背放置在三角纸包中。装好后，在纸包的封舌上注明采集方法、时间、地点、寄主和采集人等信息，将三角纸包放进硬质盒子里，避免挤压和折叠、损坏标本。回到实验室后要及时毒杀和展翅，以免时间长导致虫体干硬。

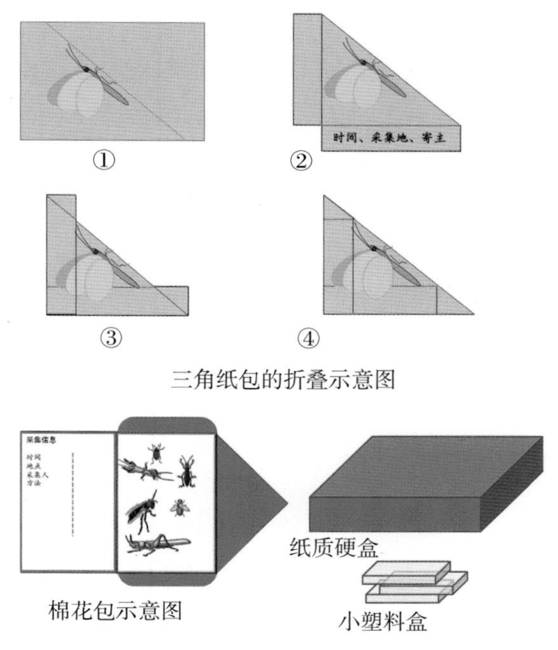

图 4-3　暂存标本的纸包制作（上）及盒子（下）示意图

棉花包也常用来暂存标本。具体方法是将牛皮纸按信封的尺寸剪裁后折叠，铺放上脱脂棉或人造丝绵，毒杀后的标本摆放在棉花层上，封盖内侧铺一层白纸，纸上记录采集信息。棉花包一次可盛放多只标本，将标本一一叠放整齐，放入硬皮纸盒里，以免揉挤，如图 4-3（下）所示。

暂存标本的器皿很多，比如透明塑料盒、一次性饭盒、空瓶子等，在其中铺上脱脂棉或人造丝绵即可使用。

2. 简易毒瓶的制作

要保存标本，必须先杀死昆虫，这就需要制作毒瓶。毒瓶是常用的毒杀工具。制作毒瓶通常选用带盖的广口瓶（以玻璃材质或好的塑料材质为佳，为了防止打碎毒瓶，有研究者还会在玻璃瓶外套上护套或缠上胶带），还需要准备脱脂棉／餐巾纸、瓦楞纸，药剂选用乙酸乙酯（或乙醚、四氯化碳等）。制作毒瓶如图 4-4 所示：瓶底铺一层脱脂棉或吸水纸，将脱脂棉压实，滴入适量的乙酸乙酯，将瓦楞纸剪成瓶底大小，覆在脱脂棉层之上，使其与昆虫尽量隔开，扎几个透气孔眼即可。毒瓶里放一些碎纸条，以避免虫子挣扎时相互踩抓而破坏其完整性。其实，也可用实验室塑料材质好的冷冻管代替广口瓶。

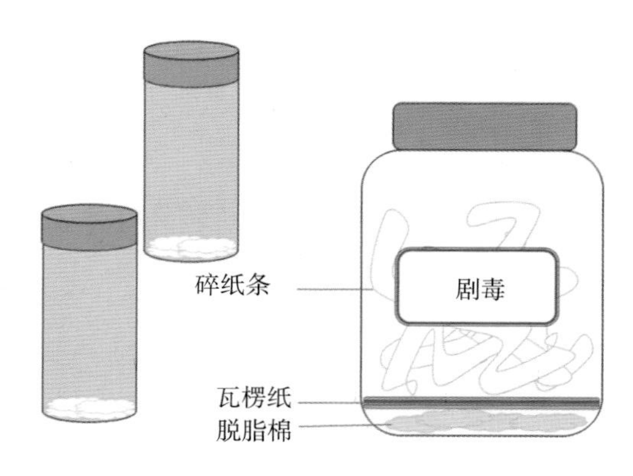

图 4-4　毒瓶的制作

毒死的昆虫要及时取出，暂放在自制的棉花盒里。

应安全使用毒瓶。由于盛放有毒化学物品，需要在瓶上贴“剧毒”标签警惕有人误用；不能将毒瓶开口放在室内，工作时放在下风口；切勿将鼻子靠近瓶口。

毒杀不同种类的昆虫，如身体大且坚硬的甲虫、翅上布满鳞片鳞翅类昆虫、翅柔弱易损的膜翅类昆虫，毒瓶最好分开使用，以免因虫子相互踩踏而造成损坏或污损。

3. 酒精浸渍

除鳞翅目昆虫和一些在酒精中容易褪色或掉翅的昆虫（如蜻蜓目、脉翅目、毛翅目和鳞翅目）外，大量的昆虫如多数蜂类（如寄生蜂）、蚊蝇、水生昆虫和某些体型较小的龙虱、水龟虫、跳虫、蚜虫等，都可以直接用酒精杀死并浸渍暂存。采集结束后，将昆虫标本分拣到各个小瓶里保存。如果虫体微小或虫子数量太少，最好单独放入小指形瓶中浸存。

浸渍标本使用 75%～85%的酒精，可再加 1%～2%的甲醛或甘油。如果做分子实验，则用 95%以上的乙醇直接浸渍，并低温保存。浸渍标本采用的器皿也是广口瓶（或冷冻管、塑料瓶），幼虫及大型昆虫因体内含水量高，浸渍多采用 85%的酒精。最后，切记用铅笔写好标签，放入瓶内。

当然，根据具体情况，如需要做昆虫生活史观察等，也可以将采集的活虫带回人工饲养。活虫采集盒有多种类型，也可以用自制的小网笼。

4.2　昆虫标本的制作

按制作方法分类，标本分为针插标本、浸液标本和玻片标本；按虫态，标本可分为成虫标本、幼期（如卵、幼虫、蛹、若虫等）和生活史标本；按研究目的，标本可分为分类学标本、形态学标本和解剖学标本；按虫体完整程度，标本分为整体标本和部分特征标本等。我们主要学习针插标本的制作。

1. 制作标本的常用工具

大多数昆虫都可以做成干燥针插标本并永久保存。主要制作工具有展翅整姿用的昆虫针、展翅板、泡沫板、镊子、硫酸纸等，做纸尖标本所需的小剪刀、粘虫纸片、水溶性胶水，以及标本盒等（图 4-5）。

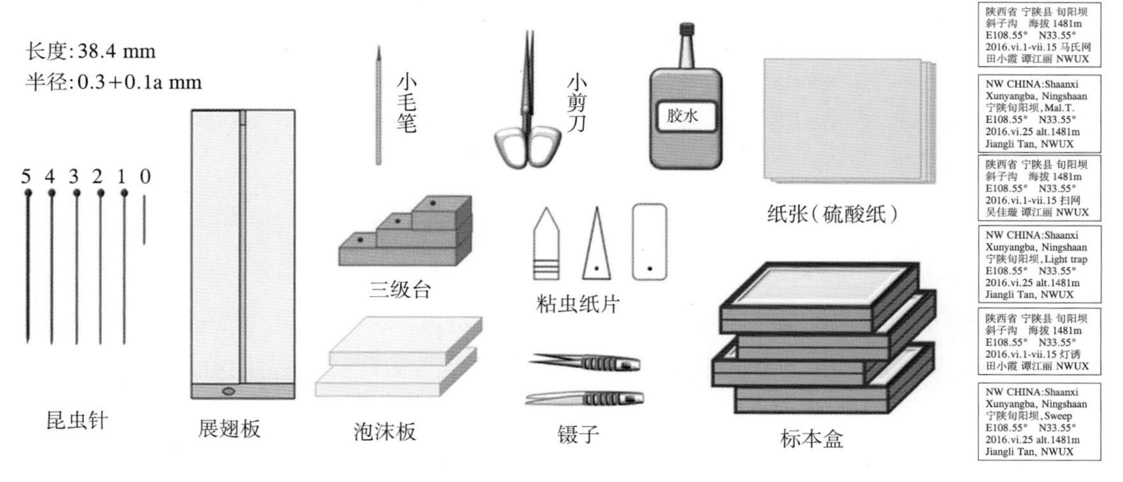

图 4-5　制作标本的常用工具及采集标签的书写示例

2. 制作采集标签

首先要根据采集信息制作采集标签，做到一个标本匹配一个标签。标签以小（2 cm × 1 cm）而且字迹清晰为佳，一个标准的标签要体现三个要素，即采集时间、采集地点（若要详细，可以用 GPS 定位；如果制作国际标签，除了英文地名外，应该有汉语地名，以免因年久无法准确描述地址)、采集人，还可以标上存放地和编号。没有标签的标本因身份不明，没有科研价值。标签是标本的永久身份证，一旦插上，不允许取下，能够见证标本的研究历史。

3. 昆虫针的选取及针插位置的确定

中、大型昆虫的成虫及不完全变态类昆虫的若虫可直接插针，小型昆虫可制成纸尖标本，或者进行二重针插或制成玻片标本。

昆虫针有0，1，2，3，4，5等6个型号，长度约40 mm，依据虫体大小选用不同型号。针插高度要统一，通常，针尾大头到标本背部的距离为8 mm，采集标签位于距针大头24 mm处，分类研究者的鉴定标签位于距针尖8 mm处。

对于直接插针标本，找准针插部位是制作标本的第一步。总原则：以不影响鉴定为目的，兼顾虫体平衡与美观。直接插针部位一般在虫体背部中胸背板中央略偏右，腹面则从中足基节之间伸出。比如鞘翅目昆虫标本，插针部位选择虫体右鞘翅基部，靠近小盾片下方的位置，鳞翅目昆虫鉴定特征多在翅上，昆虫针可插在其中胸中央，最大限度地避免蹭掉鳞毛；很多半翅目昆虫胸部具有发达的小盾片，可选择小盾片中央靠右的位置下针；直翅目的蝗虫、蝼蛄等有发达的前胸背板，有的种类的背板还会向后延伸，下针的部位选择在前胸背板近后部中央靠右一点的位置；对于双翅目、膜翅目昆虫，均插在中胸中央略微靠右的部位；螳螂、蜻蜓具有发达的前胸，针插的位置也仍选择中胸背板略微靠右。

其实，制作中并没有规定所有昆虫制成标本都需要插一根针。对于较大的甲虫，可以用昆虫针交叉夹持的方法固定虫体。鳞翅目幼虫由于虫体柔软，内部含水量大，若要长久保存，一般做成浸渍标本。

考虑到标本的统一和美观，需用标尺统一针插标本的高度。三级台是确定标本、标签位置的标尺。三级台有3个高度，分别为8 mm、16 mm和24 mm。台的最高一级是衡量插标本的位置的，标本背部距离昆虫针大头8 mm；台的二级是采集标签的位置，距离昆虫针尖头的距离为16 mm；底部的一级是鉴定标签的位置。标本经分类专家研究检视后，插上手写或打印鉴定标签，包括鉴定结果及鉴定人、鉴定日期等信息，永久保存（图4-6左）。

纸尖标本：对于微小的昆虫（如寄生蜂、叶蝉、飞虱、体壁坚硬的小甲虫等），不能针插而是制成粘贴标本。制作不同类群的纸尖标本使用的硬质纸尖或小纸板会略有差异，制作甲虫标本多采用小长方形纸尖，粘上后可以整姿；制作膜翅目、双翅目和半翅目昆虫标本，则选择小纸尖。插纸尖的昆虫针多使用2～3号针。纸尖标本处理干净后，在平面上用蘸浸渍药水的小毛笔把标本的翅展开，然后小心地将其右侧胸部粘在纸尖，微小的昆虫需要在体视显微镜下进行。

标本应粘在规格统一的三角纸片上，有固定的插针部位。虫体腹部和足在左侧，粘在三角纸片端部，头和翅保持悬空，胶水采用水溶性。采集标签的大小一般要比三角纸片多出 20%，以保护标本不被损坏（图 4-6 右）。

二重针插标本则使用微针，选用切成适当大小的高密泡沫小条，用微针插在虫体中胸背板中央略偏右、在高密泡沫左端，虫体在泡沫之上保持自然水平，2 号针插在泡沫的另一端。

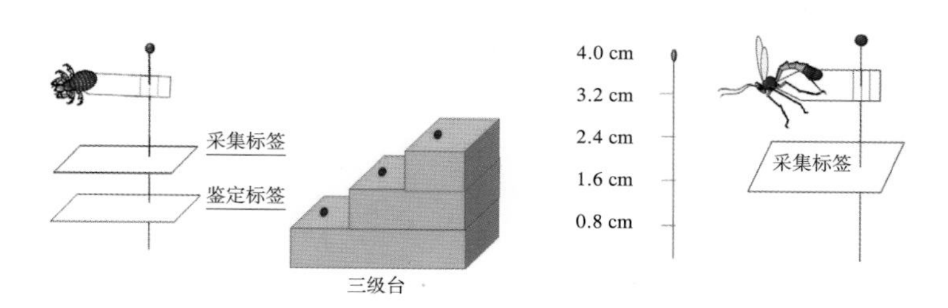

图 4-6　采集和鉴定两级标签的位置示意图及纸尖标本的针插标准

4. 展翅和整姿

昆虫标本要做到栩栩如生，需要进行细致的展翅和整姿，固定干燥后，去掉固定用针即可。

展翅：鳞翅目昆虫关键在翅，展翅在展翅台上进行，用硫酸纸带固定翅的形态，展翅要达到一个统一的标准，即前翅后缘与虫体垂直；后翅与前翅有一个自然贴合的痕迹，把后翅也向前，达到前后翅自然贴合的印痕处为止；触角是昆虫的灵魂，应摆放成对称的“八”字形，也用纸条或昆虫针固定；腹部要架起，与胸部保持同一水平（图 4-7 左）。

展翅的步骤如下：

①杀虫：制作标本前应充分杀死昆虫。一般用注射酒精 / 热水，或者毒瓶毒杀的方法。

②插针：翅腹面向外，左手轻捏虫胸（个体小的鳞翅目昆虫，则需要用镊子夹取固定），两对翅保持竖在背上，用镊子轻轻撑开左右翅，露出背板，右手执针，在中胸中央偏右处下针，螺旋式缓缓进针，从两个中足基节之间的部位穿出。

③上板：针插在展翅板间缝内。调整展翅板缝隙宽度略比虫胸宽，插针上板后，虫体背面与展翅板面平齐，用 2 枚大头针小心地将腹部架平，交叉固定虫腹。

④压纸条：用压纸条压住翅的一端，用昆虫针固定。

⑤展翅：拉翅定位，纸条固定。用镊子轻拉前翅，至后缘与虫体垂直部位，压上纸条，用大头针斜插固定前后，后翅略向上拉至与前翅自然贴合的部位，再用纸条固定；另一侧亦然。

⑥整须：摆正触角，用拨针将触角拨成自然“八”字形前伸，用大头针架或用纸条压定。

⑦检查：确认前翅后缘是否与虫体垂直、腹部是否与胸部在一条水平直线上、触角是否

自然摆放并固定。展翅的步骤虽然简单，但因制作者细心程度不同，标本的质量水平也会有差异。

展好的标本经晾晒或烘干后加上采集标签，插入标本盒内，一般需再做防虫处理，之后小心保存。展翅板也有创新，Jack Harry 博士曾做过磁铁展翅板，用磁石代替昆虫针固定压翅纸条。

反展翅：若没有专业的展翅板，可以考虑在泡沫板上反展翅。将昆虫腹面朝上，将翅展开，用纸条固定。反展翅更适用于需要兼顾足和翅的特征的昆虫，如螳螂（图 4-7 右）、竹节虫、蝗虫等。

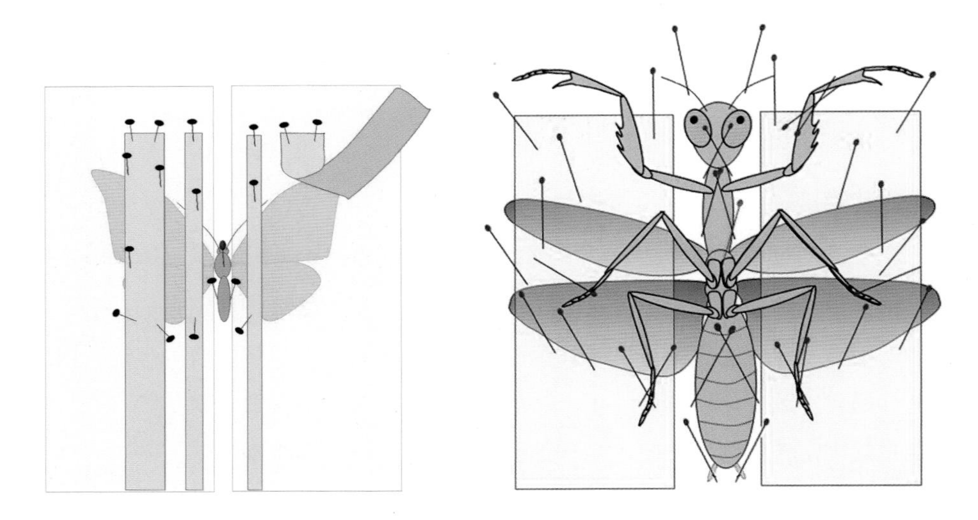

图 4-7　蝴蝶展翅（左）和螳螂反展翅（右）的标准示意图

螳螂反展翅要点口诀

针插中胸腹朝天，后翅水平在前缘。
双针交叉固前胸，大刀双举舞翩跹。
中后足定走偏锋，后拉前扯翅完整。
尾须触角摆位正，保色尚需冷藏中。

整姿：在泡沫板上将标本摆放成活着的姿态，用昆虫针固定。整姿的好坏主要看细节，如左右对称、爪的伸展、触角的位置等。因足和翅不在同一平面上，有时候需要将翅架在一个附加的泡沫平台上展。将足与腹部尽量展在同一平面，保证昆虫针的长度能够将虫体悬空。触角如果过长，可向后摆放以节约空间。

昆虫整姿的标准

整姿莫嫌插针繁，交叉固定是关键。

栩栩如生须角张，足腹贴爬平面上。

展翅和整姿的功夫是螳螂标本制作中的集中体现。固定虫足时，要避免在翅面上插针，故而有时候针不得不十分倾斜。由于后翅宽大，螳螂的展翅标准与蝴蝶也略有不同，后翅的前缘与虫体垂直。如何保护螳螂的体色在放置中不褪色是一个难题，低温冷藏是一种可以选择的方法。

标本晾干或晒干后插入标本盒，还要做必要的防虫处理。为了避免使用药剂，欧洲一些研究者则采用密封袋将标本盒封实，在−20 ℃冰箱中冷冻 7 天以上，取出后不解封袋，自然晾干，保存效果好。

针插标本的制作口诀

针插标本制作繁，插针位置是关键。

中胸背部偏右点，腹面正在中足间。

四十毫米昆虫针，上留零点八公分。

小心翼翼把翅展，身体垂直翅后缘。

纸条压平多固定，整姿昆虫如生还。

太阳暴晒或晾干，防虫处理莫从简。

采集标签三要素，时间地点人物全。

位距针尖一点六，有规可依成方圆。

思考与回顾

1. 学习制作一个昆虫展翅或整姿标本。
2. 观看昆虫的采集和标本制作录像。

第 5 章　昆虫与花的爱恋

昆虫与花的关系看似是大自然里最和谐的乐章，其实这样的和谐里包含着上亿年的磨合。自然界只有 0.4%的水媒花和 19.6%的风媒花，其余 80%的植物的授粉要靠动物（其中 85%是昆虫）来完成。研究显示，熊蜂体型大、载荷重，在欧洲是最重要的传粉媒介。一只熊蜂的蜜胃可贮存 50～200 mg 的花蜜，相当于自身体重的 50%～90%，大概需要访 500～1 700 朵活血丹花 *Glechoma* sp. 才能采集到如此多的花蜜！花费时间 43～141 min。熊蜂在 5 ℃气温就开始活跃，甚至不避风雨，全天工作，持续到 11 月，每天访花的数量是蜜蜂的 3 倍。它的花粉篮（pollenbasket）平均携带花粉量为其体重的 20%，最高可达 60%，访花需要 2～6 次探测行程，以了解最佳资源和路线。

昆虫不是花的奴仆，花也不是昆虫的慈善家。昆虫访花是出于多种需求，如，花为昆虫提供花蜜和多余的花粉，为昆虫提供最温暖的庇护所、停歇、捕猎和求偶的场所、打扮的香脂、快乐的气息等，昆虫在享受优厚待遇的同时，为花儿完成传粉服务。二者之间并不是君子协定，彼此都想少奉献、多优惠。通常，我们认为蜂类是花儿最好的朋友，但仔细观察发现，部分花筒基部会有蜂咬开的口，这被称为盗蜜现象。花儿不断变换防昆虫的招数，昆虫也总想突破花儿的壁垒高墙。花随虫而变，虫应花而生，生物多样性增加，达到相对的和谐和平衡。

5.1　昆虫与花的变异和适应

一提到花媒，多数人指向了最熟悉的蜜蜂。其实，花儿千变万化，选择的花媒种类也各有不同。昆虫纲最繁盛的四个大目膜翅目、鞘翅目、双翅目、鳞翅目也是公认的四大传粉昆虫类群。

早期分化的被子植物类群（如木兰科 Magnoliaceae、睡莲科 Nymphaea）、基部单子叶植物（如天南星科 Araceae、大花草科 Rafflesiaceae）、少量真双子叶植物（如莲科 Nelumbonaceae 等）选择甲虫为主要的传粉媒介。2018 年，我国科学家发现距今 1 亿年白垩纪中期的琥珀化石中有甲虫取食苏铁 *Cycas revoluta* 花粉的痕迹。这些植物的花有大致相似的特征，如雌雄同花、花大、花被多且形成一圈包围着中央的腔室，大部分木兰科植物的主要传粉昆虫是体型较小的甲虫，其中最常见的是露尾甲和金龟；西畴含笑 *Michelia coriacea* 的主要传粉昆虫是叶甲；华盖木 *Pachylarnax sinica* 的主要传粉昆虫是毛金龟和象甲；武当玉兰 *Magnolia sprengeri* 的主要传粉昆虫是一种露尾甲；毛果木莲 *Manglietia ventii* 的主要传粉昆虫是象甲和丽金龟；卵叶木兰 *Magnolia obovata* 的主要传粉昆虫是一种金龟子。一些植物在长期的演化中还特化出特殊的本领来吸引授粉者。大部分木兰科植物有二次开花现象：第一次开花时，雌蕊成熟，雄蕊还未散粉，昆虫被甜甜的花香吸引过来，花开始闭合，把昆虫困在花里，过一段时间，雄蕊散粉，雌蕊柱头活力快速下降，花再次开放，困在花中的昆虫携带花粉被释放，钻入下一朵首次开放的花中时，花粉被带到柱头上完成授粉；第二次开花之后，花不再闭合，直至凋零。

花与昆虫之间关系的很多奥秘不断被人们发现和揭示。无论是形态还是行为，昆虫与花儿的相互适应，无不展现着大自然的神奇。研究发现，静电在花粉传递中起着微妙且重要的作用。花的末端带有轻微的负电荷，而熊蜂飞行时，风拂动熊蜂体表的绒毛，摩擦起电，使得熊蜂身上也带上了正电。有了这个正电荷，熊蜂就变成了一个巨大的花粉磁铁，可以轻松吸到花药上松散的花粉粒（通常带负电），当蜜蜂来到另一朵花带负电的柱头附近时，静电会使熊蜂体上的花粉粒被拉向柱头。

鼠尾草 *Salvia japonica* Thunb. 花内有个类似撬杠的结构，蜜蜂钻入花朵取食花蜜时会撬动内部（雌蕊和雄蕊）的杠杆，主动让花粉粘到蜜蜂的背上，之后蜜蜂退出，杠杆结构恢复原位。退出的蜜蜂再访另一朵花，该花雌蕊的长度刚好蹭到蜜蜂背上的花粉（图 5-1）。

图 5-1　蜜蜂钻入鼠尾草花，触动雄蕊底部的杠杆，花粉蹭蜜蜂体背部的绒毛上

花是植物体温度最高的部位。开花时，花的温度可以比环境温度高出 1～6 ℃，是昆虫的天然暖房。有些开花产热的植物通过主动放热，使花部器官维持较恒定的高温。研究显示，植物开花产热的机制，一般同抗氰呼吸过程大量释放热量有关，其调控过程同线粒体膜蛋白也有一定关系，但是，不同开花产热植物生热调控机制的细节不同。近

年来有学者报道，熊蜂的通过啃咬花的叶片，可以促使花期提前。以下是几个特例，让我们在理解花儿与昆虫关系的同时，更好地理解大自然。

昆虫的口器因食物的不同可大体分为3类，即主要取食固体的咀嚼式口器、主要取食液体的吸收式口器和固体液体兼顾的嚼吸式口器。其中，吸收式口器又分为虹吸式口器、舐吸式口器、刺吸式口器、刺舐式口器、锉吸式口器、捕吸式口器和刮吸式口器。

昆虫的口器类型

蚕食桑叶蝗吃草，咀嚼口器善啃咬。
蝉蝽蚜介虱蚊蚤，刺吸树汁饮血饱。
蓟马歪嘴善锉吸，蚁狮蚜狮捕吸刀。
苍蝇舐吸不叮咬，牛虻刺舐留血槽。
蝶蛾长管虹吸远，蜜蜂嚼吸固液高。
蝇蛆仅留口钩在，原地刮吸不必跑。
口器附肢多变好，食物多样不争吵。

昆虫的口器与植物之间存在相互适应的现象，口器长短不同的昆虫会选择造访不同的花。白色的野胡萝卜为伞形花序，开满田野，花小蜜浅，是非常好客的主顾，鞘翅目、半翅目、双翅目、鳞翅目、膜翅目等多种口器的昆虫都聚集其上，不大常见的褶翅蜂也常在其中。褶翅蜂由于口器短，只能在这样小且花蜜容易得到的花上补充营养。凤仙花的花距细长、弯钩状，花蜜位于花距筒底部，蝴蝶、蛾子的虹吸式口器犹如长管，可以吸收到筒底部的花蜜。菊科植物有舌状花和筒状花2种，舌状花大而艳，分布在花盘周沿，能够很好地招引花媒，中央的筒状花紧密排列，在筒底为辛勤的花媒准备了花蜜。同为刺吸式口器的姬蜂虻和雏蜂虻，由于虫体大小和口器长短不同，各自访的花种类也不同。研究显示，即使是同一种昆虫，主要访的花的种类也不同，依口器长短也会有相应变化。

花的变异与昆虫口器的适应

春夏旭日暖，鲜花摆盛宴。蜜甜花粉多，色香味俱全。
花瓣多美颜，姿态呈万千。静待佳客至，来者请自便。
甘荀白花繁，食客聚花伞。后代要繁盛，媒人不可专。
翼萼小凤仙，花距长钩弯。蜜藏筒底处，口短空余叹。
凤蝶蜂鸟蛾，振翅空中悬。自带长吸管，从容穿花间。
常思达尔文，奇葩彗星兰。花距若个长，蛾喙不能短。

道旁硫华菊，边花齐争艳。筒花次第开，杯底有蜜饯。
翩翩姬蜂虻，频返香茶间。雌性吮花蜜，雄性挂腹端。
浓妆二月蓝，色艳蜜也鲜。绒毛粘花粉，蜂虻花筒钻。
层环益母草，偏遇盗作乱。木蜂咬花筒，体大上颚坚。
花开一时鲜，虫媒长久远。精挑细筛选，共存天地间。

有人关注了一年蓬 *Erigeron annuus* 上的访花昆虫。一年蓬作为入侵植物，除了自身的适应力强外，另一个因素就是繁殖力强。小小一年蓬，吸引了多种多样的昆虫做花媒，有舐吸式口器的蝇、刺吸式口器的蝽、嚼吸式口器的蜜蜂，还有咀嚼式口器的甲虫、虹吸式口器的蝴蝶……

一年千层名飞蓬，黄心白菊长势凶。
占尽山间开阔地，抢却百花光雨风。
强寇大摆甜蜜宴，招徕各类传粉兵。
自带刀叉剑与戟，食宿去留任尔行。

1862 年，达尔文在研究兰花的著作中提到一种原产马达加斯加的大彗星风兰 *Angraecum sesquipedale*，它的花距细长，从花的开口到底部是一条长达 29.2 cm 的细管，然而，只有距管底部 3.8 cm 处才有花蜜。兰花的繁衍离不开授粉者，不管它有着多么奇怪的形状、构造，都是为了吸引授粉者。授粉者为了能采到花蜜，同样也要适应兰花。双方在自然选择下，协同进化。达尔文猜测：当地一定存在一种蛾，它的喙能够伸长到 29.2 cm！ 41 年后，研究者在马达加斯加找到了这种长着 25 cm 长的喙、翅展约 13 cm 的大型天蛾，即预言天蛾 *Xanthopan praedicta* Rothschild *et* Jordan，1903（图 5-2）。

图 5-2　马达加斯加彗星兰和预言天蛾

其实，不仅仅是口器，昆虫为了收集到花蜜、精油、花粉等资源，虫体也发生了特化。2017 年，研究者报道了南非的长臂蜂 *Rediviva* sp. 前足像长臂金龟一样延长，可达 6.9 ～23.4 mm，是为了从龙头花 *Diascia* sp. 颀长的双距里采集精油，长臂蜂的长足端部长上有浓密的绒毛，能浸存精油。更有意思的是，龙头花有70种，花距的长短各有不同，为适应不同的龙头花距，长臂蜂也进化出26种之多！

熊蜂的声振传粉对孔裂花药如茄科Solanaceae、杜鹃花科Ericaceae植物特别有效。熊蜂的趋光性差、耐湿性强、信息交流系统不发达，在温室中，熊蜂不受玻璃或塑料棚壁的影响，对于温室的环境比较容易适应，因此，它是设施农业尤其是“番茄花园”理想的传粉者，部分传粉熊蜂已被人工培育并销往各地。

5.2 植物的欺骗

在我国，兰花全科被列为保护植物。兰花虽有惊世骇俗的姿色，却甘处人迹罕至的深山幽谷，文人常称之“兰，花之君子也”。兰花是世界上最丰富的生物类群之一，全世界有25 000种，约有8 000万年的演化历史。兰花的物种数量大概是哺乳动物的4倍、鸟类的2倍，占据了有花植物的四分之一。从种类来讲，兰花可谓成功者。然而，有60%的兰花靠蜂授粉，却有约三分之一的兰花不产花蜜，兰花对花媒的种类还十分挑剔，高度依赖个别花媒，从而使自己的繁殖命运悬于一线。兰花十分吝啬，极少奉献却又希望得到丰厚的回报，完全靠“欺骗”来吸引虫媒，这不得不让人叹服它的高明骗术。几乎每种兰花都有它离奇的授粉故事……

兰花的欺骗

显花植物种类繁，传粉昆虫大贡献。花粉花蜜作酬谢，互惠互利共发展。
独有兰花啬吝悭，花粉凝成一小团。孤注一掷如赌徒，吸引虫媒靠欺骗。
西藏杓兰唇瓣暗，熊蜂误判为家园。文心兰仿金虎尾，花冠相似无内涵。
最奇莫过欧蜂兰，赛似真蜂女婵娟。形状颜色信息素，直把雄蜂魂魄牵。
应怜兰花生存难，为骗姿态呈万千。兰花其实非君子，自古君子多爱兰。

多数花会为虫媒摆下花蜜花粉的盛筵，而兰花不同。很多兰花吸引昆虫靠两大法宝：色和香。兰花通过分泌少量信息素或特殊的气味，并以它独特的花瓣结构，模仿雌蜂、其他能提供花蜜的植物及昆虫的巢等，千方百计地欺骗，只为达到一个目的——让虫媒为自己传粉。为了提高成功率，兰花像赌徒一样孤注一掷，将所有花粉打成一个包裹，包裹外还分泌着黏液，便于粘到昆虫体上。只要有昆虫上当，它转运花粉的计划就成功了。

图 5-3　西藏杓兰与熊蜂

兰花 *Masdevallia calura* 颜色鲜红，很像肉，还散发腐臭的气味，吸引双翅目蝇类前来传粉；文心兰 *Oncidium hybridum* 的花模仿另一科的植物金虎尾 *Malpighia coccigera* Linnaeus，金虎尾产花蜜，文心兰却不提供花蜜。仅凭花的模样欺骗授粉者，而受骗来访的昆虫，一无所获却充当了兰花的传粉者。欧蜂兰 *Ophrys* spp. 将雌蜂的样子模仿得惟妙惟肖，不仅颜色、质地、光泽都很像，而且还会分泌雌性激素，在雄蜂的眼里，一朵朵欧蜂兰花是一个个“蜂大美女”，惹得雄蜂如痴如醉，癫狂地不断变换姿势，与花“交配”，雄蜂也因此携带了兰花的花粉包。多次的辨识错误使雄蜂成功地完成了为兰花传粉的任务。西藏杓兰 *Cypripedium tibeticum* King *et* Rolfe 也叫兜兰，花的唇瓣呈兜状，为合蕊柱着生处，特化成一个圆形的出口，唇瓣内光线暗，很像熊蜂的巢口，因此吸引熊蜂“归巢”（图 5-3）。其实造访这些花朵的并非只有熊蜂，其他昆虫如食蚜蝇可以沿着入口爬出，蚂蚁也能沿着唇瓣的褶皱任意出入，然而它们都由于体型较小，完美地避开了杓兰的花粉包。而身体庞硕的熊蜂可以通过自身的力量从出口挤出，因为熊蜂蜂王的胸高比工蜂的要高，所以只有熊蜂蜂王的身体能蹭上花粉包，成功为杓兰传粉。

小斑叶兰的高度只有 10～30 cm，一根细小的直立茎上纵列着十余朵小花，多少偏向一侧。它有一个很别致的英文名字 creeping lady’s tresses，意思是“女人的长发”。它广泛分布于欧洲、北美、澳大利亚、亚洲，以及太平洋、印度洋、大西洋的部分岛屿，调查显示，它多生长在至少有 60～80 年树龄的古老松树下的枯枝落叶层里。这是为什么呢？近年来，有荷兰研究者发现，它的传粉与体型很小的茧蜂和一些摇蚊有关。60 年生的松树下堆积的枯枝落叶形成的腐殖质才能满足兰花菌根的营养需要，雄性寄生蜂受兰花特殊的气味吸引来访而粘上花粉，充当了花媒，而雌性寄生蜂则寄生在大树体内的鳞翅目或鞘翅目幼虫上。寄生蜂、兰花和老松树形成了巧妙的互惠共生关系。

花的欺骗招数真可谓不胜枚举。Brodmann 等（2009）发现，海南岛华石斛 *Dendrobium sinensis* 能合成并分泌蜜蜂报警信息素，让胡蜂误以为有一群蜜蜂聚集，从而兴冲冲赶来狩猎，结果成为传粉媒介。随之，我国研究者发现云南的党参 *Condonopsis subglobosa* 也有类似行为。

蜜蜂兰 *Cymbidium floribundum* 分泌特殊的信息素，专门吸引中华蜜蜂 *Apis cerana* Fabricius, 1793 前来授粉（图 5-4）。近年来，我国学者通过提取分析，发现蜜蜂兰的信息素的主要化学成分为 3-羟基-辛酸，进而成功实现了人工合成。将该产品涂在棉签上，能招引大量野生中华蜜蜂，提高养蜂人召集蜂群分建新蜂巢的效率。

5-4　蜜蜂兰吸引中华蜜蜂

A. 受蜜蜂兰 *Cymbidium floribundum* 信息素的吸引，中华蜜蜂 *Apis cerana* Fabricius, 1793 正争先恐后地飞来；B. 多只蜜蜂挤在蜜蜂兰花葶上；C. 背着 2 个兰花花粉包的中华蜜蜂又钻进另一朵蜜蜂兰花芯

烽火戏胡蜂

深山绿叶茎，白绿淡彩铃。高寒蜜蜂少，缺媒愁传承。
海南华石斛，云南党参藤。久旱念甘霖，枯木思春逢。
假装小蜜蜂，激素来报警。胡蜂疾来访，错当狩猎营。
烽火戏胡蜂，传粉被役从。项庄频舞剑，其意在沛公。

兰花与昆虫之间的相互选择成就了兰花种类的高度多样性。它对花媒的挑剔也将它的命运与相应的授粉昆虫结为一体，一荣俱荣，一损俱损。人们确实应该珍惜兰花，如此脆弱的生态链，一不小心就可能造成种类灭绝的悲剧。

相对动物来讲，植物没有脚，是不会快速移动的生物体，但聪明的植物以静制动，让动物帮助它传粉授粉、传播种子。我们知道，80%的显花植物靠昆虫来传粉，然而，一提起种子的传播，我们能想到的昆虫除了爱囤积种子的蚂蚁外，确实不多。

最近，我国研究者发现，云南生的百部科百部属的大百部 *Stemona tuberosa* 种子有一种独特的传播机制。大百部蒴果内的传播体由种子和油脂体组成。油脂体着生在种子基部，质地、成分和气味都类似胡蜂的猎物。胡蜂会像捕猎一样捕捉大百部的传播体，带着传播体飞行一段距离后，会像对待昆虫猎物一样处理传播体，丢弃类似昆虫头部的种子部分，将油脂体嚼成“肉糜”喂食幼虫。被丢弃的种子由于仍留有油脂残余而被蚂蚁搬运走，从而完成长距离传播。

胡蜂传播大百部种子

种子办法多，善借力远播。蒲公英随风，椰子逐海波。
苍耳粘毛皮，豆荚弹力果。云南大百部，复杂又奇特。
种基油脂体，气味如虫蛾。拟似血淋巴，碳氢作线索。
信号挥发去，胡蜂闻见乐。俯冲如鹰隼，成功得捕获。
飞至安全区，安心修战果。摘去硬种壳，留下肉质坨。
咀嚼成烂糜，饲喂巢中客。弃种一落地，蚂蚁抬回窝。
二虫同力作，完成种传播。造化叹神奇，自然妙选择。

5.3　高度专一的共生关系

伴随着植物登陆，昆虫家族也在陆地上不断壮大，迄今已达 4 亿余年！在漫长的演化历史中，昆虫和植物之间相互选择、相互影响、共同进化。部分物种之间长期适应，在传粉机制上甚至走向了令人难以置信的极端，形成了的高度专一的共生关系。

5.3.1　互惠共生

1. 丝兰蛾和丝兰

百合科的丝兰 *Yucca* sp. 仅依靠丝兰蛾 *Tegeticula* sp. 传粉，而丝兰蛾幼虫只食丝兰种子（图 5-5）。丝兰蛾属 *Tegeticula* 昆虫只有 4 种，每种均适应于一个特定种的丝兰。它的成虫体型小，为昼出性，翅上密布着细小的刺。丝兰蛾在丝兰花开时出现。雌蛾从一朵花上采集花粉，将其滚成球形，再飞到另一朵花上，在花的子房内产 4～5 个卵，而将花粉团压入形成的孔中。这个授粉行为似乎是丝兰蛾有意为之，因为只有授粉后的花儿才能长出丝兰蛾幼虫宝宝取食的种子。丝兰花谢后结出约 200 粒种子，其中有半数为丝兰蛾幼虫所食。

图 5-5　丝兰蛾与丝兰

注：丝兰蛾采集花粉后爬向花柱（左上）；丝兰的花蕊和柱头中央的孔（左下）；丝兰（右）。

2. 榕树和小蜂

榕树和榕小蜂的互惠共生关系更为典型，它们的行为甚至对人的品格也有启发。我们常吃的无花果真的是没有花的果实吗？其实，我们看到的“果实”并不是果实，而是它的花序。真正的花在这肉质球状花座的内部，这种花序叫隐头花序，球状花序的顶端有一个小孔与外界相通。形象地说，无花果就是一个密闭的大花园，这个花园仅在果实顶端有一个狭窄的小口。作为被子植物，榕属的所有植物都是这样。

植物开花是为了吸引它的虫媒前来授粉，然而，榕树的花却开在花序内部，这样的花儿如何吸引虫媒并实现有性繁殖呢？

在南方，高大的榕树甚至可以独树成林，但这样高大的树，它的有性繁殖却离不开个体1～3 mm 的榕小蜂。在长期的演化过程中，榕树和榕小蜂之间形成了彼此不可分开的共生关系。榕树只靠榕小蜂授粉，榕小蜂只生活在榕果里。

携带花粉的雌性榕小蜂钻入榕果内，为雌花授粉的同时，将卵产在雌花的子房里，形成虫瘿，虫瘿就成了幼虫温暖的家和食物（图 5-6）。幼虫在榕果内成长、化蛹，直至成虫后羽化出瘿。榕小蜂一旦羽化，就会感染一种致命的寄生线虫，这种线虫会钻入榕小蜂体内，随着雌性榕小蜂传播到下一个榕果内。榕小蜂成虫由于受到线虫的侵害，寿命只有短短数小时。在这短暂的生命期，榕小蜂必须完成榕树授粉和产下后代的使命。那么，这个过程又是如何实现的呢？

图 5-6　虫瘿与榕树示意图

注：图左为无花果的横切示意图：绿色圆环指无花果的果壁，外部为寄生传粉榕小蜂幼虫的寄生蜂，内部有翅的为雌性榕小蜂，无翅的为雄性榕小蜂；蓝色圆圈标记指的是榕小蜂的虫瘿花，绿色标记为榕树未被寄生的花，橙红色标记是被寄生蜂寄生的虫瘿花，黄色标记为分布在入口处的雄花。

雌性榕小蜂和雄性榕小蜂有明显的性二型现象，雄蜂复眼和翅都已退化，但上颚却十分发达，能咬破虫瘿。它从自己的虫瘿里钻出后，寻找雌蜂虫瘿并咬破口，将产卵器伸进去与雌蜂交配，之后自觉地帮助雌蜂咬开无花果的壁，以便雌蜂顺利飞出，而雄蜂自己却力竭而亡。雌性榕小蜂的上颚不如雄性那般强劲有力，它既不能以咬破虫瘿释放自我，也不能咬破果壁钻出，完全靠雄蜂帮忙。雌性榕小蜂肩负着繁衍家族后代的重任，它的复眼和翅十分发达。它受精后，从雄蜂咬破的虫瘿口钻出，但很快被线虫感染，生命进入倒计时。它主动收集一些花粉，而后从雄蜂咬破的洞口爬出飞向另一个榕果，从榕果唯一的狭窄入口挤入，翅被挤掉留在外边。一旦有蜂进入榕果，入口就被榕果自动封闭，其他的榕小蜂就没有了机会。进入榕果的雌性榕小蜂会自觉地为雌花授粉，同时，也在雌花的子房内产下后代。完成双重使命的雌蜂很快死去，一花一卵，新的一代又开始了（图 5-7）。

图 5-7　昆虫与花的关系

A～F. 榕树和小蜂：A. 榕树薜荔 *Ficus pumila*；B. 剖开的薜荔果；C. 寄生榕小蜂的金小蜂 *Philotrypesis* sp.；D. 异叶榕 *Ficus heteromorpha* 外残留的榕小蜂的翅；E. 榕小蜂，♀；F. 榕小蜂，♂.（D，刘培亮 摄；E～F，陈华燕 摄）

这种共生关系看似十分默契合理，然而仔细一想，并没那么简单。生物都想在世界上尽可能多地留下自己的后代。作为榕树，最理想的策略就是榕小蜂只授粉，不伤害雌花；作为榕小蜂，最好的策略就是把有限的生命都放在产卵上，生育更多的后代。它们是如何平衡这种共生关系的呢？

研究者发现，榕果里75%的榕小蜂种类是积极主动的传粉者，然而，在这些主动传粉的种类中，也会存在一些高度自私的个体，它们不携带花粉，是可耻的欺骗者。研究者按1，3，5，7，9的数量逐步在榕果里人为放入非传粉的榕小蜂，然后观察榕果内榕小蜂后代的数量。统计结果显示：随着非传粉小蜂数量的增加，榕果败育的概率也在显著增加。统计这些榕果内产出的榕小蜂后代的数量，研究者发现，这些“自私”的非传粉榕小蜂和传粉榕小蜂的后代数量都急剧减少。榕果宁可败育，也不愿非传粉的榕小蜂繁荣昌盛，这是榕树最严厉的惩罚。有趣的是，统计还发现，非传粉榕小蜂的数量一直低于传粉榕小蜂，自私者并没有传下更多的后代，正所谓天道酬勤。

榕树挥发激素吸引榕小蜂前来安家落户，甚至牺牲部分雌花作代价，请榕小蜂授粉。那么，它如何控制榕小蜂的数量呢？榕树自有榕树的办法。

为了防止榕小蜂数量过大，伤害所有雌花，榕树会产生挥发性信息素吸引榕小蜂的天敌——寄生蜂。这些榕小蜂的寄生小蜂并不钻入榕果，而是用长长的产卵器刺入榕果，直接将卵产在榕小蜂的体内。榕果内雌花花柱长度有长有短，导致子房的位置大致分三层，榕小蜂的产卵管长度够不着贴近榕果外壁的长花柱子房，这部分子房因而可以正常发育成榕树的种子；而可以被榕小蜂产卵的短花柱子房，由于贴近内层，寄生榕小蜂的产卵管长度却达不到，这部分虫瘿可以生产出榕小蜂；中央一层被榕小蜂的虫瘿，刚好被寄生榕小蜂的小蜂寄生，从而繁育出寄生小蜂，如此巧妙的产卵器长度恰恰为三者共生提供了可能。而且，寄生榕小蜂的小蜂无论雌雄，都需要从雄性榕小蜂咬破的洞口钻出，如果它寄生（杀死）所有的榕小蜂，其实也是堵死了自己后代逃生的渠道。给对手留活路的同时，也是给自己留活路，这是《三国演义》里关云长义释曹操的故事，大自然早就存在！

榕树的一些种类在进化过程中还形成了功能性的雌雄异株，即一些植株整个花序内只有雌花，而且所有的雌花都是长花柱，这样，榕小蜂进去后只能授粉，不能产卵。另一些植株的花序却有雄有雌，雌花均为短花柱花，它的子房所在的位置恰巧只供榕小蜂产卵。榕小蜂在这些植株上繁衍，雌性携带花粉，飞到另外的植株上传粉。

大自然真是无奇不有！榕树和小蜂的故事充分展示了合作共赢的真谛！

榕树和小蜂

榕树小蜂两情专，谱写合作共赢篇。隐头花序蜂世界，子房成瘿奉客餐。
挥发激素引蜂驻，平衡数量防多贪。小蜂羽化运多舛，线虫寄生命短暂。
雄蜂无翅上颚坚，破瘿获取交配权。果壁开洞为妻子，英雄虽死却无憾。
雌蜂花粉揽胸前，眼大能飞觅新园。狭口挤入忙授粉，生育子孙万万千。
也有自私营欺骗，不携花粉只产卵。选择败育果实落，损人害己双刃剑。
寄生小蜂蒙召唤，刺长产卵层中间。贴近外壁子实满，靠近内层小蜂繁。
华容放曹有深意，三方适度共发展。功能异株柱长短，相依相克年复年。

3. 树蜂、真菌和松树

植物、昆虫和微生物之间的互作关系是当前研究的热点之一。树蜂、真菌和寄主植物松树之间就存在着这样的关系。研究者详细研究了松树蜂 *Sirex noctilio* Fabricius, 1793 的植菌共生（wood gardening for fungal symbiont）现象。松树蜂是重要的国际林业检疫性害虫，主要危害针叶树，原分布地为欧亚大陆和北非，近百年来，先后入侵大洋洲、美洲以及南非。并不很常见的松树蜂为什么能造成如此大的危害呢？这与它传播侵染松树的白腐真菌 *Amylostereum areolatum*（Fr.）Boidin 有关。白腐真菌的有性孢子仅出现在原发地（欧亚大陆和北非），它的传播是靠无性的粉孢子。

人们通常认为，松树蜂的卵产进树里，其幼虫钻蛀树干。事实上，松树蜂的幼虫孵化后，直至 3 龄前，只能以白腐真菌的菌丝为食，3 龄后，也只能取食被真菌侵染过的木材。松树蜂的幼虫离不开真菌，因此，松树蜂在产卵的同时，还要做“菌农”，接种并培植真菌。

雌性松树蜂羽化后，通过黏液腺（mucus gland）分泌的胶状物粘住真菌无性粉孢子，并且把这些粉孢子存在产卵器基部的载菌囊里，载菌囊在卵产出的必经之道上。雌蜂交配后，在产卵的过程中把这些粉孢子连同卵一起注入松树树干中。当松树植株处于健康状态时，不适合产卵，雌蜂会利用产卵器仅在树干上打一个孔，只为注入黏液（mucus）和真菌。黏液为真菌创造了适合侵染的微环境，真菌的滋生很快降低树势，感染了真菌的病树是树蜂理想的产卵环境。尽管真菌会导致树叶萎黄，最终枯死，受害的松树分泌树脂，有时候也会导致树蜂幼虫死在蛀道里，然而，多数情况下，真菌、松树、树蜂三者之间达到了某种平衡。当树势衰弱、适合产卵时，树蜂会在产卵的同时多打孔，注入黏液和真菌。幼虫在蛀道里“收割”种植的真菌，完成生长发育的同时收集真菌粉孢子，为传播做准备。雌性幼虫会主动收集粉孢子，并置于前胸下方特有的器官（褶皱处）——载菌器（mycangium）里。化蛹时，幼虫蜕去外壳，粉孢子就处在蛹室壁上。待到完成蛹期发育，成虫羽化而出，从蛹室壁上“捡”（蹭）起粉孢子，通过产卵，把这些粉孢子、黏液连同卵一起被送入树干里（图 5-8）。“孢子逐龄传，蛹室壁上捡。存进贮菌囊，产卵注树干。”

树蜂善学农，勤播真菌种。
黏腺产毒液，营造微环境。
幼时菌做羹，蛀木始三龄。
狼狈互为奸，蜂毒菌共生。

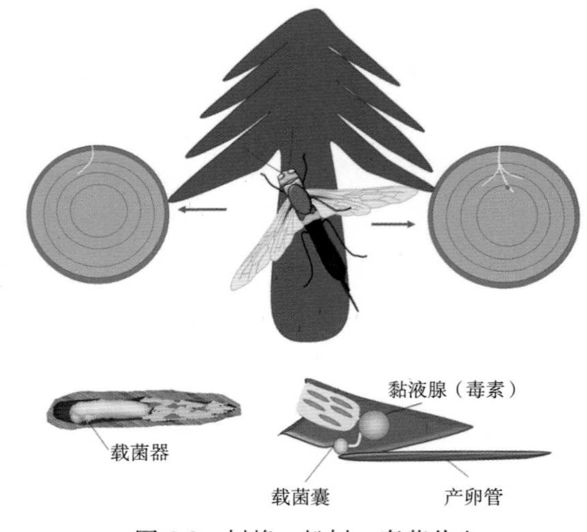

图 5-8　树蜂、松树、真菌共生

5.3.2 “高大”离不开“微小”

1. 可可树与吸血蠓

在热带地区，有些体型高大的树偏爱选择体型微小的昆虫授粉。它们把酬谢虫媒的礼物藏在花的深处，仅留一个狭窄的出口供虫媒爬入。许多人爱吃巧克力，但他们可能并不知道制造巧克力的主要原料是可可树产的可可。可可树的花开在树干上，特殊的花瓣把花粉藏得严严实实，只有很小的昆虫才能爬进去授粉。可可树 *Theobroma cacao* 的授粉迄今都是世界难题，双翅目专家 Erica McAlister 博士在 *The secret life of flies* 一书中指出，体型只有 1～2 mm 的吸血蠓虫（图 5-9），它的雄性有毛茸茸的环毛状触角，是可可树理想的授粉者。

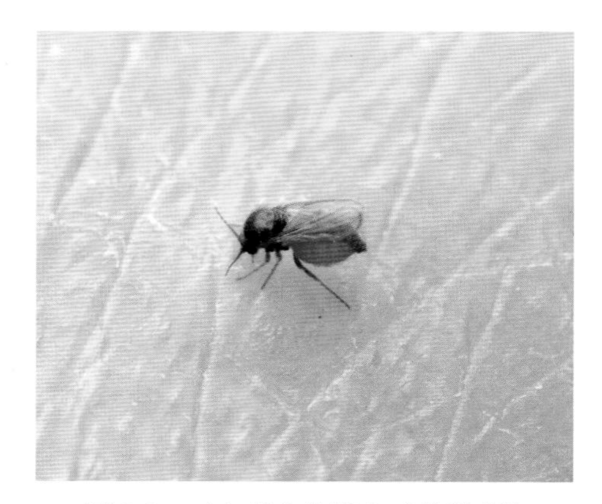
图 5-9　正在吸血的蠓虫（徐鹏 摄）

蠓科 Ceratopogonidae 昆虫触角长，至少为头长的 2 倍；刺吸式口器，头部无单眼；翅宽阔被暗斑，平叠于背部，前缘脉止于翅痣；中脉明显 2 条，径脉伸达翅缘的不多于 2 条。后足胫节端部有梳状齿。“墨蚊小咬刺喙短，后胫梳齿无单眼。暗斑翅阔平叠置，蠛蠓毒痏舞蔽天。”

蠓科中的库蠓、蠛蠓和细蠓有吸血习性，骚扰人畜，传播疾病，是重要的卫生害虫，包括小咬、墨蚊、蠓柏子、蠛蚊、蠛蠓等，种类繁多。蠓多滋生在南方水边，有群舞“婚飞”习性。被蠓叮后皮肤奇痒，局部硬块红肿，搔痒成包，感染成创，甚至全身过敏，除此之外，蠓还可传播多种疾病。古人诗中写道，“有毒能成痏，无声不见飞”。谁能想到，即使是令人恼恨的蠓虫，也有利于人类的一面。

2. 滨藜树与蓟马

和可可树类似，30～40 m 高的龙脑香科滨藜树 *Atriplex patens* 也选择体型微小的昆虫来授粉。滨藜树在夜间开花，同一株的花期整齐但时间很短，不同株的树则会微妙地将花期错开。花开一夜后，满树的花都凋落树下。研究者发现，一种体型只有 1～2 mm 的蓟马会帮滨藜树传粉。在傍晚，这些蓟马受花香吸引，钻进花里。第二天，花落地后，粘满花粉的蓟马从花内钻出，再飞向另一棵散发着芳香的树。

花儿与昆虫的爱恋是许多科学工作者长期关注的主题。人们在揭示花与昆虫关系的同时，也会为大自然生态系统间的微妙联系由衷惊叹。

思考与回顾

1. 为什么不同的花儿会选择不同的虫媒？

2. 从传粉昆虫形态与传粉的适应谈起，观察一种植物，如茄科、豆科植物等的花，试讲述它与花媒之间的适应关系。

3. 讨论常见的昆虫有哪些适应传粉的构造。蚤瘦花天牛（图 5-10）是大火草理想的传粉者吗？为什么？

图 5-10　大火草 *Anemone tomentosa*（Maxim）Pei 花上的一对蚤瘦花天牛 *Strangalia fortune*（Pascoe, 1858）

第6章　以虫为师

随着对昆虫研究的深入，人们越来越敬佩昆虫适应自然、解决复杂问题的巧妙，很多时候，我们要考虑拜昆虫为师。相关仿生的例子有很多，本书仅枚举个例，为学生们提供发现问题的思路和方法。

6.1　昆虫的视觉系统与导航

6.1.1　兰花蜂在密林里如何导航

对于风靡全球的无人机来说，先进的 GPS 导航系统是它的眼睛。如果深陷路径复杂的密林之中，没有 GPS 导航，无人机该如何辨别前方的路径？科学家在小小的兰花蜂 *Euglosa imperialis* Cockerell, 1922 身上找到了灵感。2016 年，瑞典的两位生物学专家 E. Barid 和 M. Dacke 发表了题为《发现间隙：杂乱环境中基于亮度的制导策略》的论文，揭开了兰花蜂在雨林中自由穿梭的奥秘（图 6-1）。

图 6-1　兰花蜂和仿生无人机

热带雨林堪称地球上空间最复杂的环境之一。尽管如此，鸟类、蝙蝠和昆虫通常能够在茂密的热带灌木丛中高速飞行，它们可以在凌乱的环境中快速有效地找到最安全的路径。尽管数十年来，科学工作者一直在研究飞行动物是如何控制飞行方向的，但对它们在复杂环境中如何安全地选择飞行路线却知之甚少。前人研究发现，当鸽子在人工森林中飞行时，倾向于瞄准最大的视觉间隙。蜜蜂、熊蜂和鹦鹉可以从它们移动时眼睛产生的广域图像运动（视觉流）中提取信息来通过狭窄的走廊。也就是光流平衡假说：在狭窄的走廊中，图像运动特殊，动物眼看到墙壁／附近障碍物，产生光流角速度$\omega = v/d \cdot \sin\theta$，其中$v$是飞行速度；$d$是眼到墙的距离，$\theta$是测量光流的视角。如果动物没有沿着走廊的中线移动，其左右眼所经历的视觉流角速度将会不同，在观察近壁时所经历的视觉流角速度将更高。蜜蜂、熊蜂和鹦鹉会对这种不平衡做出反应，调整位置，增加与近壁的距离，直到左右眼的角速度相等或平衡为止，即走在走廊正中央。这种简单的策略能够确保在不需要绝对距离信息的情况下，通过最大化与周围障碍物的距离，将与墙壁碰撞的风险降到最低。

那么，雄性兰花蜂嗅到兰花信息，在雨林里穿梭前进，是否也符合光流平衡假说？E. Barid和M. Dacke设计了几组实验发现，兰花蜂通过的频率最高的路线是光照最强范围的圆心，而不是距离障碍边缘最远的几何中央。显然，这个结果不支持光流平衡策略的推测。他们用滤光片控制光亮强度和光强中心变化，结果发现，随着光亮强度的增加，蜂通过的孔隙的数量也在增加；当光强中心偏移时，蜂高频率通过的孔隙的中心也随之偏移；而在光亮强度相同的条件下，缝隙宽度大小不同，蜂偏向于通过大直径孔隙。

显然，兰花蜂飞行时是利用光亮强度来导航的，同时，兰花蜂也能判别孔隙的大小，但光强的判断优先。

这个原理的披露，为科学家们设计无人机在林间飞行导航点亮了思路。不少相关研究也逐步展开，并有所突破。这样的无人机将在森林搜救和信息采集等方面大显神通。

兰花蜂导航

知虫善解飞翔梦，导航原理有不同。
光流平衡隧道行，双目调节走正中。
密林深处兰花蜂，透光强弱引路灯。
缝隙大小能辨认，久居黑暗向光明。

6.1.2　昆虫的视觉与偏振光导航

谈起昆虫视觉仿生，很多人都会想到偏振光。那么，偏振光具体是什么？虫眼为何会感知偏振光，它的结构有什么特殊之处吗？

偏振是指横波的振动方向与其传播方向的不对称性，就像电磁波的电流方向和磁场方向垂直一样，它是横波区别于其他纵波的一个最明显的标志，只有横波才有偏振现象。光是横波，光的振动方向与传播方向垂直（图 6-2）。光的偏振是光的横波性最直接最有力的证据。1808 年，法国物理学家和军事工程师马吕斯在实验中发现了反射光的偏振现象。1811 年，在进一步研究光的简单折射中的偏振时，他发现光在折射时是部分偏振的。这是什么原因呢？物理学家经过近一个世纪的研究认为，光具有波粒二象性，即光粒子的运动轨迹是呈周期性的波。

我们最常见的偏振光包括自然光、部分偏振光、椭圆偏振光、圆偏振光和线偏振光。通常光源发的光，垂直于光传播方向的振动面，不仅限于一个固定方向，而是 0°～360°，各个角度均匀分布。各个方向光振动振幅相同的光叫自然光。各个方向均匀分布且振幅相同的自然光，我们一般把它叫作非偏振光，它其实可以被理解为许多与光传播方向垂直的、振动方向不同的线偏振光组成。

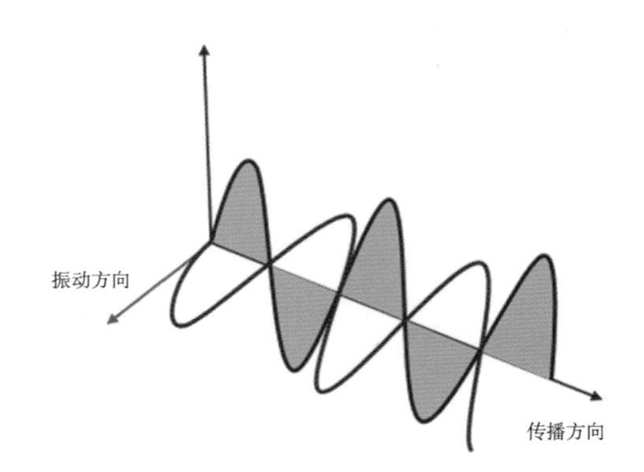

图 6-2　光的传播方向与振动方向垂直

显然，偏振是作为光的基本性质存在的，如果要得到一定方向的偏振光，就需要借助实验装置（图 6-3），即两块偏振片，分别叫作起偏器和检偏器。由于偏振片只允许平行于偏振化方向的光通过，同时吸收垂直于该方向振动的光，通过起偏器的光就成了一定方向振动的光，但人眼又无法察觉它与自然光的差别，因此需要借助检偏器。当缓慢移动检偏器时，每转过 90°，光的强度会产生由强变弱或由弱变强的过程。

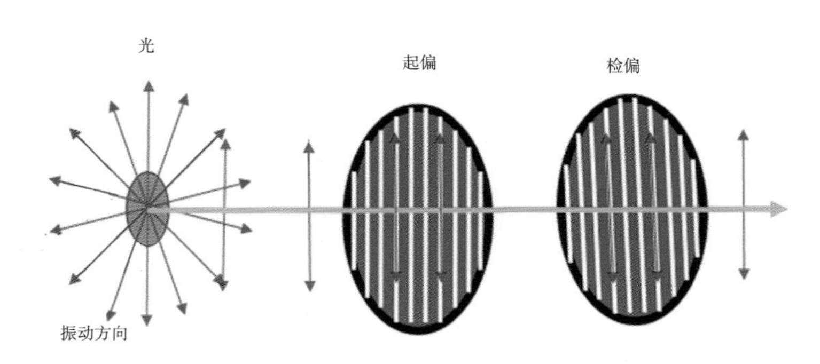

图 6-3　偏振片对偏振光的检验

对于偏振片，我们可以把它理解为一组平行的具有狭缝的镜片。只有光的振动方向与偏振片的透振方向一致时，光波才能通过，这些狭缝与光传播的方向垂直。通过第一个偏振片的光再通过第二个偏振片时，如果二者狭缝一致，那么偏振光振动方向与偏振片的透振方向一致，透过的光最亮；如果二者狭缝垂直，偏振光振动方向与偏振片的透振方向垂直，则偏振光不能通过，透射光强度为零。光的偏振现象并不罕见，除了光源（太阳、电灯）直接发出的光以外，我们通常见到的绝大部分光都是偏振光，如太阳光穿过大气层，受到大气分子或尘埃等微粒的散射成为偏振光；阳光入水折射的也是偏振光。自然光在两种各向同性媒质分界面上反射、折射时，受介质的影响，不仅光的传播方向发生改变，而且在垂直传播方向的各个方向上，振动的振幅也发生了变化，有的方向的振幅变小甚至为零，这样，反射光和折射光都成了部分偏振光，反射光中垂直振动多于平行振动，折射光中平行振动多于垂直振动。拍摄日落时水下的景物、池水中的游鱼、玻璃橱窗里的物品等时，由于反射光的干扰，导致拍摄的图像不清楚。如果装上偏振滤光片，让它的透振方向与光的偏振方向垂直，就可以减弱反射光，从而使图像清晰。昆虫复眼有感知偏振光的小眼，偏振光的振动方向与光传播的方向垂直，借此昆虫在飞行时就能够精确导航。

那么，昆虫的复眼为何能感受偏振光？它的结构有什么特别之处吗？

昆虫的复眼是其最重要的视觉器官，由许许多多六边形的小眼组成。小眼的组成结构依次为角膜、角膜生成细胞、晶体、视觉细胞、视小杆、虹膜色素细胞、网膜色素细胞和透明底膜（图 6-4）。其中，角膜是由 2 个角膜生成细胞分泌而成的多层结构，晶体由 4 个透明细胞组成，视小杆是由 8 个视觉细胞（又称感杆细胞）分泌而成的柱状体。这些柱状体是视觉细胞的一部分，从横截面上看，是一组平行的微绒毛，这些微绒毛是感光细胞膜的管状延伸。在这部分细胞膜中，视紫红质分子被嵌入。每种视紫红质都有一个特征吸收光谱，因此决定了光感受器的灵敏度。这 8 个视觉细胞的微绒毛分为开放型和融合型：开放型是指各个细胞的微绒毛相互分离，这样的视小杆也是分开的，如苍蝇；融合型的各个视觉细胞的微绒毛聚合在一起呈一定形状，如蜜蜂和沙漠蚁。

日间活动的昆虫，其复眼的小眼视杆较短，紧贴晶体下方，周围包着色素细胞，一个小眼形成一个光点，最终组成并列像；夜间活动的昆虫，其复眼的小眼视杆和晶体之间有一个透明的连接体，色素粒受光的强弱影响前后移动，每个小眼还能感受不同小眼折射过来的同一光点的图像，进而形成重叠像；白天和夜晚均能活动的昆虫，随着光线强弱，其小眼中的色素粒前后移动，既可形成并列像，又能形成重叠像。昆虫的可见光谱与人类相比，整体向短波方向偏移，即昆虫可感受到紫外光，却对红外光不敏感。

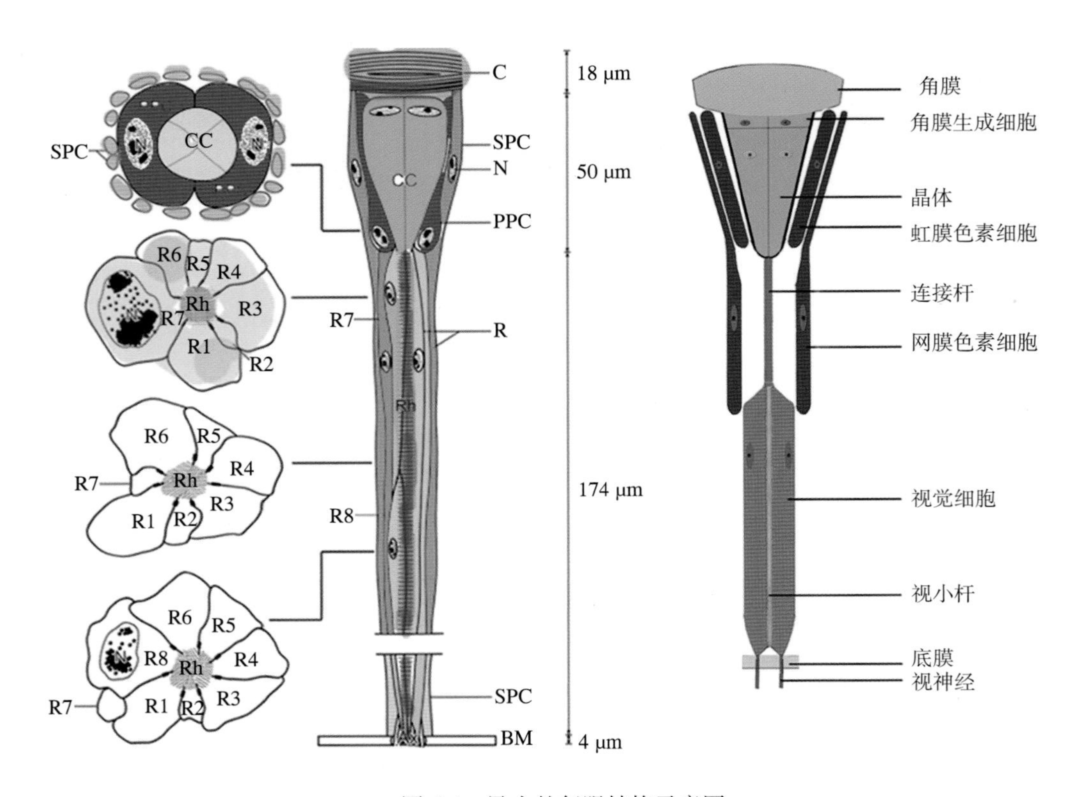

图 6-4　昆虫的复眼结构示意图

左：并列像眼，拟华山单角蝎蛉 *Cerapanorpa dubia*（Chou *et* Wang，1981），仿 Chen & Hua（2016）；右：重叠像眼

注：英文缩写 C，Cornea 角膜（由角膜生成细胞分泌而成）；CC，Crystalline Cone 晶体（共 4 个）；R，视觉细胞 Photoreceptors；Rh，Rhabdomere 视小杆（红色区，由视觉细胞分泌而成，呈现出放射状的微绒毛）；PPC，Primary Pigment Cells 虹膜色素细胞/初级色素细胞；SPC，Sub Pigment Cells 网膜色素细胞 / 次级色素细胞；BM，Basal Matrix 底膜（视神经穿过透明的底膜）。

行为学研究者通过细胞内电生理研究表明，蜜蜂、沙漠蚁、粪蜣螂等偏振天光的检测是通过昆虫复眼背部的边缘区域（Dorsal Rim Area，DRA）中的感光细胞介导的。研究者对比了这些区域的小眼发现，感知偏振光的小眼的视觉细胞微绒毛的排列方向与普通小眼存在明显不同。普通小眼的横切面超微结构显示，8 个细胞的微绒毛虽然互成某个角度，但整体看各个方向都有。然而，在 DRA 中，视觉细胞的微绒毛则呈相互垂直的两个方向（图 6-5）。偏振敏感的感光器分为正交的两组，这似乎就像偏振片的狭缝一样，限制了光波振动的方向，是专门检验偏振光模式的传感器。昆虫的偏振敏感度因物种而异，蜜蜂、沙漠蚂蚁和苍蝇使用紫外线受体，而蟋蟀在偏振视觉中使用蓝色受体，均接受单色输入，昆虫的大脑还有相应的极化感应神经元，能够处理偏振光的信号。

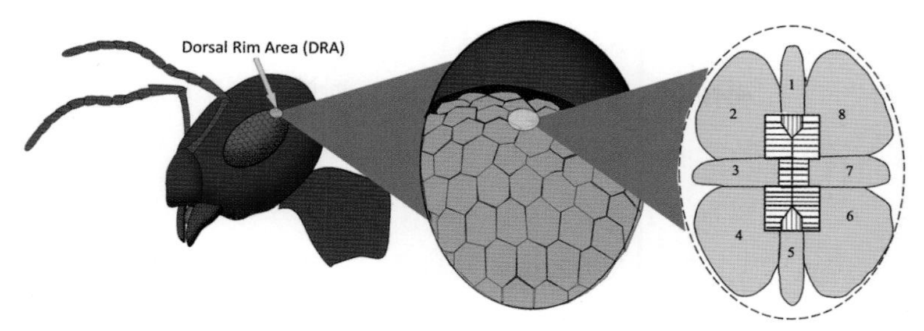

图 6-5　沙漠蚁 *Cataglyphis* sp. 偏振光眼结构示意图

注：左为复眼背缘区（DRA）；中间为感受偏振光的小眼；右为 8 个视觉细胞分泌形成的视小杆微绒毛哑铃状排列。

昆虫的视程远不如人类，如蜻蜓只能看清 1～2 m 的物体，家蝇只能看到 40～70 mm 的物体，由于个体小，小眼的角膜收集能力有限，它们甚至无法看到恒星，正所谓“目光短浅”。此外，受感光细胞的色素蛋白种类的限制，昆虫并不像我们人类一样能看到多彩的世界，它们绝大多数是色盲，如蜜蜂不能分辨青色和绿色，也不能分辨红色和黑色。然而，昆虫独特的偏振光导航系统使其拥有了强大的辨识能力，即使几百米甚至上千米的距离，昆虫也总能精确地到达，这让人类自叹不如。拜昆虫为师，开发偏振光导航传感器，也许可以将人类的感知能力扩展到这种“导航感”。

昆虫复眼歌

角膜、细胞和晶体，八根感杆成柱体。下连轴突穿底膜，神经穿入视叶里。
白日活动光线强，小眼隔离并列像。夜晚出行光线暗，视杆晶体不直连。
色素聚集在上部，直射折射多光点。白天黑夜不间断，色素视杆调得欢。
紫外蓝绿多敏感，动比静的更明显。横波由来自称奇，振动传播方向异。
绒毛正交如栅栏，背缘小眼能检偏。偏振导航雷达眼，自兹鼠目不寸短。

6.2　昆虫世界的物理学

6.2.1　昆虫与表面张力

为什么蜘蛛、蜜蜂是毛茸茸的，而甲虫、瓢虫却是油亮亮的？这一切要从表面张力说起。

让我们先来做个实验，往纸巾上滴水，纸巾很快就湿了。从物理学上解释，这时候水滴内部的水分子受到来自各个方向水分子的相互吸引，我们把这种力称为内聚力。但是与纸巾接触部分的水分子，除了受到来自上方水分子的内聚力外，还受到纸巾上水分子的吸引力，我们把这种吸引力称为附着力。当内聚力小于附着力时，水分子受到的合力就向下。因此，纸巾湿了，我们把这种现象叫作浸润现象。对于人类来说，浸润可能只是湿了件衣服，但对于小小的昆虫来说，一颗露珠都可能是致命的，所以它们得想方设法阻止被浸润。

那我们再来做个实验，在桌面上滴上一滴水，我们会发现水滴呈现圆珠形，并没有浸入桌面。这是因为桌面与水分子之间的附着力非常小。此时，接触面上的水分子受到的合力是向内的，我们把这种合力称为表面张力。同时，由于水分子与气体分子之间的作用力也很小，所以水滴呈现圆珠形，这就是为什么甲虫进化出了油亮的蜡质外骨骼，使自己不易被浸润。蜜蜂、蜘蛛在体表分布绒毛，也是为了吸附更多的空气，增大表面张力。

昆虫的足、翅膀、复眼是完美的疏水材料。从物理性能来看，疏水材料具备防沾水 、加平稳和防起雾 3 项功能。足的疏水性让昆虫能够站在水面上而不下沉；翅的疏水性使昆虫在雨天能够正常飞行；复眼的疏水性可以防止昆虫的复眼起雾。

我们在河流、湖泊等自然水域边总能看到一种叫水黾的小虫子，它看起来有点儿像蚊子，但是体型比蚊子大得多。水黾在水面上行走如履平地，这是什么原因呢?

这与水黾腿部的疏水结构有关。水黾的腿部定向排列有微米级的刚毛，刚毛上的螺旋状纳米尺度沟槽形成独特的阶层结构，将空气吸附在微米刚毛和螺旋纳米沟槽缝隙，形成一层稳定的气膜，使其腿部不被水润湿，具有超疏水特性。依靠腿的超疏水特性和水面张力，水黾能够站在水面上移动和跳跃。水黾在水面上行走时，利用其多毛的长足在水中制造出螺旋状的旋涡，借助旋涡的推动力，可以在水面上高速推动自己向前行走。

生活在森林、沼泽及池塘等潮湿环境的昆虫为适应环境，其体表具有特有的润湿特性，昆虫表面微观结构对其自清洁性能有重要影响。土壤中的跳虫，表皮有多种精致纹饰结构形成的超疏表面，使体表可自清洁或者容易清洁，还可以避免化学腐蚀。蚊子利用其腿表面的微纳米多级结构吸附空气，并在其表面形成一层稳定的气膜，表现出超疏水性能。草蛉、小蜻蜓和蚊子都具有六方结构且紧密排列的半球形小眼，而且它们的小眼半径都在 10～15 μm 这个范围内，这种结构会使雾滴很难在复眼表面停留，在飞行时气流的作用下很容易脱离复眼表面，使复眼达到防雾的效果。蝴蝶翅膀表面具有较强的疏水性是由其表面微米级鳞片及其表面上亚微米级结构共同作用的结果。蝉翼表面具有规则排列的纳米柱状结构，这些排列规则的突起使蝉翼表面吸附了一层稳定的空气膜，发挥了超疏水性能，使蝉翅膀不被污染，保证了受力平衡和飞行安全。

受到自然界的启发，人类研制出了各种疏水材料。湿润性是固体表面的重要特征之一，同时，由于当前水资源的短缺，表面节能问题也越来越引起人们的兴趣。而超疏水表面在工农业生产和人们的日常生活中有着极其广阔的应用前景，由此引起了人们的普遍关注。

人们发现自然界许多生物的身体表面具有自清洁性，当有污染物落到其表面上时，它们能够很轻易地清洁掉。如果从仿生学的角度出发对这些表面进行研究，并把研究成果应用到生产生活中，显然，对于节约水资源和提高国内生产总值意义重大。

（昆虫与表面张力部分的文字搜集整理：刘西哲）

6.2.2　昆虫的飞行与仿生扑翼飞行器

每每观察自由自在穿梭在花丛中的昆虫时，人们难免会产生很多幻想与假设。随着科技的进步与发展，人类制作出了飞机，飞机的机翼堪称人类的翅膀。目前，昆虫的翅也变得不再神秘，让我们一起来探索昆虫飞行的奥秘吧！

自然界昆虫的翅的结构和形状多样，当昆虫扇翅运动时，翅的截面形状均发生变化，对翅的结构观察发现，翅是变刚度的柔性体。

从物理学角度看，低雷诺数下翅的运动可以简单地看作平动、转动和变形 3 个独立运动的线性叠加。平动，即翅近似沿着离心率很大的椭圆做周期性变速运动；转动，即翅每次平动到椭圆两端时转动固定角度，而在中间部分时不转动；变形，即翅在相对空气运动时受到气动力、惯性力、自身应力而产生周期性的可逆形变。

昆虫翅的运动包括以下 4 个步骤：

①下拍：翅向下依次做加速、匀速、减速运动，在此期间几乎无转动；

②翻转：翅在减速时转动某一角度直到反向加速时转动结束；

③上拍：翅向上依次做加速、匀速、减速运动，在此期间几乎无转动；

④反转：翅转动做与步骤②相同的运动。

循环结束，开始下一个周期运动。

假设翅是一个刚性二维平板，在小角度时，翅的倾角、长度越大，翅的升力就越大。然而，随着倾角增大，翅上下两侧压差增大，倾角过大时会发生明显的边界层分离现象，导致失速。

实际上，与单纯的刚性机翼模型理论不同，昆虫的翅受空气阻力形变，导致空气阻力减小、升力增大。昆虫飞行时能巧妙利用翅膀的变形产生“柔性楔形效应”，有效提高其升阻比。

目前，研究者已经将柔性楔形效应理论应用到了仿生扑翼飞行器的发明和改进中。

（昆虫的飞行与仿生扑翼飞行器的文字搜集整理：刘浩然）

6.3 蝗虫由“害羞小绿”变“黑化狂魔”与人类愉悦情绪的调节

提起蝗虫（图 6-6），人们自然而然会和蝗灾联系起来。上千亿只蝗虫遮天蔽日，所到之处，禾草一空。尤其在生产力不发达的旧时代，蝗灾会造成民众大饥荒，甚至激起民变，危及国家安定。我国历史上的蝗灾主要是由东亚飞蝗 *Locusta migratoria manilensis*（Meyen, 1835）造成的，据统计，从春秋时期起 2 600 多年中，飞蝗成灾 800 多次，涉及江北 8 个省 / 自治区。即便是科技发达的今天，我国对蝗灾的预防也丝毫不敢松懈。2020 年 1 月，新冠病毒向人类发动攻击的同时，沙漠蝗灾从东非，经也门、阿曼直扑伊朗南部、巴基斯坦和印度，引起了全世界的关注。尽管历史上没有沙漠蝗 *Schistocerca gregaria*（Forskål, 1775）在我国成灾的记录，但也引起了我国有关部门的高度重视。

图 6-6　蝗虫

迁飞的蝗虫是人类的大敌。研究者发现，同种的飞蝗可分 2 种类型：散居型和群居型（迁飞型）。散居型飞蝗体色偏绿，性格孤僻，通常以禾本科杂草为食，对庄稼的危害较小；群居型的飞蝗则体色明显加深，爱群居，大批迁飞为害，甚至使庄稼颗粒无收（图 6-7）。显然，迁飞型的飞蝗是庄稼的真正威胁。通常飞蝗是散居型，那么，它们是受到了什么刺激才转变成“黑化狂魔”的呢？

牛津大学的研究者发现：通过触摸散居型飞蝗后足腿节上的刚毛（感受器），可以人为地触发群居型飞蝗的产生。研究者做了一个实验，用毛笔刷散居型飞蝗若虫的后足腿节背缘上的一排刚毛，每分钟持续刷 5 s，持续 24 h。这样的刺激会给飞蝗大脑传递一个信号：“太拥挤了！”从而启动

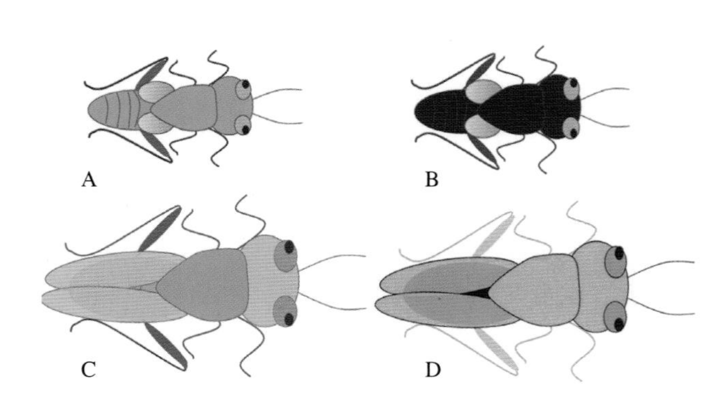

图 6-7　散居型（A，C）和群居型（B，D）飞蝗的若虫和成虫

蝗虫的蜕变，在接下来的数周时间里，处理过的散居型飞蝗经过 5 次蜕皮后竟变成了群居型！

飞蝗类型的转变过程是这样的，散居型的飞蝗不断繁殖，很多代仍旧是散居型，其成虫虫体为褐色中夹着一些绿色，所产的卵孵化不整齐。随着飞蝗数量增多，环境拥挤，雌性飞蝗的后足被触碰摩擦的机会增多，环境竞争压力的刺激导致飞蝗血液中 5-羟色胺的含量增高 3 倍。5-羟色胺是神经递质，它含量的变化传递到大脑，大脑发出了质变的指令，飞蝗从偏绿色的散居型变成了黄褐色的群居型，所产的卵孵化整齐，虫口数量迅速增加，发育成强壮的长翅迁飞一代——迁飞型成虫。飞蝗相互刺激，随风集体升空，体内分泌促脂肪分解激素，能直接利用脂肪，持续飞行很多个小时，靠视觉控制维持飞行的队形。飞蝗飞到一定地区降落取食，而后继续迁飞为害，直到最后降落，进行最后的取食，并产出下一代。这一代属于“过渡的散居型”，周期随着回迁而继续。如果环境压力改变，要求 5-羟色胺增高的信号被阻断，飞蝗则失去了社会性行为，不再迁飞。如果环境压力仍然存在，5-羟色胺浓度仍旧高，则飞蝗仍为危险的群居型。

5-羟色胺（serotonin）是昆虫肠道中产生的神经递质，是通用的化学信使，能够调节昆虫的血糖和生长。它对人的行为影响也是如此，通过调节人体胰岛素含量，进而调节血糖浓度，能影响情绪和学习记忆力，也与压力、自我维持和寻找食物有关。5-羟色胺也是“快乐的化学物质”，被誉为“产生愉悦的信使”。日光浴能帮助人体释放 5-羟色胺，合成 5-羟色胺的前体物质是色氨酸（tryptophan），鸡蛋、奶酪、豆腐、凤梨、鲑鱼、坚果和种子中含有大量的色氨酸，所以，多到户外运动，多吃含色氨酸高的食物，能够增加人的快乐感。

2014 年，中国科学院康乐院士课题组发表了东亚飞蝗的全基因组序列，蝗虫的遗传密码达到 6.5 Gb，是迄今为止测序到的最大的动物基因组，是人类基因组的 2 倍多，约是果蝇基因组的 30 倍。数据表明，这是由于重复序列在飞蝗基因组中过多积累造成的。他们对比分析了散居型和群居型差异最大的 4 龄蝗虫的基因表达谱，发现有关多巴胺代谢通路富集了多种差异的基因，全部处在多巴胺的合成途径上。其中，*henna* 和 *pale* 基因分别执行的是从苯丙氨酸到酪氨酸、酪氨酸到多巴以及多巴到多巴胺的合成过程；*vat1* 基因是一个转运蛋白，抓住多巴胺与其受体结合进行分解，把产生黑色素（melanin）的黑体色个体变成更浅的黄色或绿色。科学家在果蝇和蝗虫体内都找到了一个称为 *miR-133*（*microRNA*）的基因，发现这个基因的表达控制着 *henna* 和 *pale* 基因的合成，从而导致了苯丙氨酸到酪氨酸，再到多巴胺的合成。显然，多巴胺途径在维持群居的过程中起了重要的作用。如果直接向群居型飞蝗注射多巴胺的拮抗剂，与多巴胺受体竞争性结合，群居型飞蝗的行为也可以变成散居型模式。

蝗虫性格的转变也对人的行为有重要的启示。多巴胺也是人体去甲肾上腺素 NA 的前体物质，是下丘脑和脑垂体腺中的一种关键神经递质，负责激发和体验成功带来的回报感。缺少多巴胺时，人的性格会像散居型飞蝗一样，精神上变得抑郁。增加体内多巴胺的含量，人会变得像群居型飞蝗一样，乐群开朗，活泼愉快。那么，我们可以通过运动、充足的睡眠，或者经常制订并完成一些小目标，给大脑多一些成功感的奖励，平时多吃杏仁、香蕉、低脂奶、芝麻、南瓜籽等来增加体内多巴胺的含量。

此外，蝗灾来袭，人们能否靠鸟类甚至人类捕食来降低飞蝗虫口数量？魏佳宁等（2020）研究发现，群居型飞蝗在虫口高密度的刺激下，启动 *CYP305M2* 基因将苯丙氨酸（L-Phenylalanine）转化为苯乙醛肟（Z-Phenylacetaldoxime），苯乙醛肟能快速水解为苯乙腈（Phenylacetonitrile, PAN）。苯乙腈作为嗅觉警告信号使蝗虫对天敌大山雀产生强烈排斥性，当群居型飞蝗受到大山雀攻击时，PAN 会转化为剧毒氢氰酸（HCN），大山雀就不再取食蝗虫，这样的蝗虫大军就会势不可当！而在低密度虫口数量时，环境刺激不足以启动 *CYP305M2* 基因的表达，苯丙氨酸不转化为苯乙醛肟，也不生成有毒物质氢氰酸，大山雀自然可以肆意饱餐。散居型虫体的绿色就成了其最佳保护色，隐于寄主植物绿色的植被里，不易被天敌大山雀发现和捕食。

蝗虫迁飞的奥秘

悠然独处似散仙，绿衣飘飘融自然。
窘境搔腿性情变，黑化群居举家迁。
大军起飞蔽天日，苯乙腈警鸟不前。
遗传密码摘桂冠，基因调控型色变。
五羟色胺多巴胺，快乐信使成功感。
且把凡人比蝗蝻，多籽加蛋补糖甜。
运动足眠勤奖励，常使大脑入狂欢。

6.4 蜂的启示

蜜蜂，是我们最熟悉的蜂类，是勤劳、勇敢和奉献精神的象征。作为历史上皇帝的行宫，法国皮耶枫城堡内的墙壁上，装饰着拿破仑家族的标志——金色蜜蜂。平凡的蜜蜂为什么会受到这位帝国统治者的青睐呢？他希望自己的军队像蜜蜂一样组织严密、上下有序、分工合作、勇敢忠诚。

蜜蜂有个强大的天敌，那就是胡蜂。胡蜂会捕食蜜蜂，一只胡蜂就足以给整个蜜蜂蜂群造成威胁。面对来犯的强敌，蜜蜂会如何应对呢？

在云南的一处山坡的蜂箱前，有人观察到这样一幕：蜜蜂在巢口排成一排，不断地扇动膜翅，如临大敌。原来是黄脚胡蜂 *Vespa velutina* Lepelettier，1836 来袭（图 6-8）。可是，胡蜂那么强悍，为什么不对群集的蜜蜂发动攻击，而是头向外背对着巢口呢？

图 6-8　黄脚胡蜂 *Vespa velutina* Lepelettier，1836 在蜂巢外伺机攻击落单的蜜蜂

原来，胡蜂怕被整群蜂围起来！胡蜂蜂巢温度会持续保持在 28～32 ℃，而蜜蜂巢内温度略高，为 34～35 ℃。显然，蜜蜂耐高温能力比胡蜂强，恰恰利用这点温度差，小蜜蜂有了对付胡蜂的办法：集合群体的力量对抗。警戒的蜜蜂发现胡蜂后会分泌警告信息素，于是众多蜜蜂迅速集结，并扇翅向胡蜂示威，一旦和胡蜂近距离缠斗，勇敢的蜜蜂会伺机将胡蜂团团包围，重重围起的蜂团中心温度迅速升高，可达 48 ℃，从而把胡蜂活活热死！

那么，胡蜂就知难而退了吗？聪明的胡蜂有它自己的办法，那就是专门进攻那些单只回巢的蜜蜂！可见，落单是危险的，团结才是战胜强大敌人的法宝。

蜜蜂和胡蜂的竞争

天朗浮云闲，小径结蜂缘。蜂兵列严阵，强敌压巢前。
尾翘点狼烟，振翅即亮剑。警诫入侵者，誓死护家园。
胡蜂猛似虎，蜜蜂弱如羊。猛虎善捕猎，群羊善提防。
兵家势无常，弱亦能胜强。重重围垓下，霸王走乌江。
高手自有招，避实就虚巧。防区外盘旋，专攻蜂回巢。
强弱各有道，魔长道亦高。生命为赌注，岂敢差分毫。

思考与回顾

1. 查找其他昆虫导航如磁导航的相关资料，进行小组讨论。
2. 查找其他昆虫仿生的资料，谈谈与自己所学的专业的联系。
3. 观察自然，探讨昆虫适应自然的秘密，以及对人类的启发。
4. 了解内分泌激素与昆虫以及人类的关系。

第7章　小虫经纬关民生

昆虫是陆地上第一类起飞的动物，这次飞跃，让昆虫获得了超能力。奇怪的是，它们仍旧保持低调，不追求个体大，而是追求集体庞大，这些看似弱小实则强大的动物越来越适应环境。据统计，世界上已记载的昆虫有100余万种，占所有真核生物种类的58%～67%，其中4大目（鞘翅目、双翅目、膜翅目和鳞翅目）昆虫占所有昆虫种类的81%。Erwin（2004）估计，昆虫种类可达8 000万种。看似不起眼甚至让人讨厌的小虫，其实无处不在，时时刻刻关系着人类的生存，亦敌亦友、密不可分。正可谓“阡陌纵横天下事，小虫经纬关民生”。

McKelvey（1975）说：“昆虫养育和保护人类，使人类生病甚至杀死人类。它们给人类带来欢乐和悲伤，使我们从恐惧到仇恨，再到宽容。昆虫常常让我们面对现实，不得不做些什么来改善。它们带给人类的福祉超越人类为达目的而与虫争斗的价值。大多数人讨厌昆虫，但也有一些人喜欢它们。有时它们还给我们启迪。”一方面，作为竞争者，昆虫在人类的衣食住行等所用的材料上都会造成危害，有些昆虫直接或间接（传播病菌）地危害动植物和人类的健康甚至生命，如跳蚤、虱子、臭虫、蚊子、袭人胡蜂等；另一方面，昆虫在生态系统中占据重要的基础地位，与植物一起支撑着庞大的生态系统的上层，堪称地球的两大主宰。昆虫是动物尸体的分解者、木质素的降解者，对土壤结构和肥力的改善及环境净化有着不可替代的作用；昆虫是花粉以及种子传播的重要媒介，是制造丝绸、虫胶、萤光素酶等工业原料，是农林害虫的天敌，其食用、药用价值高，而且是生命科学研究中重要的模式材料、仿生学的理想蓝本，等等。“莫言昆虫小，世界多奇妙。亦敌亦为友，如影亲似胶。争我粮和衣，毁我房和桥。诸般尚可忍，传病夺命妖。泯然成一笑，生态逞英豪。传粉百花媚，丝绸举世娇。天敌用药少，食品价值高。医用三百种，中华独占鳌。科研新载体，仿生老尺标。传承文化美，爱虫乐陶陶。”

7.1　昆虫的释义

虫（chóng），会意字，字形像一条弯曲的蛇，本读 huǐ，是一种毒蛇。战国后有了“蟲”（chóng）字，由三个“虫（huǐ）”组成，大多数昆虫的幼虫都是弯弯曲曲蠕动的，与蛇相似。汉字简化时，以“虫（huǐ）”为“蟲”的简化字（图 7-1）。在古代，“虫”的含义并不仅限于指昆虫、蛇类等。古人把所有动物分为“鳞、毛、甲、羽、昆”五类，合称“五虫”，“虫”的本义是动物的总称。西汉礼学家戴德的《大戴礼记》里记载，“有羽之虫三百六十，而凤皇为之长；有毛之虫三百六十，而麒麟为之长；有甲之虫三百六十，而神龟为之长；有鳞之虫三百六十，而蛟龙为之长；倮之虫三百六十，而圣人为之长。此乾坤之美类，禽兽万物之数也。”

1890 年，清朝博物学家方旭在《虫荟》一书中录写了 1309 种动物，分为“羽、毛、昆、鳞、介”5 类，其中的 219 种小动物归为“昆虫”，昆虫自此在中国具有了科学概念。昆虫的内涵随研究而发展。1602 年，U. Aldrovandi 所写的 *De Animalibus Insectis*（《昆虫类动物》）中，昆虫包括了节肢动物、环节动物、棘皮动物等；1758 年，林奈在 *Systema Naturae* 中所命名的昆虫纲 Insecta 里还包括蛛形纲、唇足纲等节肢动物；1825 年，P. A. Latreille 设立六足纲 Hexapoda，将“昆虫”规范为体分头、胸、腹的六足节肢动物。昆虫的现代科学内涵是动物界无脊椎动物节肢动物门六足亚门昆虫纲内所有动物的总称。

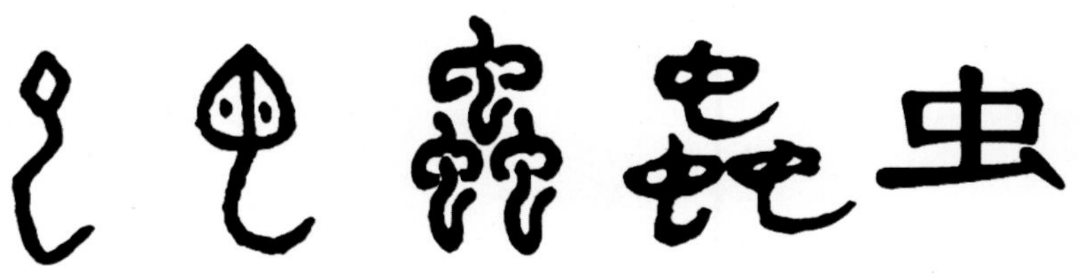

图 7-1　“虫”字的衍化

7.2 昆虫是文学创作的源泉

昆虫是人类生活中最常见的动物，与民生疾苦有直接的关联。见微知著、借物抒情，人类对大自然和现实的思考出现在历朝历代大量的文学作品中，在古代文学家笔下，小小昆虫被赋予了人的情感和品质。如，唐代柳宗元在《蝜蝂传》中生动刻画了善负物、喜爬高的小虫蝜蝂（据推测，可能是草蛉的幼虫，喜将猎物的空壳背在背上作伪装），形象地将它比喻为“今世之嗜取者”，以聚敛资财、贪婪成性、好往上爬、至死不悟的丑态，批判了当时的腐败官场。自东晋始，梁山伯与祝英台双双化蝶的凄美爱情故事家喻户晓，在民间流传已有 1 700 多年，被誉为爱情的千古绝唱。梁祝传说是我国最具魅力的口头传承艺术及国家级非物质文化遗产，也是在世界上产生广泛影响的中国民间传说。“喓喓草虫，趯趯阜螽。未见君子，忧心忡忡”，诗经《国风・召南・草虫》描写了一往情深的妻子思念丈夫的情景。“螽斯羽，诜诜兮。宜尔子孙，振振兮”，《螽斯》则代表了劳动人民最朴素的多子多福、家业兴旺的家庭观。“庄生晓梦迷蝴蝶”（唐・李商隐)，《庄子》寓言开启了蝶梦与自由人生的千古哲学话题。宋朝方回的“畦叟浇花蚱蜢飞”，及苏轼的“但闻畦陇间，蚱蜢如风雨”，描写了农田蚱蜢群飞的场景。明朝陈献章的《白雀群飞益高》“安能随蚱蜢，跳踯在泥涂”，表达了他不屑于像蚱蜢一样蹦跶在污浊的生活底层。三国时期曹植的《蝉赋》“……实澹泊而寡欲兮，独怡乐而长吟。声皦皦而弥厉兮，似贞士之介心。内含和而弗食兮，与众物而无求。栖高枝而仰首兮，漱朝露之清流。隐柔桑之稠叶兮，快啁号以遁暑。苦黄雀之作害兮，患螳螂之劲斧……”正是他悲剧人生的精神写照。晋朝陆云的《寒蝉赋》里的蝉则是垂緌饮露，具有文、清、廉、俭、信、容的至德之虫。唐朝李商隐的《无题》“春蚕到死丝方尽，蜡炬成灰泪始干”已被作为教师品质的写照。李公佐的《南柯太守传》中的蚁梦，被后代诗人多次引用于看透人生。宋朝陆游的《衰病二首・其一》“仕宦蚁窠梦，功名马耳风”、黄庭坚的《题落星寺四首・其三》“蜜房各自开牖户，蚁穴或梦封侯王”、唐朝罗隐的《蜂》“不论平地与山尖，无限风光尽被占。采得百花成蜜后，为谁辛苦为谁甜”、杜甫的《促织 》“促织甚微细，哀音何动人。草根吟不稳，床下夜相亲”、南宋杨万里的《观蚁二首・其二》“一骑初来只又双，全军突出阵成行。策勋急报千丈长，渡水还争一苇杭”，皆是借虫喻人的精彩描绘。

与昆虫有关的科学研究成果，被研究者附加上文学的灵魂，启迪着人类的智慧和探索自然

的热情。法布尔的《昆虫记》堪称科学与文学的完美结合，罗曼·罗兰称他是“掌握田野无数小虫子语言的魔术大师”。法布尔观察入微的求真精神影响了大批读者，《昆虫记》迄今仍旧魅力不减，影响了一代又一代人喜欢自然、热爱昆虫。著名的生物学家和博物学家威尔逊（Edward Osborne Wilson）教授也是一位高产的科普作家，他的作品两次获得普利策非虚构类文学奖，其中《社会生物：新的综合》一书，通过蚂蚁等生物的社会行为，阐明这些行为都是为了使生物的基因被自然选择保留下来，尽管他由此类推到人类的社会行为上的观点受到其他学者公开反对，但书中反映出的治学严谨和渊博学识却使他获得了广泛的尊重和仰慕。

科学探索工作以文学为载体，再加上互联网的加持，让更多的人掌握科学知识，更好地创造美好新生活，是当今科普繁荣的一个趋势。“人呆手户”“巍巍昆虫记”“小青虫”等众多微信公众号以及“科学网”等网络媒体，图文并茂地展现了昆虫世界，弘扬昆虫文化。昆虫知识的学习和交流也呈现出立体交叉的模式。

7.3　害虫综合治理观

世界上危害粮食作物的昆虫有上万种。虫害造成植物产品质量下降，直接影响到农林业生产的效益。一般来说，在粮食生产过程中，15%～20%的粮食会被虫子消耗掉，虫害爆发时，更是损失惨重。历史上最大的蝗群纪录是 1889 年红海上空出现的一个蝗虫群，预估有 2 500 亿只蝗虫，质量达 55 万吨。它们飞行时声震数里、遮天蔽日，一个蝗群消耗的食物量相当于全纽约或伦敦所有人一天食物量之和的 4 倍。外来入侵物种对中国每年造成的直接经济损失高达 200 亿元。入侵我国的外来昆虫超过 160 种，如松突圆蚧 *Hemiberlesia pitysophila* Takagi, 1969、湿地松粉蚧 *Oracella acuta*（Lobdell, 1930）、红脂大小蠹 *Dendroctonus valens* Leconte, 1860、日本松干蚧 *Matsucoccus matsumurae*（Kuwana, 1905）等虫害造成的损失达 132 亿元，美国白蛾 *Hyphantria cunea*（Drury, 1773）等阔叶虫害造成的损失为 7.4 亿元。苹果蠹蛾 *Cydia pomonella*（Linnaeus, 1758）在 20 世纪 50 年代前后经中亚地区进入我国新疆，目前已经在新疆、甘肃、黑龙江、内蒙古、宁夏等多个省（自治区）发生虫害，蛀果率可在 80%以上，对我国的梨果类水果危害很大，据估计，每年造成的经济损失可达 9.61 亿元。

人类的农林业生产历史，在一定程度上也可以说是同害虫作斗争的历史。在生物多样性和可持续发展的前提下，人们逐渐从环境安全和生态系统等大的影响范围整体思考害虫的综合治理，提出了害虫综合治理（Integrated Pest Management，IPM）的概念，即运用综合技术防治各种对农作物有潜在威胁的害虫的方法。它最大限度地依赖自然的害虫种群控制机制及一系列有利于抑制害虫的综合技术，包括耕作方法、害虫特有疾病、抗病、虫害作物品种、昆虫不育方法、引诱剂、寄生或捕食性天敌增殖，或者在必要时使用除害剂。IPM 着眼点于把害虫种群控制在不造成经济损失的水平之下，主张尽量少用化学农药，强调利用自然条件实现害虫无害控制，所采取的防治措施对人类社会和生态不造成威胁，且防治费用不应大于害虫危害所造成的经济损失。这就引入了两个概念：①经济损害水平（economic injury level），是一个临界的害虫密度，在这个密度时，实施人工防治的成本刚好等于由于防治而得到的经济效益，这是害虫综合治理的一个中心概念；②经济阈值（economic threshold），也是一个害虫密度，在此密度时应实施防治，以防止害虫种群超过经济损害水平，就是在经济损害水平的基础上加上适当的保险系数。20 世纪 80 年代以后，IPM 作为一种经济、有效且保护环境的害虫治理方法，广泛应用于农业、林业等领域。

7.4　以虫治虫，害虫的生防

害虫与天敌是自然系统中普遍存在的组成部分，近数十年，病虫生物防治新技术取得了较大发展，寄生蜂和其天敌的互作机制研究也不断深入。我们仅针对这两个方面进行介绍，管中窥豹，以期激发学生们的相关研究兴趣。

7.4.1　让害虫断子绝孙的昆虫雄性不育技术——SIT

谈论起害虫，如传播多种疾病的蚊子，传播昏睡病的采采蝇 *Glossina* sp.，臭名昭著的地中海实蝇 *Ceratitis capitata*（Wiedemann, 1824），为害水果的苹果蠹蛾、柑橘大实蝇 *Bactrocera minax*（Enderlein, 1920），等等，人们无不对它们恨得咬牙切齿，却又苦于无法根除祸患。科学家在实践中摸索出了一个用害虫去消灭害虫的好办法，既环保又见效卓著，那就是昆虫雄性不育技术（Sterile Insect Technique，SIT）。

雄性不育技术的设计思路如下：通过野外捕捉、室内饲养培育出大量同种害虫的雄性不育个体，将其释放到野外，使其与野外的雄性争夺配偶，并取得胜利，使野外的雌性个体产出不发育的卵（eggs infertile），从而实现该害虫种群数量的下降。这个技术既能够单独使用，也可以作为害虫综合治理的一项重要措施。

该技术要想取得成功，需符合以下条件：①目标害虫必须能够被野外捕捉并人工饲养；②这些个体能够实现雄性不育；③释放的雄性个体能够和自然种群交配；④这些雄性不育个体的竞争力要比野生的强；⑤这些雄性最初的释放量要大于其他野外迁移进去的数量。

1926 年，摩尔根的学生 Hermann Joseph Muller 发现 X 射线能导致基因突变，可使果蝇的基因突变率提高 150 倍，因此开创了辐射遗传学，他于 1946 年获得了诺贝尔生理学或医学奖。高能射线能够致畸昆虫的发现为害虫防治开辟了新思路：将辐射导致昆虫不育应用到害虫防控实践中（图 7-2）。一般来讲，昆虫的生殖细胞比体细胞对射线更敏感，一定剂量的射线辐射对体细胞的结构破坏可能不明显，辐射后的昆虫仍能正常存活并交配，但其生殖细胞结构往往已遭到严重破坏，精子畸形，交配后雌性将不能产生有效的受精卵，因此失去生育后代的能力。

图 7-2　基因突变后的白眼果蝇（上）与正常的果蝇（下）

Knipling 最早倡导施行了雄性不育技术的防治技术，防治对象是美洲螺旋蝇（食人蝇）*Cochliomyia hominivorax* (Coquerel, 1858)。该蝇以幼虫取食活组织而得名，发生在北美洲的中部、南部和南美洲，是危害家畜的主要害虫。实验人员在实验室繁育了大量的螺旋蝇，5 000 万头 / 周，在其蛹期时使用一定剂量的伽马射线照射处理，产生雄性不育个体，并大量释放。螺旋蝇有一个重要习性，即雌性一生只交配一次。雄性不育个体在野外成为有力的竞争者，从而导致整个种群数量急剧下降。该项目大获成功，1993 年，螺旋蝇在墨西哥最后一次爆发。

地中海实蝇 *Ceratitis capitata* (Wiedemann, 1824) SIT 技术应用也是一个成功的范例。该虫是全球最主要的水果害虫之一，其幼虫在水果内为害。科学家做了大量的关于地中海实蝇的行为学和生物学研究发现，地中海实蝇具有复杂的吸引异性交配的手段，雄性通过跳舞、分泌特殊的性信息素等手段向雌性求婚，从而被雌性选择。那么，雄性不育个体必须在求婚的这个环节战胜可育个体。依据雌雄蛹的颜色不同来进行机器分选，或依据雌雄性对高温的耐受性的差异性，用热处理杀死雌性（比雄性耐高温能力弱），从而保证繁育足够数量的雄性，并释放。雄性的竞争力因种群而异，科学家针对野生种群的选择而优化，选育出适合用于 SIT 的种群。

然而，应用中还会面临实际问题。SIT 技术的施行需要投入大量的人力、物力和财力。只有加强国际合作，穷国与富国分担投入、利益共享，才能有效地控制害虫。危地马拉、墨西哥和美国曾进行了一个 SIT 应用的合作项目，该项目从 20 世纪 70 年代后期开始，预计达到 3 个目标：①停止地中海实蝇传入墨西哥和美国南部；②根除墨西哥南部的地中海实蝇；③根除中美洲地区的地中海实蝇。目标①和②在 20 世纪 80 年代就已达到，仅用了 10 年左右的时间，虽然目标③还未完成，但中美洲的害虫也得到了有效的控制。

SIT 技术需要释放大量的不育昆虫来提高与野生昆虫的竞争力，这就需要计算机自动控制系统饲养昆虫。采采蝇繁殖需要吸食大量鲜血，为了提高采采蝇不育雄性的竞争力，研究者在实践的过程中发明了一种类似皮肤的薄膜，将其蒙在新鲜的动物血液上，完美地解决了这个问题。处理不同的昆虫，需要选择不同的照射适期和照射剂量，这样一来，既能实现雄性不育突变，还能保证昆虫拥有健康的体魄，以便在自然竞争中打败野生种群。实践中，研究者发现，用增加蛋白含量、适当添加相应的昆虫肠道益生菌以及适量的饲料营养，能够使雄性不育个体强健。他们还应用了辐射亚不育剂量（或称半不育剂量），这个剂量的照射使实验昆虫染色体发生了变异，雄性虽依然可育，但它产下的子代却因染色体的缺陷而雄性不育，从而无法生出后代。亚不育剂量辐射相对辐射而言，对辐射对象的损伤小，减轻了雄性不育个体复壮的压力，在实践中更好操作。

显然，SIT 是动植物检疫中的重要工具，用辐射杀灭检疫对象，防止检疫性害虫的入侵和定殖，是尽量少用化学药剂前提下的理想选择。

我国研究者也在不断探索 SIT 技术在更多害虫中的应用，分别对亚洲玉米螟 *Ostrinia furnacalis*（Guenée，1854）、三化螟 *Scirpophaga incertulas*（Walker，1863）、甘蔗黄螟 *Tetramoera schistaceana*（Snellen，1890）、烟青虫 *Helicoverpa assulta*（Guenée，1852）、天牛、橘小实蝇 *Bactrocera dorsalis*（Hendel，1912）、马尾松毛虫 *Dendrolimus punctatus*（Walker，1855）等 30 多种害虫开展了 SIT 研究，进行了桃小食心虫 *Carposina niponensis* Walsingham，1900、大豆食心虫 *Leguminivora glycinivorella*（Matsumura，1900）、柑橘大实蝇 *Bactrocera minax*（Enderlein，1920）等害虫的 SIT 田间实验或应用。

尽管辐射不育技术在许多昆虫防治研究上都取得了成功，但对蚊虫的防治效果并不显著，

主要是由于很难在不降低雄性交配能力的情况下，通过辐射得到高质量的雄性不育系。近年来，转基因不育雄性蚊子和沃尔巴氏菌（walbachia，是大肠杆菌的近亲）转染蚊虫结肠导致雄性不育等研究，为 SIT 技术应用于蚊子带来了新的曙光。

近 10 年来，英国的生物技术公司 Oxitec 一直致力于转基因蚊子的研发，研究者利用转座子插入技术创造了携带致死基因的荧光伊蚊 *Aedes* sp.（图 7-3），代号 OX513A。红色荧光可轻松筛选和鉴别出转基因蚊子，而这种致死基因的开关由四环素（一种广泛使用的抗生素）控制，即在实验室有四环素的环境里，这种致死基因不表达，蚊子可以安全存活，而在缺乏四环素的野生环境里，致死基因表达，导致转基因伊蚊产下的幼虫死亡。该转基因伊蚊在多个地区的放飞实验均获得成功。然而，2019 年 9 月，耶鲁大学的进化生物学家 Jeffrey Powell 带领他的研究团队进行独立调查后，却对此提出了质疑。他们研究发现，当地蚊子的基因组与原先相比发生了明显的变化，样本中大约 10%～60%的个体拥有了来自 OX513A 的基因。这意味着，OX513A 与野生雌蚊的后代不仅可育，还有可能产生了新的变种。在项目投放后期，研究团队采集到的伊蚊样本中 OX513A 基因的渗入明显减少。18 个月以后，伊蚊数量又逐渐恢复到了原来的水平，他们推测，雌蚊可能产生了“交配偏向”现象，即雌性不愿与繁殖能力弱的雄性进行交配，这些基因雄蚊可能就是弱者。Oxitec 公司并不同意 Powell 的观点，认为他缺乏可靠数据，其结论是个人推测。虽然有争议，但 Oxitec 对转基因蚊子的研发并未停止。

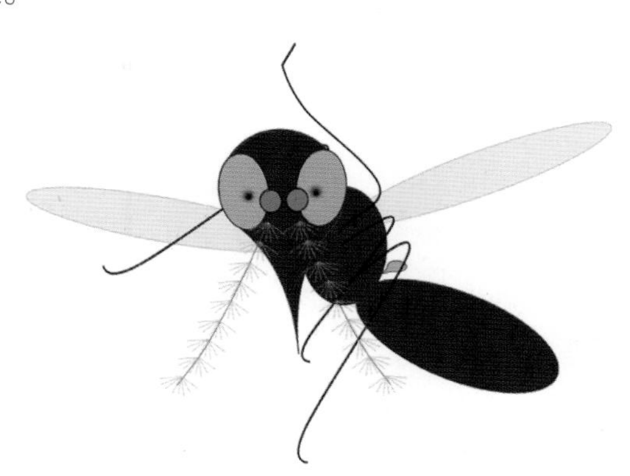

图 7-3　荧光标记的蚊子

沃尔巴氏菌是母系遗传的内共生细菌。据估计，自然界 40%的昆虫感染了沃尔巴氏菌。它能够杀死雄性寄主，使寄主昆虫由雄性变为雌性，通过打乱寄主的正常性比，干扰寄主的繁殖。非洲细蝶 *Acraea encedon*（Linnaeus，1758）的雄性非常稀少，主要是由于 90%的雄性感染了沃尔巴氏菌。人为释放雄性昆虫感染母系遗传的沃尔巴氏菌，与未感染同一菌株的田间雌性不育交配，能诱导细胞质不亲和，从而导致雄性不育，这种现象被称为细胞质不相容（IIT）。IIT 的一个优点是基于沃尔巴氏菌的绝育对雄性的交配竞争力和存活率几乎没有影响，用 IIT 防治蚊虫的技术，在近年来取得了突破。

2019 年 7 月 18 日，中国奚志勇团队通过现场实验证实，昆虫不相容技术和雄性不育技术相结合（IIT-SIT）可以对蚊媒种群进行区域性控制。该团队通过胚胎显微注射技术，将库蚊 *Culex* sp. 体内的沃尔巴氏菌 wPip 转移到白纹伊蚊 *Aedes albopictus*（Skuse，1895）HC 蚊株体内，同时，对 HC 雌蚊进行低剂量辐射后，按 2%比例将其释放混入野生种群中。经过 2～3 年的持续释放，在 2 个实验现场基本清除或接近清除了白纹伊蚊，2 年内野生成蚊数量平均减少了 83%～94%，持续 6 周内检测不到任何成蚊。其野生幼虫数量年度平均减少超过 94%，持续 13 周未检测到存活的蚊卵。该研究结果被 WHO 和国际原子能机构等联合国机构认可并向全球推广。

埃及伊蚊 *Aedes aegypti*（Linnaeus，1762）是严重的卫生害虫，每年约有 20 亿人处于它携带的病毒威胁之下。2020 年 4 月，美国 Bradley J. White 和 Jacob E. Crawford 研究小组在 *Nature Biotechnology* 杂志上发表文章，高效生产沃尔巴氏菌感染的雄性埃及伊蚊可大规模抑制其野生种群。他们开发了一些工具，实现了沃尔巴氏菌感染的雄性伊蚊繁殖、性别分离和精确释放的自动化。自 2018 年起，研究小组在加利福尼亚的弗雷斯诺县相对隔离的居民区选了 3 个样点，在方圆 2.93 km^2 的 3 063 个家庭中陆续释放了 1.44 亿只被沃尔巴氏菌感染的埃及伊蚊雄性不育个体。最终将诱捕器监测数据与对照组对比发现，雌性伊蚊数量下降了 95.5%！由于多数研究者认为埃及伊蚊天然并不感染沃尔巴氏菌，应用重点在于如何控制不让任何一只感染了沃尔巴氏菌的雌蚊漏网逃逸到大自然中。他们用机械自动过筛、分选器连续拍摄雄蚊图像，并在工业系统中存入数据，再次筛选掉雌蚊，最后，用低剂量辐射处理方法将混入的雌蚊绝育，这项技术的成功为蚊虫的防治带来了新的希望。

SIT 技术

高能射线耀神光，生殖胞坏体无伤。食料加菌勤饲养，雄性不育竞争强。
野外释放抢新娘，碌碌无后终消亡。更有辐射半剂量，遗害子孙无下场。
基因致死标荧光，沃巴氏菌染结肠。防雌逃逸是挑战，多重保险来护航。
机械自动蛹过筛，成虫连拍张连张。工业系统存数据，低量照射绝祸殃。

7.4.2 寄生蜂的秘密

毛虫之叹——魔童降世

悍将神矛破坚城，卵生嗜血小魔童。多分病毒乾坤圈，整合表达百千重。
无敌毒液风火轮，蛋白酶类显奇能。畸形细胞混天绫，营养分泌黑化封。
幼蜂分泌抗菌清，多糖蛋白酸透明。招招尽废免疫功，操控生长奴到终。

寄生蜂将卵产于寄主害虫体内或体表（图 7-4），其后代在寄主体内或体表取食、发育，并最终致死寄主，这和一般意义上的寄生不同（比如，蛔虫寄生人体，但一般不会直接杀死寄

主），故而，这种寄生被称为拟寄生（parasite）。寄生蜂能杀死寄主这一特点能够被人们开发利用，进行害虫的生物防治。多数寄生蜂对寄主有严格的选择性，可谓靶标明确，百发百中，被誉为“生物导弹”，而且这种自然控制的效果纳入自然平衡体系，效果持久，在害虫综合治理中是一项重要的措施。一些种类已被成功运用到生产中，如赤眼蜂（赤眼蜂科 Trichogrammatidae，小蜂的统称）、周氏啮小蜂 *Chouioia cunea* Yang，1989、管氏肿腿蜂 *Scleroderma guani* Xiao *et* Wu，1983 等。寄生蜂的寄生方式可分为外寄生和内寄生。寄生蜂幼虫寄生在寄主体外，其后代靠取食被毒液麻痹的寄主完成发育的寄生方式称为外寄生（ectoparasitoid）；寄生蜂将卵产入寄主体内，幼虫在寄主体内孵化并完成发育的寄生方式称为内寄生（endoparasitoid）。

图 7-4　寄生蜂产卵

面对寄主蜂的进攻，寄主不仅会有主动躲避的行为，而且也有自身的防御系统，如体壁的保护以及体内的免疫系统等。那么，寄生蜂是如何突破寄主的“防御工事”成功寄生的呢？那要看寄生蜂的“法宝”了。神话传说里的哪吒三太子有三头六臂，手执火尖枪，脚踏风火轮，法宝有乾坤圈、混天绫、九龙神火罩，他神通广大，所向披靡。在昆虫纲里，寄生蜂的神奇魔力，可堪一比。

1. 寄生蜂突破寄主防御系统的两类方法

寄生蜂雌蜂的产卵器特化为毒针，犹如哪吒的火尖枪，能刺破寄主（如毛毛虫）的体表，将毒液、卵和其他寄生因子注入寄主体内。这可谓寄生蜂的第一大法宝。

寄生蜂对寄主的免疫破坏可分为两类。一类是主动抑制：寄生蜂通过自身携带的寄生因子抑制寄主免疫系统，使之不能发挥正常功能。寄主的免疫系统包括细胞免疫和体液免疫两种。细胞免疫主要是包囊反应，即部分血细胞（粒细胞、浆血细胞、类绛色细胞等）通过变形，将外源物包裹住，寄生蜂一旦将寄主的血细胞破坏或者凋亡，寄主就无法产生正常的包囊反应。体液免疫是指黑化反应，寄生蜂通过抑制寄主原酚氧化酶 PPO 激活级联，进而影响其黑化反应、活性氧氮自由基和抗菌肽的合成等。另一类是被动逃避：通过一些卵或胚胎表面成分的拟态，让寄主无法识别出敌我，或将卵产在寄主免疫系统无法触及的地方（如神经节或中肠），或产于免疫能力较弱时期（如卵期）。如一些寄生蜂的类病毒粒子（VLPs）或卵巢蛋白能模拟寄主的识别蛋白，通过分子拟态，帮助寄生蜂卵逃避寄主的免疫识别系统。

2. 寄生蜂的寄生因子

寄生蜂的成功主要依赖它的寄生法宝，统称为寄生因子。寄生因子可分为雌蜂携带因子和幼虫／胚胎携带获释放的寄生因子两类。雌蜂携带因子是指寄生蜂的母蜂体内产生的寄生因子，在产卵时，直接和卵一起注入寄主体内，帮助卵克服异体的排异反应而顺利孵化并成长的物质。主要包括毒腺的毒液、卵巢蛋白、多分 DNA 病毒（Polydnavirus，PDVs）和类病毒颗粒（Virus-like particle，VLP）等。幼虫/胚胎携带获释放的寄生因子包括畸形细胞和寄生蜂幼虫分泌物。

寄生蜂的雌性生殖系统是雌蜂携带因子产生的工厂，包括卵巢（*n* 个卵巢小管组成）、卵巢萼、受精囊、毒腺、毒囊、杜氏腺等结构。卵巢蛋白由卵巢分泌，卵巢萼是 PDVs（部分茧蜂和姬蜂）或 VLP（部分姬蜂）的唯一装配车间，毒腺分泌的毒液存于毒囊，导管开口于生殖腔。以下介绍 4 种主要的寄生因子：

①PDVs。PDVs 是在一些茧蜂或姬蜂体内发现的主要寄生因子。PDVs 能直接干扰寄主血细胞的作用方式、内分泌等，破坏免疫系统，影响寄主的生长发育。由于 PDVs 的基因组能以多个双链 DNA 环的形式游离在病毒粒子内，我们把它比喻成哪吒的无敌乾坤圈。

PDVs 与寄生蜂形成了奇特的共生关系，就好比是被寄生蜂驯服了的“藏獒”。PDVs 对寄生蜂并无致病性，它以原病毒的方式垂直传给寄生蜂的后代，原病毒基因嵌入在寄生蜂的线形基因上，或者呈多个双链环状 DNA 的形式，游离于寄生蜂染色体之外的病毒粒子内。病毒粒子的装配分步进行，卵巢萼上皮是 PDVs 基因组环复制的主要部位，在卵巢萼内，装配好的病毒粒子的多个环状病毒基因组被封闭在核衣壳里，与卵一起被注入寄主体内（图 7-5）。

一旦到了寄主体内，PDVs 就能迅速扩散并感染寄主细胞。病毒粒子内的 PDVs 基因被注入寄主细胞核内，与寄主基因整合，毒性基因和寄主基因一起被转录成 RNA 并表达，主要的表达产物都用于调控寄主的生理活动。

②毒腺分泌的毒液。寄生蜂的毒液威力无比，可被喻为哪吒的风火轮。由毒腺分泌的毒液贮存在毒囊中，由导管开口于雌蜂的生殖道。对内寄生蜂来讲，毒液是寄生蜂卵定居寄主体内的开路先锋。内寄生蜂产卵时，毒液、卵连同卵巢蛋白、PDVs 或 VLP 等一起注入寄主体内。毒液成分是一种或多种低相对分子质量的蛋白质，可特异地破坏细胞膜的结构，影响神经突触传递，直接干扰寄主害虫重要生理学过程，或对其雌蜂所携寄生因子（如 PDVs）起增效作用，以确保其能成功寄生。

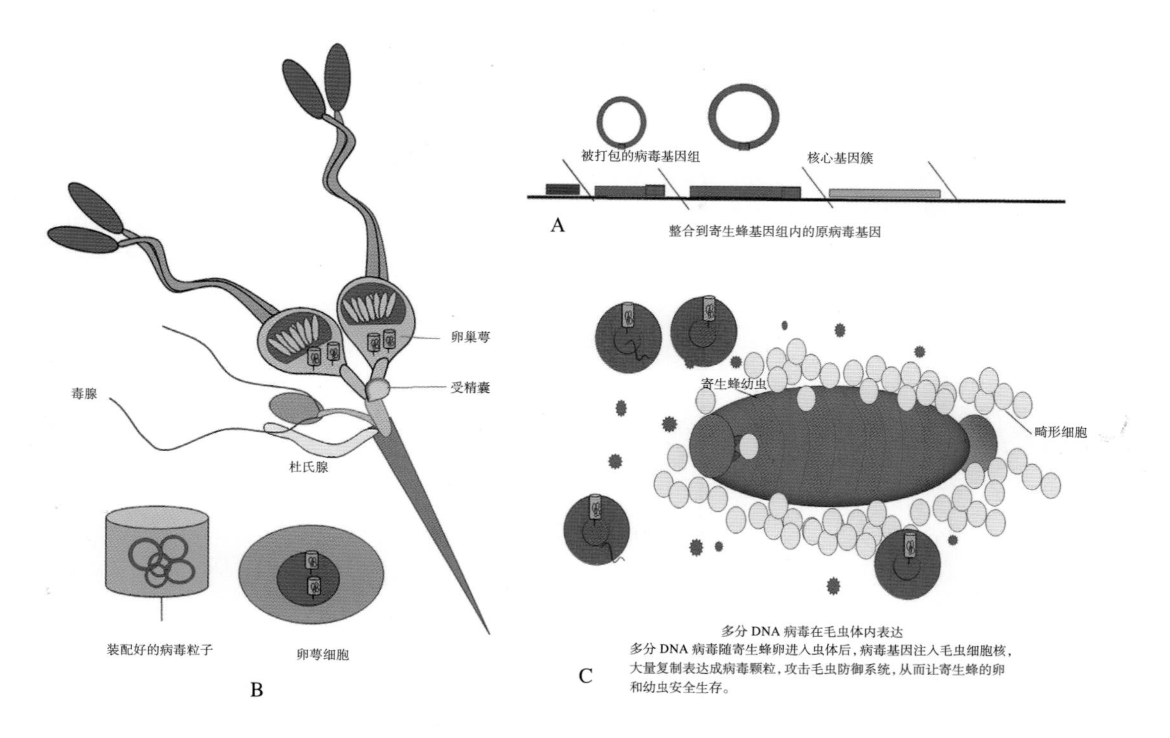

图 7-5　多分 DNA 病毒与寄生蜂的协作共生示意图

A. 多分 DNA 病毒整合在寄生蜂基因组内；B. 寄生蜂雌性生殖系统内，卵巢萼上皮是多分 DNA 病毒基因组环复制的主要部位；C. 多分 DNA 病毒在毛虫体内的大量表达，为寄生蜂卵和幼虫的生长发育创造条件，寄生蜂的幼虫孵化后，胚膜依次离解释放出畸形细胞

对于外寄生的昆虫来讲，毒液的主要作用是麻痹寄主，使其不仅被寄生蜂幼虫取食时不能反抗，还能保鲜。如图 7-6A，沙泥蜂将体型硕大的蝗虫麻醉，咬着蝗虫的触角，正准备将它拖入洞中。研究者发现，扁头蠊泥蜂 *Ampulex compressa*（Fabricius，1781）捕猎蟑螂时，会用毒针攻击 2 次。第 1 针位置随机，给蟑螂重重一击，让它无力反抗；第 2 针，把毒液准确地注射进蟑螂的大脑，毒液封闭了一种叫真蛸胺（octopamine）的神经传递信号物质，真蛸胺的作用类似多巴胺（dopamine），与走路之类的复杂行为模式相关，然后泥蜂咬住蟑螂的触角，引导它爬行（图 7-6B）。

《诗经》中记载“螟蛉有子，蜾蠃负之”，意思是蜾蠃负担着养育螟蛉之子的重任，故而又有“螟蛉义子”的说法。然而事实并非如此。蜾蠃成虫通过蜇刺将捕捉的螟蛉幼虫（多指鳞翅目的幼虫）麻醉后塞入自己建造的育子巢内封存（图 7-6C），供卵孵化后取食。显然，蜾蠃也是外寄生。法布尔的《昆虫记》曾经有过较详细的描述：通过观察和解剖，发现蜾蠃通过蜇刺螟蛉的神经，将幼虫制服，塞入自己为子代建造的泥巢中，供后代取食。可怜的毛毛虫，只得乖乖做了蜾蠃幼仔的食粮（图 7-6D）。

图 7-6　外寄生的蜂

A. 红眼沙泥蜂 *Ammophila rubigegen* Li *et* Yang, 1990 咬住蝗虫的触角，向巢口拖行；B. 寄生蟑螂的蠊泥蜂 *Ampulex* sp.；C. 显蜾蠃 *Eumenes rubronotatus* Pérez, 1905 正将猎物塞进泥巢；D. 显蜾蠃幼仔和被麻醉的螟蛉

蜾蠃与螟蛉

蜾蠃收义子，诗经久谬唱。
六朝陶弘景，剖巢解真相。
巨匠法布尔，观察记载详。
螟蛉非义子，蜾蠃是强梁。
螯针刺神经，奄奄生无望。
塞封育儿室，哀哀做食粮。
生灵有相克，喟然叹无常。

③畸形细胞。畸形细胞（teratocyte）是指寄生蜂的胚胎孵化后，其胚膜依次离解而释放到寄主血腔中的一种巨型细胞，数目变动在 8～900 个，伴随寄生蜂幼虫的整个寄生过程。超微结构显示，畸形细胞内有大量的粗面内质网，能够合成和分泌蛋白质、酶类，这些分泌物有抑制寄主

免疫功能（包括体细胞免疫的包囊形成和体液免疫的黑化反应）和调节寄主的生长发育等作用。畸形细胞对寄生蜂还具有营养功能，它分泌的胶原酶能够打散寄主的脂肪组织，供寄生蜂幼虫取食，有的寄生蜂在寄生期间几乎全部取食增大的畸形细胞。既能用作攻坚武器，又能充当营养小面包，畸形细胞无疑是寄生蜂幼虫的又一大法宝，犹如哪吒的混天绫。

④幼虫分泌物。寄生蜂幼虫可分泌多种化学物质进入寄主体内，如酸性黏多糖、黏蛋白、脂蛋白、透明质酸、卵磷脂、胆固醇酯等，这些成分对于寄主的神经系统、血细胞（细胞免疫）和酪氨酸−多巴（黑化反应）系统均有影响，还具有抗细菌和真菌的作用。德国雷根斯堡大学动物学研究所的昆虫学家古德・赫兹娜团队研究发现，扁头镰泥蜂的幼虫在取食寄主前，会分泌毛蕊花素（mullein）和油酸内酯类（micromolide）抗菌液滴，为寄主的体表消毒。

寄生蜂的这些寄生因子像哪吒的法宝一样单独或综合作用，不仅废了寄主的免疫功能，还通过影响营养物质、激素及生长调节因子的含量与变化水平等，抑制或推迟寄主发育或影响其变态，操控寄主的生长，从而为其子代营造良好的生存环境，使寄主完全沦为寄生蜂幼虫成长的温床。

3. 重寄生

寄生蜂在改变对方的同时也会暴露自己。Zhu 等（2018）研究发现，植物叶片被粉蝶盘绒茧蜂 *Cotesia glomerata*（Linnaeus，1758）寄生的菜粉蝶幼虫取食之后，植物挥发的气味也改变了，这是由于 PDVs、毒液等寄生因子可以改变寄主的生理活动。研究者通过实验证明，毛虫的唾液腺是改变植物挥发物组成的关键。通过比较被寄生与未被寄生的菜粉蝶唾液腺，他们发现了不少差异表达基因，其中β-葡糖苷酶（β-glucosidase）的活性显著降低。由此推断，粉蝶盘绒茧蜂是通过改变寄主唾液中的激活子来改变取食之后植物的挥发物组成的，而这些挥发物却成了重寄生蜂小折唇姬蜂 *Lysibia nana*（Gravenhorst，1829）追击的线索（图 7-7）。

图 7-7　小折唇姬蜂 *Lysibia nana*（Gravenhorst，1829）寄生粉蝶盘绒茧蜂 *Cotesia glomerata*（Linnaeus，1758）的茧蛹

敌人的敌人是朋友，寄生蜂杀死寄主的同时，也因被重寄生蜂寄生而死亡。在寄生蜂的世界，复杂的寄生关系让我们在选择生物防治的“朋友”时，一定要擦亮眼睛。

7.5 昆虫资源的利用

狭义的昆虫资源是指昆虫产物（如分泌物、排泄物、内含物等）或昆虫体本身可被人类利用，是具有重要经济价值的资源。昆虫种类多、分布广、资源丰富，其本身或产物都具有相当高的应用价值。

20世纪80年代后，我国开始重视昆虫资源的开发与研究。1997年，中国科学技术协会提交了《关于加速发展资源昆虫利用和产业化的建议》，昆虫资源的开发利用逐步成为重要的研究领域。此后，经过几十年的发展，我国在昆虫资源的开发方面取得了巨大的成果，昆虫资源的应用也越来越广泛。

①食品领域。目前，国内仅与蚂蚁一个类群相关的保健饮料和食品就有30余种。婴幼儿食品营养研究开发中心利用蚕蛹研制的蛋白粉，其蛋白质含量比普通肉类高2～3倍，被称为“优质全价蛋白”。除此之外，四川省屏山县新口福昆虫食品有限公司已开发出10余种不同风味的昆虫食品。不仅如此，还有“姜丝炒王蜂蛹”“王蜂煲粥”等各种昆虫产品，风靡国内的同时也销往海外，创造了巨大的经济价值。金蝉、蜜蜂的养殖是不少农民的致富的主要举措。

②工业领域。紫胶虫分泌的紫胶，在日用化工、机械、电子、医药、食品等行业是一种重要的工业原料。五倍子蚜形成的五倍子广泛应用于医药、纺织印染、矿冶、化工、机械、国防、轻工、食品等行业。我国五倍子的产量达12 000～13 000 t，承担了全球约95%的五倍子生产。白蜡虫是一种分泌白蜡的介壳虫。白蜡主产于我国，目前全国白蜡年产量在600～800 t，生产潜力更是在1 000 t以上。蚕丝蛋白也是研究的热点，其在化妆品、医药、固定化酶载体材料、食品、再生丝和涂膜化纤表面等方面都有应用。2021年，我国年产茧6.82×10^5 t，产丝6.34×10^4 t，生丝出口量占国际生丝交易量的70%以上。

③医药领域。我国药用昆虫资源丰富，根据《中国药用昆虫集成》，现有药用昆虫有14目69科239种，共收入药方1 700余例，比较常见的有虫草（冬虫夏草、蚕蛹虫草）、斑蝥、蜣螂、胡蜂等。

④观赏领域。我国著名昆虫学家钦俊德认为，很多种类的昆虫显示出特有的美学价值，能引导某种感触或情调，如色彩鲜艳的蝴蝶、闪烁发光的萤火虫、会唱歌的蝉类、打斗取乐的蟋蟀等，其中蝴蝶的开发利用最为普遍。

昆虫资源也面临着困境，存在如资源利用过度、环境污染、昆虫数量急剧减少等诸多问题。针对昆虫资源的开发利用，我们首先应该强化保护意识，其次加强对昆虫多样性的研究，同时多方位、多领域、多层次、更合理地应用昆虫资源。

（昆虫资源的利用部分的文字整理：徐宏立）

思考与回顾

1. 结合自己所学专业或兴趣，谈谈与昆虫的联系和展望。
2. 查阅资料，分组讨论农业生产中的害虫，如小麦吸浆虫、蚜虫、飞虱、介壳虫、食心虫等。
3. 了解我国昆虫的天敌饲养和释放，说说你还知道哪些害虫天敌。
4. 观察并统计校园或家里的一种害虫（如蚜虫）的天敌，评估一下自然界天敌控制害虫的作用。
5. 观察一种虫子，用文学作品的形式表达出来。

主要参考文献

［1］白素芬，李欣，孙淑君．寄生蜂多分 DNA 病毒基因组结构及基因表达［J］．河南农业大学学报，2004，38（3）：313-318.

［2］蔡邦华．昆虫分类学（修订版）［M］．蔡晓明，黄复生，修订．北京：化学工业出版社，2015.

［3］陈芳玲．中国竹节虫目昆虫分类研究［D］．贵阳：贵州大学，2022.

［4］黄灏，张巍巍．常见蝴蝶野外识别手册（第 2 版）［M］．重庆：重庆大学出版社，2008.

［5］刘念，黄原．多新翅类昆虫分子系统学的研究现状［J］．昆虫分类学报，2010．32（4）：304-312.

［6］谭江丽，ACHTERBERG C V，陈学新．致命的胡蜂［M］．北京：科学出版社，2015.

［7］谭江丽．诗图话昆虫［M］．西安：陕西人民教育出版社，2019.

［8］谭江丽．等闲识得胡蜂面：胡蜂的认识和预防［M］．西安：陕西科学技术出版社，2021.

［9］王方海，古德祥．寄生蜂作用于寄主的内部生理机制［J］．中山大学学报论丛，1997（5）：108-112.

［10］杨杰．揭开昆虫起源的奥秘：抚仙湖虫的发现与研究［J］．化石，2003（1）：16-18.

［11］杨星科，等．秦岭昆虫志［M］．西安：世界图书出版西安公司，2018.

［12］叶恭银，胡建，朱家颖，等．寄生蜂调控寄主害虫免疫与发育机理的研究新进展［J］．应用昆虫学报，2019，56（03）：382-400.

［13］叶熹骞，时敏，陈学新．寄生蜂携带的多分 DNA 病毒的起源及其特性［J］．中国科学：生命科学，2014,44（4）：342-350.

［14］郑乐怡，归鸿．昆虫分类（上、下）［M］．南京：南京师范大学出版社，1999.

［15］钟国华，陈永，杨红霞，等．昆虫辐照不育技术研究与应用进展［J］．植物保护，2012，38（2）：12-17.

［16］李璐．诗说虫语：唐诗宋词里的昆虫世界［M］．北京：中国社会科学出版社，2017.

［17］刘纯良．浅谈昆虫资源的开发与利用［J］．华中昆虫研究，2010，6：32-36.

［18］张佳兰，王靖，任广旭，等．昆虫蛋白质的功能制备方法及相关食品的开发现状［J］．农产品加工，2019（8）：75-77.

［19］章玉萍，陈明，张丽丽，等．经济昆虫资源的营养与药用价值［J］．农学学报，2017，7（10）：66-71.

［20］张星贤，阮洁，马占强．我国药用昆虫资源研究的历史沿革与现状初探［J］．生物加工过程，2019，17（6）：615-622.

［21］张巍巍，李元胜．中国昆虫生态大图鉴［M］．重庆：重庆大学出版社，2011.

［22］刘振华，任东，金建华，等．中生代鞘翅目扁甲总科化石的研究进展［J］．环境昆虫学报，2020,42（4）：851-862.

［23］胡经甫．云南生物考察报告：襀翅目（ORDER PLECOPTERA）［J］．昆虫学报，1962,11：139-160.

［24］BARID E，DACKE M．Finding the gap：a brightness based strategy for guidance in cluttered environments［J］．Proc R Soc B，2016，283（1828）：20152988.

［25］BEUKEBOOM L W，PERRIN N．The Evolution of Sex Determination［M］．Oxford：Oxford University Press，2015.

［26］CHEN Q X，HUA B Z．Ultrastructure and morphology of compound eyes of the scorpionfly *Panorpa dubia*（Insecta：Mecoptera：Panorpidae）［J］．PLoS One，2016，11（6）：e0156970.

［27］CHEN Z Q，CORLETTR T，JIAO X G，et al．Prolonged milk provisioning in a jumping spider［J］．Science，2018，362（6418）：1052-1055.

［28］CHEN G，WANG Z W，QIN Y，et al．Seed dispersal by hornets：an unusual insect-plant mutualism［J］．J Integr Plant Biol，2017，59（11）：792-796.

［29］CHEN G，WANG Z W，WEN P，et al．Hydrocarbons mediate seed dispersal：a new mechanism of vespicochory［J］．New Phytol，2018，220（3）：714-725.

［30］CHEN H Y，LIUHE B J，ZHANG X．Two new species of the family Megalyridae（Hymenoptera）from China［J］．Zookeys，2021（1043）：21-31.

［31］CHEN H Y，LAHEY Z，TALAMAS E J，et al．An integrated phylogenetic reassessment of the parasitoid superfamily Platygastroidea（Hymenoptera：Proctotrupomorpha）results in a revised familial classification［J］．Syst Entomol，2021，46（4）：1088-1113.

［32］CHINERY M．Collins guide to the Insects of Britain and Western Europe［M］．London：Domino Books Ltd，1986.

［33］COOK J M，RASPULS J Y．Mutualists with attitude：coevolving fig wasps and figs［J］．Trends Ecol Evol，2003，18（5）：241-248.

［34］CRAWFORD J E，CLARKE D W，CRISWELL V．et al．Efficient production of male Wolbachia-infected *Aedes aegypti* mosquitoes enables large-scale suppression of wild populations［J］．Nat Biotechnol，2020，38（4）：482-492.

［35］DUNN D W，FOLLETT P A．The Sterile Insect Technique（SIT）- an introduction［J］．Entomol Exp Appl，2017，164（3）：151-154.

［36］DUNN D W，SEGAR S T，RIDLEY J，et al．A role for parasites in stabilising the fig-pollinator mutualism［J］．PLOS Biol，2008，6（3）：490-496.

[37] EDELMAN N B, FRANDSEN P B, MIYAGI M, et al. Genomic architecture and introgression shape a butterfly radiation [J]. Science, 2019, 366 (6465): 594-599.

[38] EGGLETON P, BECCALONI G, IWARD D. Save Isoptera: a comment on Inward et al. -Response to Lo et al. [J]. Biol Lett, 2007, 3 (5): 564-565.

[39] ELMES G W, THOMAS J A. Complexity of species conservation in managed habitats: interaction between *Maculinea* butterflies and their ant hosts [J]. Biodivers Conserv, 1992, 1(3): 155-169.

[40] ENGEL M S, GRIMALDI D A. New light shed on the oldest insect [J]. Nature, 2004, 427: 627-630.

[41] FORBES A A, BAGLEY R K, BEER M A, et al. Quantifying the Unquantifiable: why Hymenoptera, not Coleoptera, is the most speciose animal order [J]. BMC Ecol, 2018, 18(1): 21.

[42] GE X Y, PENG L, VOGLER A P, MORSE J C, et al. Massive gene rearrangements of mitochondrial genomes and implications for the phylogeny of Trichoptera (Insecta). Syst Entomol, 2022, 1-18.

[43] GULLAN P G, CRANSTON P S. The Insects: an outline of Entomology (fifth edition) [M]. New York: John Wiley & Sons, 2014.

[44] HUANG D, NEL A, ZOMPRO O, et al. Mantophasmatodea now in the Jurassic [J]. Sci Nat, 2008, 95 (10): 947-952.

[45] IWARD D, BECCALONI G, EGGLETON P. Death of an order: a comprehensive molecular phylogenetic study confirms that termites are eusocial cockroaches [J]. Biol Lett, 2007, 3 (3): 331-335.

[46] KARMAN S B, DIAH S Z, GEBESHUBER I C. Bio-inspired polarized skylight-based navigation sensors: a review [J]. Sensors, 2012, 12 (11): 14232-14261.

[47] KOÁREK P, HORKÁ I, KUNDRATA R. Molecular phylogeny and infraordinal classification of Zoraptera (Insecta) [J]. Insects, 2020, 11 (1): 51.

[48] KüHL G, RUST J. *Devonohexapodus bocksbergensis* is a synonym of *Wingertshellicus backesi* (Euarthropoda) - no evidence for marine hexapods living in the Devonian Hunsruck Sea [J]. Org Divers Evol, 2009, 9 (3): 215-231 .

[49] LEGG D A , SUTTON M D, EDGECOMBE G D. Arthropod fossil data increase congruence of morphological and molecular phylogenies [J]. Nat Commun, 2013, 4: 2485.

[50] MENG Y, LI S, ZHANG C, et al. Strain-level profiling with picodroplet microfluidic cultivation reveals host-specific adaption of honeybee gut symbionts [J]. Microbiome, 2022, 10 (1): 1-15.

[51] MISOF B, LIU S L, MEUSEMANN K, et al. Phylogenomics resolves the timing and pattern of insect evolution [J]. Science, 2014, 346 (6210): 763-767.

[52] REN X, CAO S, AKAMI M, et al. Gut symbiotic bacteria are involved in nitrogen recycling in the tephritid fruit fly *Bactrocera dorsalis* [J]. BMC Biol, 2022, 20 (1): 1-16.

[53] RUBIN J, HAMILTON C, MCCLURE C, et al. The evolution of anti-bat sensory illusions in moths [J]. Sci Adv, 2018, 4 (7): eaar7428.

[54] SCHWARZA C J, ROYB R. The systematics of Mantodea revisited: an updated classification incorporating multiple data sources (Insecta: Dictyoptera) [J]. Ann Soc Entomol Fr, 2019, 55 (2): 101-196.

[55] STEPHEN L C, STEPHEN C B, MICHAEL F W. Mitochondrial genomics and the new insect order Mantophasmatodea [J]. Mol Phylogenet Evol, 2006, 38 (1): 274-279.

[56] STRAUSFELD N J. The evolution of crustacean and insect optic lobes and the origins of chiasmata [J]. Arthropod Struct Dev, 2005, 34 (3): 235-256.

[57] STRONG D R, LAWTON J H, SOUTHWOOD R. Insects on Plants: Community Patterns and Mechanisms [M]. Oxford: Blackwell, 1984.

[58] TERRY M D, WHITING M F. Mantophasmatodea and phylogeny of the lower neopterous insects [J]. Cladistics, 2005, 21 (3): 240-257.

[59] WALOSZEK D, CHEN J, MAAS A, et al. Early Cambrian arthropods - new insights into arthropod head and structural evolution [J]. Arthropod Struct Dev, 2005, 34 (2): 189-205.

[60] WANG R W, DUNN D W, SUN B F. Discriminative host sanctions in a fig-wasp mutualism [J]. Ecology, 2014, 95 (5): 1384-1393.

[61] WEIBLEN G D. How to be a fig wasp [J]. Annu Rev Entomol, 2002, 47: 299-330.

[62] YANG J, ORTEGA-HERNÁNDEZ J, BUTTERFIELD N J, et al. Specialized appendages in fuxianhuiids and the head organization of early euarthropods [J]. Nature, 2013, 494 (7438): 468-471.

[63] YANG L F, SUN C H, MORSE J C. An amended checklist of the caddisflies of China (Insecta, Trichoptera). Zoosymposia, 2016, 10: 451-479.

[64] ZHANG X, CHEN H Y, LIU J X, et al . The genus *Ismarus* Haliday (Hymenoptera, Ismaridae) from China [J]. J Hymenopt Res, 2021, 82: 139-160.

[65] ZHANG X W, DUNN D W, WEN X L, et al. Differential deployment of sanctioning mechanisms in male and female trees in a gynodioecious fig-wasp mutualism [J]. Ecology, 2019, 100 (3): e02597.

[66] ZHENG X Y, ZHANG D J, LI Y J, et al. Incompatible and sterile insect techniques combined eliminate mosquitoes [J]. Nature, 2019, 572 (7767): 56-61.

[67] ZHOU L, CHEN Q, KE H, et al. Descriptions of a new genus and a new species, *Grylloprimevala jilina* (Grylloblattidae) from China [J]. Ecol Evol, 2023, 13: e9750.

[68] ZHU F, CUSUMANO A, BLOEM J, et al. Symbiotic polydnavirus and venom reveal parasitoid to its hyperparasitoids [J]. Proc Natl Acad Sci USA, 2018, 115 (20): 5205-5210.